AI版

"十二五"普通高等教育本科国家级规划教材

大学计算机与人工智能

（第6版）

主　编　蒋加伏　王　晨　齐惠颖　曹　浩
副主编　张冰雪　刘儒香

本书资源使用说明

北京邮电大学出版社
·北京·

内容简介

本书是依据国家推动人工智能教育和人才培养的需求，并结合高等院校开设的人工智能通识课的教学目标编写而成的。全书共分为七章，具体内容包括计算机系统基础、人工智能概述、人工智能的关键技术、大模型、AI 在办公软件中的应用、人工智能+以及新一代人工智能生态。

本书内容丰富、结构清晰、图文并茂、通俗易懂，注重理论与实践相结合。通过各章节的深入讲解，本书系统地介绍了人工智能的基本概念、原理及在各领域的广泛应用，旨在为学生提供一个全面了解人工智能及应用的平台，为其成为适应未来需求的复合型人才提供基础。

本书可作为高等院校大学计算机课程或人工智能通识课的教材，也可供其他读者学习使用。

图书在版编目(CIP)数据

大学计算机与人工智能：AI 版／蒋加伏等主编．6 版．－－北京：北京邮电大学出版社，2025．（2025 重印）．－－ISBN 978－7－5635－7525－1

Ⅰ．TP3；TP18

中国国家版本馆 CIP 数据核字第 2025XZ5976 号

策划编辑：韩　霞　　**责任编辑：**韩　霞　　**封面设计：**广信达雅

出版发行：北京邮电大学出版社
社　　址：北京市海淀区西土城路 10 号(100876)
电话传真：010－82333010　62282185(发行部)　010－82333009　62283578(传真)
网　　址：www. buptpress3. com
电子信箱：buptpress3@ 163. com
经　　销：各地新华书店
印　　刷：三河市骏杰印刷有限公司
开　　本：787 mm×1 092 mm　1/16
印　　张：17. 5
字　　数：434 千字
版　　次：2003 年 8 月第 1 版　2025 年 4 月第 6 版
印　　次：2025 年 7 月第 2 次印刷

ISBN 978－7－5635－7525－1　　　　定价：56. 80 元

前言

随着信息技术的迅猛发展，计算机、互联网、云计算等技术的广泛应用，人工智能技术已成为推动社会进步和经济发展的关键力量。党的二十大报告提出“深入实施科教兴国战略、人才强国战略、创新驱动发展战略”。学习人工智能相关知识及其应用，对于培养适应信息社会发展和应用前沿技术促进行业发展的各领域复合型人才具有十分重要的意义。

为顺应高等院校开设人工智能相关课程的趋势，本书从计算机基础知识入手，通俗易懂地介绍了人工智能的基本概念、发展历程及关键技术，深入探讨了其在不同行业领域的应用实践，同时特别聚焦于生成式人工智能这一前沿技术，通过丰富的案例和实际操作内容展示其广泛的应用前景，旨在提供全面、系统的人工智能知识体系。

本书具有以下特点：

1. 全面性：本书融合计算机基础知识，以及人工智能的核心概念、关键技术、前沿发展、应用实践，使读者能够全面掌握相关知识。

2. 实践性：本书通过一系列实践项目和案例分析，引导读者将理论知识与实践相结合，培养其解决实际问题的能力。

3. 跨学科性：本书引导读者进行跨学科学习，感受人工智能技术如何赋能工作、学习，并将人工智能技术与专业学科相结合，探索新的应用领域和解决方案。

4. 拓展性：本书配有丰富的数字资源，使读者能进一步扩展自己的知识面，探索更高级的知识和技术。

本书由蒋加伏、王晨、齐惠颖、曹浩任主编，张冰雪、刘儒香担任副主编，王浏、张雪娇担任编写秘书。具体编写分工如下：

第 1 章由樊敏编写，介绍了计算机的基本构成、工作原理及操作系统等，为理解人工智能提供技术背景。

第 2 章由李华编写，阐述了人工智能的学科基础、历史发展、主要流派及安全伦理等，构建对人工智能的全面认知框架。

第 3 章由王路漫编写，介绍了机器学习、自然语言处理、智能语音、计算机视觉等核心技术，展现人工智能的技术内核。

第 4 章由王静编写，内容涵盖大模型的概念、架构、构建及提示词等，展现人工智能的最新进展。

第 5 章由王晨、齐惠颖编写，以多种人工智能生成内容(AIGC)工具为例讲解人工智能在文本生成、数据处理、幻灯片制作、图像视频生成等领域的应用，展示人工智能技术的实用价值。

第6章由张冰雪编写，从医疗、教育、金融、制造、交通等领域分析了人工智能与各行业的融合，说明人工智能的跨领域应用能力。

第7章由李晓玲编写，探讨了人工智能与大数据、云计算、物联网等前沿技术如何共同塑造新一代人工智能生态系统，揭示人工智能对社会发展的深远影响。

全书由蒋加伏、王晨、曹浩统稿，王晨、齐惠颖、王浏、张雪娇共同审稿并定稿，刘儒香、黄磊、耿涛负责二维码资源的审查。此外，苏文章、杨玉梅构思并设计了全套书在线课程教学资源的结构与配置，赵梅、张展华编辑了教学资源的内容，范如婷、邓凡、马双武审查了全书配套的在线课程教学资源，李敏提供了版式和装帧设计方案。

在此特别感谢北京邮电大学出版社为大学计算机与人工智能相关的课程教材建设所提供的大力支持。

由于编者水平有限，书中难免出现疏漏和不妥之处。同时，随着技术的发展和进步，书中细节可能需要调整和更新，敬请广大读者提出宝贵建议，批评指正。

编　者

目 录

| CONTENTS |

第 1 章 计算机系统基础

1.1 计算机的发展与分类

计算工具的演变经历了从简单到复杂的漫长过程。最初，人们使用手指和石头进行计数，随后发展到使用算盘和计算尺进行计算。17 世纪，机械计算器的出现标志着计算工具的现代化。20 世纪，电子计算机的诞生极大地提升了计算的速度和准确性。

▲计算工具的演变

1.1.1 电子计算机的诞生

世界上第一台电子计算机 ENIAC(Electronic Numerical Integrator and Computer，电子数字积分计算机)于 1946 年 2 月在美国宾夕法尼亚大学宣布研制成功。ENIAC 是由物理学家约翰·莫奇利(John Mauchly)和工程师普莱斯佩·埃克特(Presper Eckert)等人共同开发的。它重约 27 t，占地约 170 m^2，其功率为 150 kW，共使用了约 18 000 支真空管，每秒能进行 5 000 次加法运算，如图 1-1 所示。ENIAC 的诞生标志着人类进入了电子计算机时代，它的出现具有划时代的意义，为计算机技术的发展奠定了基础。然而这台计算机使用起来很不方便：它没有程序存储能力，给它发出指令需要通过手工插接线的方式，工作量巨大。而且每次更改程序时，都需要重新进行连线，还要验证连线的准确与否。

图 1-1　第一台电子计算机 ENIAC

鉴于 ENIAC 的缺点，美籍匈牙利数学家约翰·冯·诺依曼(John von Neumann)于 1946 年 6 月发表论文《电子计算机装置逻辑结构初探》，提出了全新的存储程序式通用电子计算机方案，这种方案被称为冯·诺依曼架构。

英国剑桥大学的莫里斯·威尔克斯(Maurice Wilkes)教授依据冯·诺依曼提出的计算机架构原理，设计了电子延迟存储自动计算器(Electronic Delay Storage Automatic Calculator，EDSAC)，于 1949 年 5 月研制成功并投入运行，成为世界上第一台实际应用的存储程序计算机。

1.1.2 电子计算机的发展

计算机所采用的基本电子元件经历了真空管、晶体管、中小规模集成电路、大规模和超大规模集成电路 4 个发展阶段。依此，也可以将计算机划分为四代。

▲中国计算机发展历程

1. 第一代计算机(1946—1958 年)

第一代计算机采用真空管作为基本电子元件，主存储器采用汞延迟线、磁鼓、磁心等，外存储器采用磁带、纸带、卡片等，使用机器语言和汇编语言编程，此时还没有操作系统，运算速度低(一般为每秒几千到几万次)。该时期的计算机体积庞大、内存容量小、成本高、可靠性差、维护复杂，主要应用领域为军事和科学计算。

2. 第二代计算机(1959—1964 年)

第二代计算机采用晶体管作为基本电子元件，主存储器采用磁心和磁鼓等，外存储器采用磁带和磁盘，使用高级语言(如 FORTRAN 和 COBOL 等)编程，出现监控程序并发展为后来的操作系统，运算速度提高到每秒几十万次。该时期的计算机体积较小，处理更迅速、更可靠，主要用于商业、大学教学和政府机关办公，应用领域扩展到了数据处理、自动控制等。

3. 第三代计算机(1965—1970 年)

第三代计算机采用中小规模集成电路作为基本电子元件，主存储器采用半导体存储器，外存储器采用磁盘。软件方面，操作系统得到进一步完善，高级语言种类增多，出现了并行处理技术、多处理机、虚拟存储系统以及面向用户的应用软件。硬件技术的发展使计算机运算速度提高到每秒几十万到几百万次，可靠性和存储容量进一步提升，外部设备种类繁多。该时期的计算机与通信密切结合，出现了计算机网络，广泛应用于科学计算、数据处理、工业控制、事务管理等领域。

4. 第四代计算机(1971 年至今)

第四代计算机采用大规模集成电路和超大规模集成电路作为基本电子元件，主存储器采用半导体存储器，外存储器采用大容量的软、硬磁盘，并开始引入光盘。软件方面，操作系统不断发展和完善，同时发展了数据库管理系统、通信软件等。硬件技术的发展使计算机运算速度可达每秒几千万到几亿次。计算机的存储容量和可靠性又有了很大提升。该时期计算机的应用领域扩大到信息处理、办公自动化等，特别是网络的应用，使计算机覆盖了社会中的各种应用场景。

1.1.3 计算机发展趋势

1. 巨型化

巨型化是指计算机朝着更高速度、更大存储容量和更强功能的方向发展。这类计算机主要用于航空航天、军事、气象、人工智能、生物工程等尖端科学技术领域。例如通过超级计算机可以更准确地预测自然灾害，为防灾减灾提供科学依据。这种巨型化的计算机体现了计算机在存储和处理大量数据方面的强大能力。随着这些领域对计算能力和数据处理能力需求的不断增长，巨型化计算机的发展将持续推进。

2. 微型化

微型化是计算机发展的另一个重要方向。随着集成电路技术的不断进步，计算机芯片的集成度越来越高，体积越来越小，功能越来越强。从台式机到笔记本、平板电脑，再到智能手机和可穿戴设备，计算机的微型化不仅提高了计算机的便携性，还使得计算机能够更广泛地融入人们的日常生活。例如智能手表小巧轻便，可以戴在手腕上，却拥有强大的计算功能，如健康监测、消息提醒、支付功能等，还可以通过智能手表轻松查看时间、记录运动数据，甚至控制其他智能设备。这种微型化的计算机大大提高了生活的便捷性和效率。

3. 网络化

计算机网络化是计算机技术发展的重要趋势之一，通过现代通信技术和计算机技术，将分布在不同地点的计算机互联起来，可形成一个规模庞大、功能强大的网络体系。这种互联互通的特性使得信息、资源和服务的共享成为可能，极大地提高了资源使用效率。随着 5G、云计算、物联网等技术的不断发展，计算机网络化将更加普及和深入，学生可以通过在线学习平台接受远程教育，与全球各地的同学和老师交流；人们可以在社交媒体上分享生活、交流思想，甚至参与远程协作项目。网络化不仅打破了地域限制，还促进了信息的快速传播和共享，为人们提供了更广阔的学习和交流空间。

4. 智能化

计算机智能化是未来发展的必然趋势。随着人工智能技术的不断进步，计算机将能够模拟人类的智力活动，如学习、感知、理解、判断、推理等。具备自然语言处理、图像识别、语音识别等能力的计算机将更加智能地理解用户需求，提供更加个性化的服务。例如通过智能家居系统，人们可以远程控制家中的灯、空调、电视等设备，实现智能化的家居管理；语音助手则可以通过语音识别和自然语言处理技术，帮助人们查询信息、设置提醒、播放音乐等。这种智能化的计算机能够理解并响应人类的指令，为生活带来便利和乐趣。

1.1.4 未来新型计算机

1. 超导计算机

超导是指物质在某一温区电阻降为 0 的现象。超导计算机的耗电量仅为用半导体元件制造的计算机的耗电量的几千分之一，它执行一个指令只需十亿分之一秒，比半导体元件快10倍。如果目前一台大型计算机耗电功率为10 kW，那么一台同规格的超导计算机的能耗就低到惊人的程度——只需要一节小小的干电池，就能让它持续工作。这就是超导计算机相比传统计算机在能耗上的巨大优势。目前大多超导现象只有在超低温状态下才能发生，因此，要制作在常温状态下工作的超导计算机，还有许多困难需要克服。

2. 量子计算机

量子计算机是一种可以实现量子计算的机器。量子计算机的特点主要有运行速度快、处理信息能力强、应用范围广等。量子计算机能够同时处理多个问题，并且速度极快。这是因为量子计算机利用了量子叠加和量子纠缠等原理，使得计算能力呈指数级增长。与一般计算机相比，信息处理量越多，对于量子计算机实施运算也就越有利，也就更能确保运算具备高精准度。

3. 光子计算机

光子计算机用光束代替电子进行数据运算、传输和存储。在光子计算机中，不同波长的光代表不同的数据，可以对复杂度高、计算量大的任务实现快速的并行处理。随着计算机芯片的处理速度越来越快，目前计算机使用的金属导线已无法满足大量信息传输的需要，数据的传送速度而非处理速度成为主要问题。因此，未来的计算机可能是混合型的，即把极细的激光束与芯片相结合。那时，计算机将不采用金属导线，而是以大量的透镜、棱镜和反射镜将数据从一个芯片传送到另一个芯片，这种传送技术称为自由空间光通信技术。光子计算机利用光信号来传输和处理信息，就像用光纤传输网络信号一样。但与光纤不同的是，光子计算机能够在光的层面上进行复杂的计算操作。这意味着光子计算机具有极高的数据传输速度和极低的能耗。

4. 生物计算机

生物计算机也称仿生计算机，是以生物界处理问题的方式为模型的，利用生物分子(如DNA)作为计算单元和存储单元的新型计算机。主要原材料是通过生物工程技术产生的蛋白质分子，以此作为生物芯片来替代半导体硅片，并利用有机化合物存储数据。其运算速度要比当今最新一代计算机快10万倍，具有很强的存储能力和抗电磁干扰能力，并能彻底消除电路间的干扰，而能量消耗仅相当于普通计算机的十亿分之一。与传统计算机相比，生物计算机具有更高的存储密度和更强的自我修复能力。就像人的身体能够自我修复受损的组织一样，生物计算机也能在出现故障时自动修复。

5. 神经网络计算机

神经网络计算机模仿人的大脑神经系统，具有判断能力和适应能力，能并行处理实时变化的大量数据，并得出结论。以往的信息处理系统只能处理条理清晰、脉络分明的数据，而人的大脑神经系统却具有处理支离破碎、含糊不清的数据的能力。神经网络计算机模仿人脑的工作方式，通过大量的神经元和突触来处理和存储信息，使其具有类似于人脑的智慧和灵活性，能够像人一样学习和理解复杂的信息模式，具有极高的智能水平。神经网络计算机的信息不是保存在存储器中，而是存储在神经元之间的联络网中。若有节点断裂，神经网络计算机仍有重建数据的能力。它还具有联想记忆能力、视觉和声音识别能力。

1.1.5 计算机的分类

随着计算机技术的发展，各种计算机的性能均有不同程度的提高。计算机根据性能、尺寸可分为巨型机、大型机、小型机和微型机。

1. 巨型机

巨型机也称超级计算机，主机庞大，通常由许多中央处理器协同工作，拥有超大的内存，运算速度可达 1 000 万亿次/秒以上(浮点运算)，使用专用的操作系统和应用软件。巨型机是目前运算速度最快的一类计算机，处理能力最强，造价最高，主要应用于尖端科学技术研究、国防科技研究、军事系统研究等，如中国的银河、天河、神威系列计算机等，如图 1-2 所示。其中，“神威·太湖之光”的峰值运算速度可达到 12.5 亿亿次/秒，是全球首个运算速度突破 10 亿亿次/秒的高性能计算机。

（a）天河二号

（b）神威·太湖之光

图 1-2 国产超级计算机

2. 大型机

大型机是指性能指标仅次于巨型机的计算机。它的通用性好，具有较强的综合处理能力和较快的运算速度。一般将大型机作为大型“客户端/服务器”架构中的服务器，或用于尖端的科研领域。

3. 小型机

小型机是指结构简单，成本低，规模较小，易操作，便于维护、推广、普及和应用的计算机。小型机一般应用于工业自动化控制和事务处理等领域。小型机也可作为巨型机、大型机的辅助计算机。

4. 微型机

微型机中常见的是个人计算机(personal computer，PC)，包括台式机、笔记本电脑等。它由微处理器、半导体存储器和输入输出接口等硬件组成，是大规模集成电路和超大规模集成电路的产品。其体积小、性能好、价格低，灵活性更好，可靠性更高，使用更加方便。微型机是普及和应用最广泛的计算机，已成为 21 世纪信息社会中不可缺少的工具。

1.2 数据在计算机中的表示

数据在计算机中是以电子元件的状态来表示的，如电流的有和无、电压的高和低、晶体管的导通和截止、开关的打开和闭合等。两种不同的状态可以分别表示二进制的“1”和“0”，因此计算机采用二进制可以方便地表示数据和处理数据。

信息是丰富多彩的，有数值、文字、声音、图形、图像、视频等形式，必须将各种形式的信息转换成计算机能够接收和处理的二进制数据，从计算机中输出的数据也要进行逆向转换，变成人们能接受的形式。

1.2.1 常用数制与数制转换

1. 数制

数制是指用一组固定的符号和统一的规则来表示数值的方法。按一定进位规则进行计数的方法叫作进位计数制。它包含 4 个基本要素：数码、数位、基数、位权。

1）数码

数码是指数制中表示基本数值大小的不同数字符号。例如，十进制有 10 个数码：0、1、2、3、4、5、6、7、8、9。

2）基数

数制所使用数码的个数称为基数。例如，十进制的基数为 10。

3）数位

数位是指一个数中每一个数字所占的位置。例如，十进制整数部分从低位到高位，数位分别为 0、1、2……，小数部分从高位到低位，数位分别为-1、-2、-3……。

4）位权

位权是指不同进位计数制的数码在不同位置上数值的大小，即权值。在进位计数制中，处于不同数位的数码代表的权值不同，权值的大小就是基数的数位次幂。例如，十进制的基数是 10，十进制整数部分从低位到高位数字的权值分别为 10^0、10^1、10^2，小数部分从高位到低位，权值分别为 10^{-1}、10^{-2}、10^{-3}……。

2. 常用进位计数制

1）十进制数

人类有 10 根手指，十进制数自然成为人类最早使用的数制，因此人们日常习惯于运用十进制数，十进制（decimal system）数由 0、1、2、3、4、5、6、7、8、9 这 10 个数码组成，即十进制的基数为 10。十进制的进位规则是“逢十进一”。

2）二进制数

二进制（binary system）数由 0 和 1 两个数码组成，即二进制的基数为 2。二进制的进位规则为“逢二进一”。二进制数的位权是以 2 为底的幂，如 2^i，i 为数位。以下的式子为二进制的加法规则。

0+0=0

0+1=1

1+0=1

1+1=10

3) 八进制数

八进制(octal system)数由 0、1、2、3、4、5、6、7 这 8 个数码组成，即八进制的基数是 8。八进制的进位规则为“逢八进一”。

4) 十六进制数

十六进制(hexadecimal system)数由 0、1、2、3、4、5、6、7、8、9、A、B、C、D、E、F 共 16 个数码组成，即十六进制的基数是 16。十六进制的进位规则为“逢十六进一”。

表 1-1 列出了十进制、二进制、八进制和十六进制的对应关系。

表 1-1　十进制、二进制、八进制和十六进制的对应关系

十进制	二进制	八进制	十六进制
0	0000	0	0
1	0001	1	1
2	0010	2	2
3	0011	3	3
4	0100	4	4
5	0101	5	5
6	0110	6	6
7	0111	7	7
8	1000	10	8
9	1001	11	9
10	1010	12	A
11	1011	13	B
12	1100	14	C
13	1101	15	D
14	1110	16	E
15	1111	17	F

3. 数制转换

日常生活中，人们使用的数据一般用十进制表示，而计算机中所有的数据都是使用二进制表示的。二进制不易读写，故引入了八进制、十六进制。而数据输入、输出时通常使用十进制，因此就需要进行数制间的转换。二进制、八进制、十进制、十六进制依次用 B、

O、D、H 表示。

1）非十进制与十进制之间的转换

这类转换的方法为“按权展开，各项相加”，即以基数和相应的权值展开，然后用十进制运算规则计算每一项的值再相加，即可将非十进制数转换为十进制数。

任意一个 r 进制数 N 可表示为

$$\begin{aligned}N &= (d_{m-1}d_{m-2}\cdots d_1 d_0.\ d_{-1}d_{-2}\cdots d_{-k})\\ &= d_{m-1}r^{m-1} + d_{m-2}r^{m-2} + \cdots + d_1 r^1 + d_0 r^0 + d_{-1}r^{-1} + d_{-2}r^{-2} + \cdots + d_{-k}r^{-k}\\ &= \sum_{i=-k}^{m-1} d_i r^i\end{aligned}$$

其中，d_i 为该数制下在 N 的第 i 位上的数码，r 是基数，r^i 是数位的权值，m 为整数部分的位数，k 为小数部分的位数。

例 1-1　将二进制数 $(1011.01)_B$ 转换为十进制数。

$$\begin{aligned}(1011.01)_B &= 1\times2^3+0\times2^2+1\times2^1+1\times2^0+0\times2^{-1}+1\times2^{-2}\\ &= (11.25)_D\end{aligned}$$

例 1-2　将八进制数 $(316.2)_O$ 转换成十进制数。

$$\begin{aligned}(316.2)_O &= 3\times8^2+1\times8^1+6\times8^0+2\times8^{-1}\\ &= (206.25)_D\end{aligned}$$

例 1-3　将十六进制数 $(3DA.4)_H$ 转换成十进制数。

$$\begin{aligned}(3DA.4)_H &= 3\times16^2+13\times16^1+10\times16^0+4\times16^{-1}\\ &= (986.25)_D\end{aligned}$$

2）十进制与非十进制之间的转换

十进制数转换为非十进制数时，由于整数部分与小数部分转换的方法不同，因此整数部分和小数部分必须分别转换，然后再把转换后的整数部分与小数部分组合为一体。

整数部分转换时，采用的方法是除以基数取余，直到商为 0 为止，余数逆序排列。小数部分转换时，采用的方法是乘基数取整数，直到小数部分为 0 或满足一定的精度，取整的数顺序排序。这种转换方法称为“除基取余，乘基取整”法。

例 1-4　将十进制数 $(18.75)_D$ 转换为二进制数。

整数部分的转换：

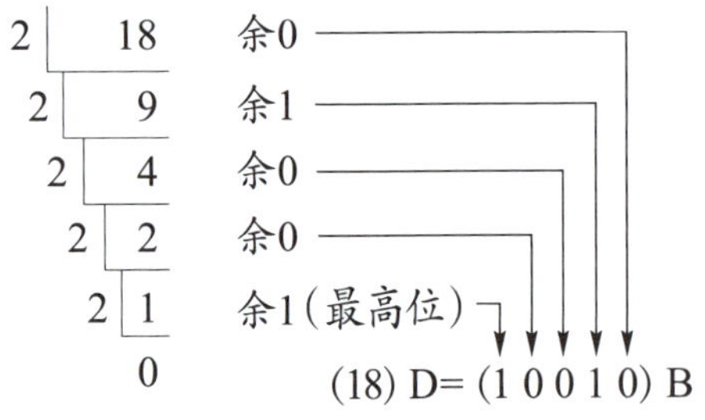

$$\begin{array}{r} 0.75 \\ \times\quad 2 \\ \hline \boxed{1}.50 \\ \times\quad 2 \\ \hline \boxed{1}.00 \end{array}$$

小数部分的转换：$(0.75)_D=(0.11)_B$

结果为$(18.75)_D=(10010.11)_B$。

3)非十进制之间的转换

进行两个非十进制之间的转换时，可以先将被转换数转换为相应的十进制数，然后再将得到的十进制数转换为目标进制数。由于二进制、八进制和十六进制之间存在特殊关系，即 $2^3=8^1$，$2^4=16^1$，因此转换就比较容易。

二进制数转换为八进制数的方法是：小数点左边，整数部分从低位向高位每 3 位二进制数转换为一位八进制数，不足 3 位时高位补 0；小数点右边，小数部分从高位向低位每 3 位二进制数转换为一位八进制数，不足 3 位时低位补 0。反过来，八进制数转换为二进制数的方法是将一位八进制数用 3 位二进制数表示，整数部分最高位和小数部分的最低位处的 0 可以省略。

例 1-5　二进制数$(10110011.10101)_B$转换成八进制数。

$(10110011.10101)_B=(\underline{010}\ \underline{110}\ \underline{011}.\underline{101}\ \underline{010})_B=(263.52)_O$

例 1-6　八进制数$(356.24)_O$转换成二进制数。

$(356.24)_O=(\underline{011}\ \underline{101}\ \underline{110}.\underline{010}\ \underline{100})_B=(11101110.0101)_B$

二进制与十六进制之间转换的方法同八进制类似，每 4 位二进制数用 1 位十六进制数表示，每 1 位十六进制数用 4 位二进制数表示。

例 1-7　二进制数$(10110011.10101)_B$转换为十六进制数。

$(10110011.10101)_B=(\underline{1011}\ \underline{0011}.\underline{1010}\ \underline{1000})_B=(B3.A8)_H$

例 1-8　十六进制数$(C5.96)_H$转换成二进制数。

$(C5.96)_H=(\underline{1100}\ \underline{0101}.\underline{1001}\ \underline{0110})_B=(11000101.1001011)_B$

1.2.2　数值数据的表示

1. 机器数与真值

在数学上，数值数据用“+”表示正值，用“-”表示负值，其值通常称为真值。

计算机中只有 0 和 1 两种数码形式，通常把一个数的最高位(最左边一位)定义为符号位，称为数符，用 0 表示正，1 表示负，其他位仍表示数值。这种把符号数值化了的数称为机器数。

例如，十进制数-51 的真值用二进制表示为-110011，如果用 8 位二进制数来表示，则它在计算机中表示如下：

1　　0　　1　　1　　0　　0　　1　　1

所以，十进制数-51 的机器数就是 10110011。

2. 原码、反码、补码

原码、反码、补码的产生是为了解决引入符号位和计算机做减法的问题。原码直观易懂，但无法用来直接处理减法。反码解决了减法问题，但在正负零和负数相加上存在问题。补码通过在反码基础上加 1，不仅解决了这些问题，还能简化加减法运算，使得所有运算都能通过加法器完成。

1) 原码

真值为正数的原码，其符号位为 0，其他位保持不变；真值为负数的原码，其符号位为 1，其他位保持不变。对于数值 0 有两种表示方法，即正 0 和负 0，$[+0]_{原}=[00000000]_2$，$[-0]_{原}=[10000000]_2$。

两个带有符号的正数原码运算时，通常运算结果是正确的。

例如，$[01000011]_{原}+[00000001]_{原}=[01000100]_2$。

在有负号参与运算时，就会因符号位直接相加导致计算结果出错。

例如，$[00000011]_{原}+[10000111]_{原}=[10001010]_2$。

可见，原码虽然直观，易懂，容易与真值转换，但原码中的数值 0 有两种不同的表示形式，所以利用原码进行加减运算时，需要额外判断两数符号，增加了硬件电路的复杂性。

2) 反码

正数的反码与原码相同，负数的反码是对该数的原码除符号位以外按位取反，例如，$[+51]_{反}=[+51]_{原}=[00110011]_2$，$[-51]_{反}=[11001100]_2$。反码改进了原码的减法处理方式，将减法转化为加法，只需要加上一个负数的反码即可。

例如，$[00000011]_{原}+[10000111]_{原}=[00000011]_{反}+[11111000]_{反}=[11111011]_{反}=[10000100]_{原}$。

在反码中，对于数值 0 也有两种表示方法 $[+0]_{反}=[00000000]_2$，$[-0]_{反}=[11111111]_2$，两个负数直接相加会出错。因此，反码一般用作求补码的中间码。

3) 补码

正数的补码与原码相同，负数的补码是对该数的原码除符号位以外按位取反，末位加 1。例如，$[+51]_{补}=[+51]_{原}=[00110011]_2$，$[-51]_{补}=[-51]_{反}+1=[11001101]_2$，补码的数值 0 只有一种表示形式$[000000000]_{补}$。

▲补码的思想

把正数和负数都转换为补码形式，可使减法变成加一个负数的形式，从而使加减法运算转换为单纯的加法运算，并且符号位和数值位一同参与运算，补码运算在逻辑电路设计中容易实现。不论对正数和负数，补码都具有以下性质。

$$[A]_{补}+[B]_{补}=[A+B]_{补}$$

$$[[A]_{补}]_{补}=[A]_{原}$$

其中，A、B 为正整数、负整数、0 均可。

补码的运算规则：用补码表示的两数进行加法运算时，其结果仍为补码。补码的符号位可以与数值位一同参与运算。运算结果如有进位，需要判断有没有超出表示范围（称为溢出），如果不是溢出，就将进位舍去。

例 1-9 $A=[-38]_{10}$，$B=[76]_{10}$，求 A 与 B 的和。

$[-38]_{10}=[10100110]_{原}=[11011001]_{反}+[00000001]=[11011010]_{补}$

$[76]_{10}=[01001100]_{原}=[01001100]_{反}=[01001100]_{补}$

$[-38]_{10}+[76]_{10}=[[11011010]_{补}+[01001100]_{补}]_{补}=[00100110]_{补}=[00100110]_{原}=[38]_{10}$

在例 1-9 中 A、B 用 8 位二进制数来表示，即表示范围为-127~+127，在运算结果中有进位，不是溢出，所以将进位舍去。

利用补码进行加法运算时，不用考虑数值的符号问题。

1.2.3 字符编码

计算机中除了对数值数据进行数值运算，还要处理大量的非数值数据，如文本字符数据、多媒体数据等。字符数据包括西文字符（字母、数字和各种符号）和汉字字符，它们也需转换成二进制数据，才能被计算机存储和处理。每个字符对应唯一的一个二进制数，这个二进制数称为字符编码。对于西文字符与汉字字符，由于形式的不同，使用的编码方式也不同。

1. ASCII 码

西文字符数据在计算机内也是用二进制形式表示的，目前普遍采用的编码是 ASCII 码，即美国标准信息交换码（American Standard Code for Information Interchange，ASCII）。ASCII 码字符用 7 位二进制数表示，共表示 $2^7=128$ 个字符，编码从 0 至 127（称为 ASCII 码基本集），其中包括 32 个控制字符、0~9 共 10 个数字、52 个大小写英文字母（小写字母比大写字母的 ASCII 码值大 32），其他为专用字符，如表 1-2 所示。例如，字母 a 的 $b_6\sim b_4$ 位为 110，$b_3\sim b_0$ 位为 0001，所以字母 a 的 ASCII 码的二进制表示为 1100001，ASCII 码值为十进制数 97。

表 1-2 ASCII 码表

$b_3\sim b_0$	$b_6\sim b_4$							
	000	001	010	011	100	101	110	111
0000	NUL	DLE	SP	0	@	P	`	p
0001	SOH	DC1	!	1	A	Q	a	q
0010	STX	DC2	“	2	B	R	b	r
0011	ETX	DC3	#	3	C	S	c	s
0100	EOT	DC4	$	4	D	T	d	t
0101	ENQ	NAK	%	5	E	U	e	u
0110	ACK	SYN	&	6	F	V	f	v

续表

$b_3 \sim b_0$	$b_6 \sim b_4$							
	000	001	010	011	100	101	110	111
0111	BEL	ETB	'	7	G	W	g	w
1000	BS	CAN	(	8	H	X	h	x
1001	HT	EM	)	9	I	Y	i	y
1010	LF	SUB	*	:	J	Z	j	z
1011	VT	ESC	+	;	K	[	k	{
1100	FF	FS	,	<	L	\	l	|
1101	CR	GS	-	=	M	]	m	}
1110	SO	RS	.	>	N	^	n	~
1111	SI	US	/	?	O	_	o	DEL

由于计算机中存储器的基本单位是字节(B)，因此，以1B来存放1个字符的ASCII码，每个字节的最高位为0，所以字母a的ASCII码表示如下：

0　1　1　0　0　0　0　1

ASCII码定义了33个无法显示的控制码，它们主要用于信息分隔、打印或显示时的格式控制、对外部设备的操作控制、在数据通信时进行传输控制等。

2. 汉字编码

计算机在处理汉字时，也需要将其转化为二进制编码。汉字编码包括汉字国标码、汉字机内码、汉字输入码和汉字输出码。

1）汉字国标码

GB 2312即《信息交换用汉字编码字符集　基本集》(GB/T 2312—1980)，简称国标码，由中国国家标准总局于1980年发布，1981年5月1日实施，通行于中国大陆，新加坡等地也使用此编码。GB 2312收录简化汉字及符号、字母、日文假名等共7 445个图形字符，其中汉字占6 763个，包括一级汉字3 755个，以拼音排序，二级汉字为3 008个，以偏旁排序。GB 2312规定“对任意一个图形字符都采用两个字节表示，每个字节均采用GB 1988—80及GB 2311—80中的七位编码表示”，习惯上称第一个字节为“高字节”，第二个字节为“低字节”。例如，“大”字的国标码为0011 0100 0111 0011。

▲当代毕昇——王选

2）汉字机内码

汉字机内码是汉字在计算机内的存储形式，因汉字数量众多，用一个字节无法获得足够多的编码，所以用两个连续的字节来存放汉字机内码。汉字机内码必须能与英文字符ASCII码相互区别，以免造成混淆。考虑到英文字符ASCII码的最高位为“0”，为了区别汉字机内码和ASCII码，在汉字机内码中两个字节上各加80H，使其最高位为1。

无论是国标码还是机内码，书写时都可用十六进制。以“汉”字为例，它的国标码为3A3AH，国标码加上8080H，作为汉字机内码BABAH，如表1-3所示。

表1-3 汉字“汉”编码对照表

字符	编码类型	编码(二进制)	编码(十六进制)
汉	国标码	00111010 00111010	3A3AH
	机内码	10111010 10111010	BABAH

3)汉字输入码

汉字编码输入基本分为三类，即以音为主的拼音输入、以形为主的笔形输入以及音形结合的输入方法，三者各有特色。拼音易学好记，但同音的汉字太多，重码率高，如今智能拼音输入法的发展使拼音输入的速度有了大幅提高。典型的拼音输入法有搜狗拼音输入法和微软拼音输入法。汉字笔形输入重码率低，但该方法较难掌握，典型的笔形输入法是五笔输入法。无论采用哪一种输入方法，它们使用的编码都称为输入码，也称外码。向计算机输入的外码，一般都要转换成机内码后才能进行存储和处理，在实际使用中，这是各种汉字操作系统所要解决的问题，使用者只需输入汉字的外码，剩下就交由计算机处理。

除了利用编码输入汉字，还可以使用手写板输入、语音输入和扫描输入。手写板输入是计算机自动将手写体识别成可编辑的文本，这种方法只要会写汉字就可以向计算机输入汉字。语音输入指计算机通过声卡和识别软件，将语音自动识别成可编辑的文本。扫描输入则利用扫描仪将书报上的文稿以图像的形式扫描到计算机中，再通过光学字符识别(optical character recognition, OCR)技术进行识别，还原成可编辑的文本，如果原稿比较清楚，其识别率可达90%以上。

4)汉字输出码

汉字输出码包括地址码、字形存储码和字形码。

地址码是指汉字字形信息在汉字字模库中存放的首地址。

字形存储码是指存放在字库中的汉字字形编码。由于汉字是方块字，每个汉字可以看作一个由点组成的 M 行 N 列矩阵，称为汉字的点阵字模，简称点阵，用二进制数1代表点阵中的黑点，用0表示无黑点。一个汉字若用16×16点阵表示，则共有256个点。点阵的点数越多，字形的质量越高，越美观。由图1-3可以看出一个汉字可以用16行二进制编码表示，一行为16位，正好为2个字节，所以一个16×16的点阵要占16×2=32个字节。由于汉字数量较多，而且有不同的字体，所以汉字字形库直接存储点阵码时占用的存储空间大，使用数据压缩技术可以减少字库所占的容量。

字形码是指在输出设备上输出汉字时所要送出的汉字字形点阵码。点阵数据的组织是按照输出设备的特性及输出字体的一些特点(如倾斜角度、放大倍数)，对基本字库中数据进行变换得到的。

3. Unicode码

随着信息交换的需求越来越大，对信息编码的要求也越来越高。国际标准化组织(ISO)在20世纪90年代初制定了一种字符编码方案Unicode，它为每种语言中的每个字符设定了统一并且唯一的二进制编码，以满足跨语言、跨平台进行文本转换和处理的要求。目前，许多操作系统、语言工具都支持 Unicode 编码标准。Unicode 编码使用 4 字节的数字编码来表达每个字母、符号或文字，每个字符对应一个编码，每个编码对应一个字符，不存在二义性。

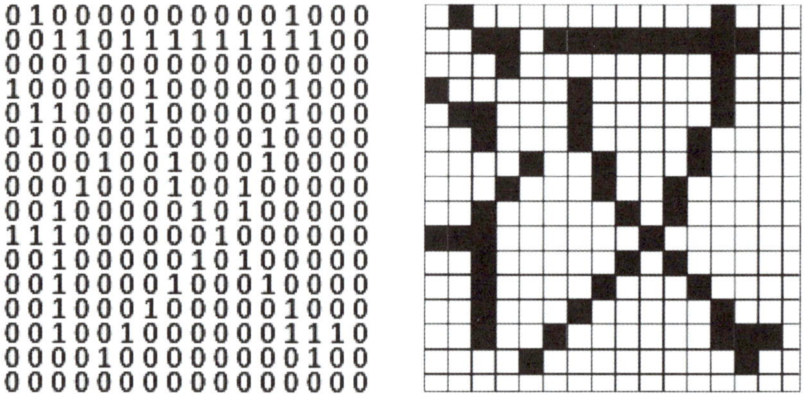

图 1-3　汉字字形码示意图

1.2.4　多媒体数据编码

在计算机中，数值数据和字符数据都是转换成二进制数据来存储和处理的。同样，音频、图形和图像、视频等多媒体数据也要转换成二进制数据后才能在计算机中存储和处理。

1. 音频编码

音频信号的数字化处理过程分为 3 个步骤：采样、量化和编码。对一个音频信号的数字化过程如图 1-4 所示。音频信号采用一种模拟的连续波形表示，称为模拟信号。每隔一定时间在声波上取一个幅度值，称为采样，这样在时间上连续的信号就成了离散信号。将每个采样得到的幅度值以数字存储，称为量化。将采样和量化后的数字数据以一定的格式记录下来，称为编码。

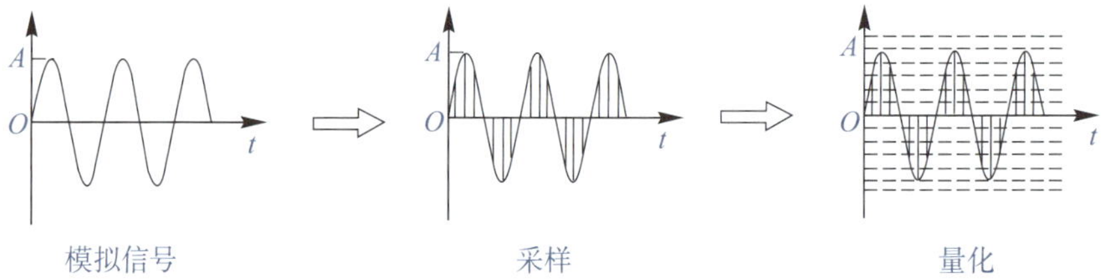

图 1-4　音频信号数字化

数字音频质量的好坏取决于采样频率、量化位数和声道数这三个因素。

(1) 采样频率是指每秒的采样次数，采样频率越高，数字音频的质量越好，数据量也越大。根据奈奎斯特(Nyquist)采样定理，采样频率不应低于音频信号最高频率的两倍，这样才能把数字化后的音频还原成原来的音频。

(2) 量化位数是指存放采样点幅度值的二进制位数，也称为采样精度。它决定了音频信号数字化后的表示范围。采样的精度越高，每个样本所占二进制位数越多，得到的数字化信号精度越高，所需存储空间越大。常见的量化位数有 8 位、16 位、32 位等。

(3)声道数是指声音通道的个数。单声道只记录和产生一个波形；双声道产生两个波形，即立体声，存储空间是单声道的两倍。

例 1-10 用 44.1kHz 的采样频率，每个采样点用 16 位的精度存储，录制 1 min 的双声道立体声节目，计算其所需的存储空间。

根据描述，采样频率为 44 100 Hz，量化位数为 16 位，声道个数为 2，时间为 60 s，所需存储空间计算如下：

$$44\ 100\times16\times2\times60\div8=10\ 584\ 000\ \text{B}\approx10.1\ \text{MB}$$

数字音频信息在计算机中是以文件的形式保存的。常见的数字音频文件的扩展名有 WAV、WMA、MP3、RA 等，其中 WAV 是微软公司采用的一种声音文件格式，也叫波形声音格式。它依照声音的波形进行存储，因此要占用较大的存储空间；MP3 是一种有损音频压缩格式，能够在音质损失较小的前提下，压缩音频文件，因此广受欢迎，网络中大多数音乐文件采用了这种格式。

2. 图像编码

图像数字化是计算机处理图像之前必经的基本步骤，目的是把真实的图像转变成计算机能够接收的存储格式，即将连续的模拟图像信号转换为离散的数字信号。图像数字化过程一般也要经过采样、量化和编码这 3 个处理步骤。

(1)采样：对连续的模拟图像信号进行离散化处理，每一个像素就是一个采样点。一幅图像的分辨率可用图像的像素数量表示，它是图像的精细程度的度量方法，一般用它纵向和横向所含像素数量的乘积的形式来表示。例如，图像分辨率为 1 024×768，表示组成该图像的像素每行有 1 024 个，共有 768 行，它的总像素数量为 786 432(1 024×768)。图像分辨率实际上是一幅模拟图像采样点的数量。对同样尺寸的一幅图像，数字化时图像分辨率越高，组成该图的像素数量越多，看起来就越清晰。

(2)量化：采样后的每个像素的取值仍然是连续的，因为颜色的取值可能是无穷多个颜色中的任何一个，因此要对颜色进行离散化处理，将颜色取值限定在有限的取值范围内，称为量化。量化的结果是图像能够容纳的颜色总数，它反映了采样的质量。这个颜色总数由存储一个像素所使用的二进制位数决定，称为颜色深度。使用的二进制位数越多，能表示的图像颜色总数越多，产生的图像效果越细致、逼真，但占用的存储空间也越大。例如，若颜色深度为 1 位，则只能表示两种不同的颜色；若颜色深度为 8 位，则可以表示 $2^8=256$ 种不同的颜色。

自然界任何一种颜色都可以由红(red，R)、绿(green，G)，蓝(blue，B)3 种基本颜色组合而成。图像中的每个像素都可以分解成 R、G、B 这 3 个分量，如果每个分量都用 1 字节(8 位)表示，那么表示一个像素就需要 3 字节(24 位)，这样图像的颜色数量可达到 $2^24=16\ 777\ 216$ 种，这种图像称为真彩色图像。这样，在真彩色图像中，每个像素由 3 个颜色通道的数值组成，每个颜色通道的亮度值范围是 0~255，因此，通过不同的组合，可以得到各种不同的颜色。例如，红色可以用 RGB(255，0，0)来表示，绿色可以用 RGB(0，

255，0)来表示，蓝色可以用RGB(0，0，255)来表示。通过基本颜色的混合，可以得到更多的颜色。

灰度图像是一种只包含亮度信息而不包含颜色信息的图像。在灰度图像中，像素的取值范围通常为0~255，其中0表示黑色，255表示白色，中间值表示不同程度的灰色。灰度图像由于是只包含亮度信息的单色图像，所以具有数据量小、易于处理和便于可视化展示等优点，广泛应用于医学影像、遥感影像、安全监控等场景中。

(3)编码：编码是将采样和量化的数字数据转换成二进制数码表示的形式，与图像文件所采用的格式以及压缩存储格式有关。

例 1-11　计算一幅分辨率为1 024×768的真彩色图像所需的存储空间。

$$(1\ 024 \times 768 \times 24)/8\ \mathrm{B} = 2\ 359\ 296\ \mathrm{B} = 2\ 304\ \mathrm{KB}$$

数字化后的图像数据量巨大，必须采用编码技术来压缩信息。图像文件的格式代表计算机存储这幅图像的方式与压缩方法，要针对不同的程序和使用目的来选择格式，不同的图像处理程序也有各自的内部格式。以下是一些常用的文件格式。

(1)BMP格式。这是Microsoft Windows所定义的图像文件格式。BMP文件的特点是包含的图像信息较丰富，几乎不进行压缩，所占用存储空间较大。

(2)GIF格式。GIF即图形交换格式(graphics interchange format)，是一种动态图像格式，可显示多帧图像，并以动画的形式展示。虽然GIF格式的图像质量不高，但它具有文件体积小、传输速度快、兼容性好等优点，所以GIF格式是互联网中的一种重要文件格式。

(3)JPEG格式。JPEG格式文件是采用JPEG（joint photographic experts group)有损压缩方案存储的文件。这种压缩方案常用来批量压缩、存储图像，其特点是压缩/解压缩算法复杂、存储和显示速度慢但压缩比高，同一图像的BMP格式文件的大小是JPEG格式文件的5~10倍。JPEG格式适用于处理256色以上的大幅面图像，是互联网中受欢迎的图像格式。

(4)PNG格式。PNG是网景公司为支持新一代web标准而制定的流式图像格式，它综合了JPEG和GIF格式的优点，支持24位色彩，压缩不失真并支持透明背景和渐显图像的制作。

1.3 计算机的工作原理

1.3.1 图灵机模型

1936年，英国数学家艾伦·图灵(Alan Turning)在论文《论可计算数及其在判定问题上的应用》(*On Computable Numbers, with an Application to the Entscheidungsproblem*)中，定义了一种机械装置，后来被他的导师丘奇(Church)称为“图灵机”。

图灵机由一个无限长的纸带、一个读写头、一组内部状态和一套控制规则组成，如

图 1-5 所示。纸带被划分为连续的小方格，每个方格可以存储一个符号。读写头可以在纸带上左右移动，并根据当前状态和扫描到的符号执行一系列预定义的控制规则操作，如读取、写入符号、移动磁头或改变内部状态。图灵机通过这些简单的操作，能够模拟任何可计算函数，从而证明了通用计算理论，并奠定了现代计算机科学的基础。

图灵机是一种抽象的计算模型，向人们展示这样一个过程：输入可以先保存到存储带上，图灵机就按程序一步一步运行直到给出结果，结果也保存在存储带上。图灵机模型引入了读写、算法与程序语言的概念，极大地突破了过去的计算机的设计理念。因此，图灵机是现代电子计算机的理论模型，算法设计和程序设计方法等都与图灵机理论方法有着密切关系。

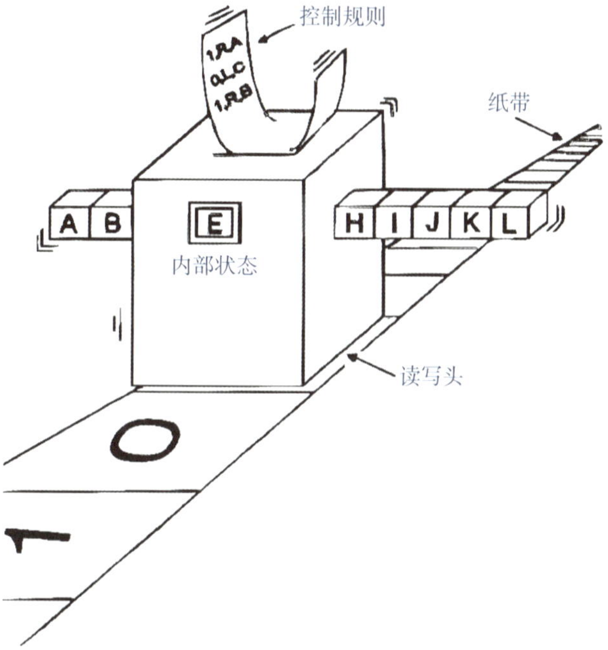

图 1-5　图灵机模型

1.3.2　冯·诺依曼体系结构

1945 年，美籍匈牙利数学家冯·诺依曼与其他专家为改进 ENIAC，提出了一个全新的存储程序式通用电子计算机方案，人们把冯·诺依曼的这个理论称为冯·诺依曼体系结构，其主要思想可以概括为以下三点。

(1)电子计算机应由输入设备、存储器、运算器、控制器、输出设备五大部件组成。

(2)计算机中应采用二进制形式表示数据和指令。

(3)计算机的工作原理应该是存储程序和程序控制，即计算机可以按照程序规定的顺序自动地从一条指令执行到下一条指令。

图灵机的纸带对应冯·诺依曼计算机体系中的存储器，读写头对应输入设备和输出设备，控制规则(读了一个符号后下一步做什么)对应运算器，纸带怎么移动由控制器负责。冯·诺依曼体系相比之前的计算机，最大的创新在于将程序和数据存放到计算机内部的存储器中，计算机在程序的控制下一步一步进行处理，以此实现机器内部编程。

冯·诺依曼提出的计算机的基本结构和工作方式的设想，为计算机的诞生和发展提供了理论基础。目前绝大多数计算机都是基于冯·诺依曼体系结构的计算机模型开发的。

计算机在执行程序前，先将要执行的相关程序和数据从输入设备传送到存储器存放，当计算机执行程序时，控制器首先从存储器中取出指令，由指令译码器对指令进行译码后产生控制信号，用以驱动相应的硬件完成指令操作。比如该指令是加法指令，发出的控制信号就会驱动运算器根据指令规定的寻址方式从存储器或寄存器中取得所需数据，进行计算后，送回到指令所指定的寄存器中。运算器的核心部件是加法器和若干个寄存器，加法器用于运算，寄存器用于存储参加运算的各种数据以及运算后的结果。运算器将处理后的最终结果写回存储器，并由输出设备输出，计算机指令执行过程如图 1-6 所示。

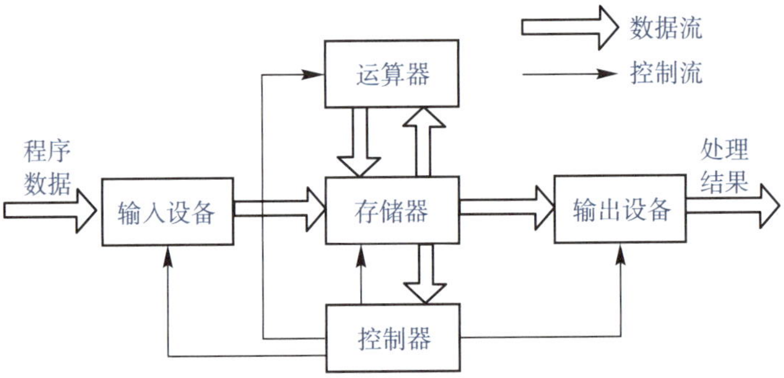

图 1-6　计算机指令执行过程

按照冯·诺依曼存储程序的原理，计算机在执行程序时须先将要执行的相关程序和数据放入存储器中，然后从存储器中读出指令并送到控制器，控制器再根据当前指令的功能，控制计算机执行指令规定的操作，完成指令的功能。重复这一操作，直到程序中指令执行完毕。其工作过程就是不断地读取指令和执行指令，最后将计算的结果放入指令指定的存储器地址中。冯·诺依曼体系结构计算机的工作原理可以概括为 8 个字：存储程序、程序控制。

1.4 计算机系统的组成

计算机系统的组成包括硬件系统和软件系统两大部分，硬件系统包括组成计算机的所有部件和设备。软件系统包括所有在计算机上运行的系统软件和一些应用软件。硬件系统和软件系统两者相辅相成，协调工作，共同构成一个完整的计算机系统。

1.4.1 计算机硬件系统

计算机的硬件组成遵循冯·诺依曼体系结构，由控制器、运算器、存储器、输入设备和输出设备 5 个基本部分组成。

1. 运算器

运算器是计算机中执行各种算术和逻辑运算操作的部件。运算器由算术逻辑部件（arithmetic and logic unit，ALU）、累加器、状态寄存器、通用寄存器组等组成。算术运算有加、减、乘、除等，逻辑运算有比较、移位、与运算、或运算、非运算等。

2. 控制器

控制器是计算机的指挥中心，用于指挥计算机各部件，使它们协调一致、有条不紊地工作。它主要由程序计数器、指令寄存器、指令译码器和其他控制单元组成。它工作时，控制器根据程序计数器中的地址，从存储器中取出指令送到指令寄存器，经译码单元译码后，再由控制器发出一系列命令信号，送到有关部件引起相应动作，完成指令所规定的操作。

运算器和控制器一起被称为CPU(central processing unit)，即中央处理器。CPU是计算机的核心，它的作用和人的大脑相似，负责处理、运算计算机内部的所有数据。除了运算器、控制器，CPU还包括寄存器组和内部总线等部分。

CPU主要的性能指标如下。

(1)主频：主频也叫时钟频率，单位是MHz、GHz，用来表示在CPU内数字脉冲信号振荡的速度。

(2)外频：外频是CPU的基准频率，单位也是MHz、GHz。CPU的外频决定着整块主板的运行速度。

(3)字长：CPU在单位时间内能一次处理的二进制数的位数称为字长。

(4)缓存：缓存的结构和大小对CPU速度的影响非常大。CPU内缓存的运行频率极高，一般和处理器同频，其工作效率远远高于系统内存和硬盘。

随着人工智能技术的快速发展，智能芯片作为人工智能技术的核心，逐渐成为研究和产业的热点。智能芯片是专门为人工智能计算任务设计的芯片。根据用途和技术架构的不同，智能芯片可分为多种类型，如GPU(图形处理单元)、FPGA(现场可编程门阵列)、ASIC(专用集成电路)及类脑芯片等。这些芯片经过软硬件优化，能够高效支持人工智能及其他高级应用。智能芯片专门为机器学习、深度学习等算法进行了优化，可以加速人工智能计算任务的完成，提高解决速度和效率。在机器学习、图像识别、语音识别等领域，智能芯片可以大幅提高算法的运行速度，从而使智能设备可以更快地响应，提升用户体验。

智能芯片与传统芯片在设计理念、功能和应用场景上有显著差异。智能芯片专为AI算法优化，具有高性能计算和低功耗的特点，适用于图像识别、语音处理等AI应用。传统芯片适用于通用计算任务，但在AI算法处理上效率较低。智能芯片在自动驾驶、智能家居等领域表现出色，而传统芯片广泛应用于个人电脑、服务器等。智能芯片的优势在于高性能和低功耗，传统芯片的优势则在于通用性和成熟的技术生态。随着技术发展，两者的界限逐渐模糊，现代系统常采用混合架构以发挥各自优势。

3. 存储器

存储器是计算机的记忆部件，被用来存储程序和数据。存储器又分为内存储器和外存储器。

1)内存储器

内存储器(内存)又称主存储器，它被用来与CPU、输入设备与输出设备交换信息。根据读写的功能不同，内存可分为随机存储器、只读存储器。

(1)随机存储器(random access memory，RAM)又称可读写存储器。可以随机向该存储器读写信息，关机断电后存储器中的信息全部消失。

(2)只读存储器(read only memory，ROM)在工作过程中只能读存储的信息，不能往存储器中写信息，关机断电后存储的信息不会消失。它的内容是厂家写入的，一般存放的是监控程序等。

2)外存储器

外存储器(外存)又称辅助存储器，容量大，但存取速度比内存要慢，用于存放暂时不用的程序和数据。常用的外存储器有硬盘、移动硬盘、U盘、光盘等。由于外存需要保存大量数据，因此要求容量大、价格便宜，更为重要的是，要求外存中的数据在断电后不会丢失。

存储器容量的单位有字节(Byte，B)、千字节(KB)、兆字节(MB)、吉字节(GB)、太字节(TB)、拍字节(PB)。1个字节等于8个二进制位(bit)，各量单位的换算关系如下：

1B = 8 bit

1KB = 1 024 B = 2^{10} B

1MB = 1 024 KB = 2^{20} B

1GB = 1 024 MB = 2^{30} B

1TB = 1 024 GB = 2^{40} B

1PB = 1 024 TB = 2^{50} B

4. 输入设备

输入设备是指计算机用于从外部获取信息的设备，不仅可以获取用户对计算机输入的操作控制，还可以在数据输入计算机的同时将它们转换成二进制代码。常见的输入设备有键盘、鼠标、扫描仪、数码摄像机等。

5. 输出设备

输出设备是计算机将其内部(内存)的信息进行显示、输出的设备，同时将计算机处理的二进制形式的结果转换成用户熟悉的形式，如数字、文字、图形、声音、视频等。常见的输出设备有显示器、打印机、绘图仪等，还有一些设备既可以作为输入设备，也可以作为输出设备，如U盘、硬盘等。

6. 总线

除以上介绍的计算机五大组成部件之外，一台完整的计算机还包括连接各部件的通信线路，这个通信线路称为总线。总线有数据总线、地址总线、控制总线，共3种。

1.4.2 计算机软件系统

计算机软件系统是指在计算机硬件上运行的所有程序和相关的文档资料的总称，它由系统软件和应用软件组成。

1. 系统软件

系统软件是控制、管理和维护计算机各种软件和硬件资源，对硬件功能进行扩充与完善，为用户使用计算机系统提供方便的必不可少的软件。系统软件一般由操作系统、语言处理程序、数据库管理系统、支撑服务软件组成。

1)操作系统

操作系统(operating system, OS)是为了控制和管理计算机硬件和软件资源、合理地组织计算机工作流程，以及方便用户使用而配置的一种系统软件。操作系统是直接运行在计算机上最基本的软件，是系统软件的核心。

2)语言处理程序

程序设计语言是人们为了描述解题步骤(即编程序)而设计的一种具有语法语义描述的记号。按其发展历程，可分为机器语言、汇编语言和高级语言 3 种。机器语言是由二进制代码组成的、计算机能直接识别并执行的指令集合；汇编语言是符号化的机器语言，机器语言和汇编语言属于低级语言。高级语言是接近自然语言的一类计算机语言，它便于人们学习和掌握，通用性好，如 C 语言、C++语言、FORTRAN 语言、Visual C++语言、Visual Foxpro 语言、Visual Basic 语言等。

机器语言程序能被计算机直接识别并执行，但用汇编语言或高级语言编写的程序(通常称为源程序)，不能被计算机直接识别和执行。源程序需要经过“翻译”才能被计算机执行，这种翻译程序称为语言处理程序，分为汇编程序、解释程序和编译程序。

3)数据库管理系统

数据库管理系统是组织、管理和处理数据库中数据的计算机系统软件。目前常用的中小型数据库管理系统有 Visual FoxPro、Access 等；大型的数据库管理系统有 Oracle、Sybase、SQL Server 等。

4)支撑服务软件

支撑服务软件是用于支持软件开发、调试和维护的软件，可帮助程序员快速、准确、有效地进行软件研发、管理和评测。

2. 应用软件

应用软件是专门为解决某一类问题而设计的程序或程序集合。它可以是单个程序，如火狐浏览器、腾讯会议、微信、文小言等；也可以是一组功能联系紧密、可以互相协作的程序的集合，如 Microsoft Office、WPS Office 等。

▲应用软件的分类

1.5 计算机操作系统基础

1.5.1 操作系统的定义

操作系统负责控制和管理整个计算机系统的硬件和软件资源，并合理地组织调度计算机的工作和资源分配；还负责提供方便的接口和环境给用户和其他软件，使用户能够灵活、方便、有效地使用计算机，使整个计算机系统能高效地运行。

在计算机中，操作系统是最基本也是最重要的系统软件，其与其他计算机软件的本质区别在于，操作系统是最贴近硬件的第一层软件，其他软件都受到操作系统的管理和控制，并得到操作系统的支持和服务。所以，操作系统在计算机系统中处于承上启下的位置，向下衔接硬件层的物理设备，向上为应用软件提供运行环境，实现计算机软件运行和资源利用效率的最大化。操作系统与计算机硬件和软件的层次关系如图 1-7 所示。

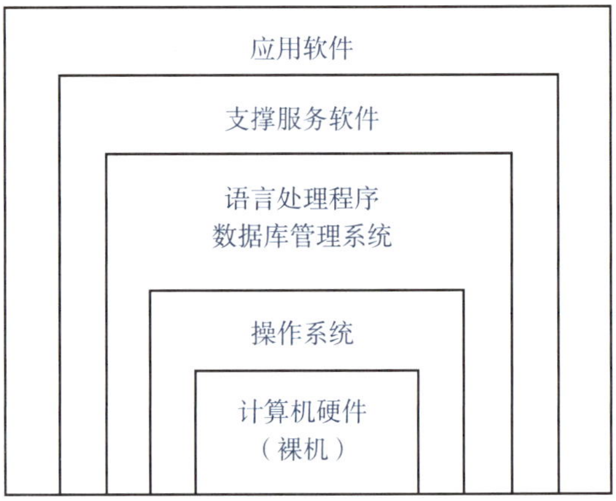

图 1-7　操作系统与计算机硬件、软件的关系

1.5.2　操作系统的功能

操作系统的主要任务是有效管理系统资源及提供友好、便捷的用户接口。为实现其主要任务，操作系统具有以下 5 大功能：处理器管理、存储器管理、文件系统管理、设备管理和作业管理。

1. 处理器管理

处理器(一般为中央处理器)是计算机系统中的重要资源，操作系统必须合理而有效地调度各用户程序使用或释放处理器，这就是处理器管理。在现代计算机系统中，处理器的分配和运行都是以进程(process)为基本单位的，因而对处理器的管理可归结为对进程的管理。用户程序以进程方式占用系统资源，并且以分时共享的方式使用处理器资源。操作系统要负责创建进程，为进程加载用户程序、分配资源，调度进程占用处理器，支持进程间进行通信，可以说，操作系统就是支持进程并对进程所用系统资源进行管理的系统，因此，有时也把处理器管理称为进程管理。

2. 存储器管理

存储器管理的主要工作是为每个用户程序分配内存，以保证系统及各用户程序的存储区互不冲突；当内存中有多个系统或用户程序在运行时，这些用户程序的运行不会有意或无意地破坏其他用户程序的运行；当某个用户程序的运行导致系统提供的内存不足时，把内存与外存结合起来使用，给用户提供一个比实际内存大得多的虚拟内存(称为内存扩充)，从而使用户程序能顺利地执行。为此，存储器管理应包括内存分配与回收、地址映射、存储保护和扩充。

3. 文件系统管理

在计算机中，数据或程序都是以文件的形式进行存储的。操作系统通过文件系统管理和存取文件。文件系统对存储空间进行组织和分配，提供信息的存储、检索、更新、共享、保护，并提供使用文件的操作方法和命令。在文件系统的管理下，用户可以按照文件名访问文件，而不必考虑各种外存的差异，不必了解文件在外存上的具体物理位置及存放方式。

4. 设备管理

每台计算机都配置了很多设备，它们的性能和操作方式都不一样。操作系统的设备管理负责对设备进行有效管理，方便用户使用设备，提高设备的利用率。操作系统需解决设备与设备之间、设备与 CPU 之间处理速度不匹配的问题，使 CPU 和设备能够充分并行工作，以此提高计算机系统的整体性能。

5. 作业管理

作业管理用来负责协调和控制计算机系统中所有正在执行的作业，确保系统资源得到高效利用，同时提高作业的执行效率。作业管理的功能包括作业调度、作业状态管理、作业并发与同步控制等。为了提高系统的吞吐量，现代操作系统允许多个作业并行执行，作业的并发与同步控制确保作业之间互不干扰，并保证数据的一致性和完整性。合理的作业管理对于计算机系统的稳定运行和高效运行具有重要意义。

1.5.3 常用操作系统

1. Windows 操作系统

Windows 是美国微软(Microsoft)公司以图形用户界面(GUI)为基础研发的操作系统，有普通版本、服务器版本(Windows Server)、手机版本(Windows Phone 等)、嵌入式版本(Windows CE 等)等子系列，其凭借友好的图形界面和丰富的应用生态，成为广大用户的首选，广泛应用于个人电脑、笔记本电脑和服务器等，是全球应用最广泛的操作系统。Windows 采用闭源商业模式，源代码不对外公开，虽有服务器版本，但在服务器领域的市场份额不如 Linux。

▲操作系统的分类

2. UNIX 操作系统

UNIX 是一个多用户、多任务的分时操作系统，支持多种处理器架构，既可作为网络操作系统，也可以作为单机操作系统。UNIX 目前主要应用于服务器、工作站和高级科学计算等领域，在互联网、金融、电信等行业有着广泛的应用。由于其商业授权需要交纳高昂费用，以及图形界面和多媒体支持较弱，所以在个人桌面领域使用较少。

3. Linux 操作系统

Linux 是一个多用户、多任务、支持多线程和多 CPU 的操作系统，其功能与 UNIX 完全兼容。它采用开放源代码的模式，其内核代码可以自由传播、免费试用。Linux 系统在服务器领域占主导地位，广泛应用于云计算、大数据、超级计算机等领域，也逐渐在桌面领域发展，拥有众多发行版供用户选择，因具有开源、稳定、高效的特点，其深受开发者和企业的喜爱。

4. macOS 和 iOS 系统

macOS 是苹果公司为 mac 系列计算机开发的专属操作系统，它以出色的系统稳定性、流畅的操作体验和丰富的专业软件支持而著称，特别是在艺术设计、影视后期制作等专业领域，macOS 上的专业软件得到了很好的优化和支持。

iOS 是由苹果公司开发的移动操作系统，最初是设计给 iPhone 使用的，后来陆续套用到 iPod touch、iPad 以及 Apple TV 等产品上。iOS 以其简洁的界面设计、流畅的操作体验和丰富的应用生态而受到广大用户的喜爱，还支持多任务处理、Siri 语音助手等功能，提高了使用效率。

5. Android 操作系统

Android 是一种基于 Linux 系统内核的自由及开放源代码的操作系统，由 Google 公司和开放手机联盟领导并开发，主要应用于智能手机、平板电脑和智能电视等多种设备上。Android 系统提供了丰富的应用选择，包括学习类应用、社交类应用等，满足用户的多样化需求。同时，Android 系统还支持多任务处理、分屏操作等功能，操作更加方便。

Android 系统开源的原因在于 Google 希望通过开放源代码来吸引更多的开发者和设备制造商加入 Android 生态系统，共同推动 Android 系统的发展和普及。开源使得开发者可以自由地获取、修改和分发 Android 系统的源代码，从而促进了 Android 系统的创新和多样化。在熟知的手机品牌中，三星、小米、OPPO、vivo 等品牌都广泛采用了 Android 操作系统。

6. 华为鸿蒙系统

鸿蒙系统(HarmonyOS)是华为公司开发的新一代智能终端操作系统，为不同设备的智能化、互联与协同提供了统一的语言。鸿蒙系统覆盖了“1+8+N”的生态体系，包括智能手机、平板、智慧屏、可穿戴设备、车机系统等，以及众多物联网设备。通过分布式技术，鸿蒙系统将这些设备连接起来，实现设备之间的互联互通和无缝协同。

鸿蒙系统提供了更加智能、高效和安全的使用体验。例如，用户可以通过鸿蒙系统的智能可穿戴设备监测自己的健康状况，如心率、血压等。此外，鸿蒙系统还支持跨设备协同操作，如跨设备共享硬件能力(如共享屏幕、摄像头等)，方便用户进行远程学习和协作。鸿蒙系统的出现是华为为了应对外部压力和技术挑战而做出的战略选择。通过自主研发鸿蒙系统，华为能够确保自己在智能终端领域的竞争力和安全性。

7. 麒麟操作系统

麒麟操作系统(Kylin OS)也称银河麒麟，是由中国国防科技大学、中软公司、联想公司、浪潮集团和民族恒星公司合作研制的商业闭源服务器操作系统，于 2001 年开始使用，此操作系统是 863 计划重大攻关科研项目，目标是打破国外操作系统的垄断，研发一套中国自主知识产权的服务器操作系统，该系统有高安全、跨平台、中文化的特点。

在 2024 年 8 月 8 日召开的中国操作系统产业大会上，国产操作系统银河麒麟发布了首个人工智能版本，银河麒麟桌面操作系统 AI 版通过多项技术创新实现了人工智能与操作系统的深度融合，是中国首款国产操作系统和人工智能技术深度融合的产品，具备强大的人工智能集成能力、多样的智能化功能、高效能的计算能力。

习 题 1

一、选择题

1. 世界上第一台电子计算机于(　　)年诞生。

A. 1946　　B. 1947

C. 1945　　D. 1944

2. 计算机硬件能直接识别和执行的只有(　　)编写的程序。

A. 汇编语言　　B. 符号语言

C. 高级语言　　D. 机器语言

3. 全高清视频的分辨率为 1 920×1 080，如果一张 1 920×1 080 像素的 BMP 数字格式真彩色图像，所需存储空间是(　　)。

A. 1.98 MB　　B. 2.96 MB

C. 5.93 MB　　D. 7.91 MB

4. 十进制数 113 转换成二进制数是(　　)。

A. $(1010001)_B$　　B. $(1110101)_B$

C. $(1110001)_B$　　D. $(1110011)_B$

5. RAM 是(　　)。

A. 只读存储器　　B. 随机存储器

C. 高速缓冲存储器　　D. 顺序存储器

6. 在微型计算机中，硬盘驱动器属于(　　)。

A. 内存储器　　B. 外存储器

C. 输入设备　　D. 输出设备

7. 下列设备中，(　　)是输出设备。

A. 键盘　　B. 鼠标

C. 光笔　　D. 绘图仪

8. 能直接与 CPU 交换信息的功能单元是(　　)。

A. 显示器　　B. 控制器

C. 主存储器　　D. 运算器

9. 下面属于系统软件的是(　　)。

A. 学籍管理软件　　B. 财务管理软件

C. 操作系统　　D. 美图软件

10. 应用软件是指(　　)。

A. 所有能够使用的软件

B. 所有微型计算机上都应使用的基本软件

C. 专门为某一应用目的而编制的软件

D. 能被各应用单位共同使用的某种软件

11. 小明的手机还剩余 6 GB 存储空间，如果每个视频文件为 280 MB，那么他可以下载到手机中的视频文件数量为(　　)。

A. 60　　B. 21

C. 15　　D. 32

12. 一个汉字的点阵字库采用 16×16 点阵来表示每个汉字，每个点用 1 位(bit)来表示其是否显示(1 表示显示，0 表示不显示)。假设某字库中包含 6 763 个常用汉字，那么该点阵字库大约需要占用的存储空间为(　　)B。

A. 200 000　　B. 250 000

C. 216 416　　D. 824 325

二、填空题

1. 计算机最早的应用领域是________。

2. 在计算机中，西文字符所采用的编码是________。

3. 计算机中数据存储容量的基本单位是________。

4. 微机硬件系统中最核心的部件是________。

5. ROM 是指________。

6. 冯·诺依曼体系结构计算机的五大基本部件包括控制器、存储器、输入设备、输出设备和________。

7. 计算机软件分系统软件和应用软件两大类，其中系统软件的核心是________。

8. 已知英文字母 m 的 ASCII 码值是 109，则英文字母 j 的 ASCII 码值是________。

9. 十进制数 60 转换成无符号二进制整数是________。

10. 十进制数-35 的补码是________。

三、简答题

1. 计算机的发展经历了哪几个阶段，各阶段的计算机主要有哪些特点？

2. 计算机的应用领域有哪些？

3. 计算机硬件由哪几部分组成？

4. 计算机的存储器容量的单位有哪些？

5. 计算机内的数据表示为什么要使用二进制？二进制与八进制、十六进制有什么关系？

6. 简述汉字机内码和汉字编码的关系。

▲习题答案

第2章 人工智能概述

2.1 什么是人工智能

在科技飞速发展的今天，人工智能(artificial intelligence，AI)已成为推动社会进步的重要力量，它不仅深刻影响着日常生活的方方面面，还引领着科技革命的新浪潮。作为计算机科学的一个重要分支，人工智能旨在使计算机系统能够模拟、延伸甚至在某些方面超越人类的智能。这一领域的研究不仅涵盖了如何让机器进行逻辑推理、学习新知识、识别和理解语言，还包括如何使机器在复杂环境中作出决策、执行任务以及与人类进行高效互动。

▲人工智能：你的新大脑

随着技术的不断演进，特别是自然语言处理技术得到突破性进展，机器理解和生成自然语言的能力得到了极大提升，如GPT(generative pre-trained transformer)等大模型的出现，标志着人工智能在自然语言理解和生成方面取得了重大突破。国内的大模型如文心一言、Kimi、豆包(见图2-1)等也因其广泛的应用潜力和创新价值，引发了社会各界对人工智能未来发展的广泛关注和热烈讨论。这些大模型应用于智能鼠标、智能键盘等设备，进一步推动了人工智能在医疗、教育、金融、娱乐等多个行业的深度融合与创新，为人工智能的广泛应用奠定了坚实基础。因此，深入了解人工智能的基本概念、发展历程及对社会经济的影响，对于把握未来科技趋势、促进科技进步具有重要意义。

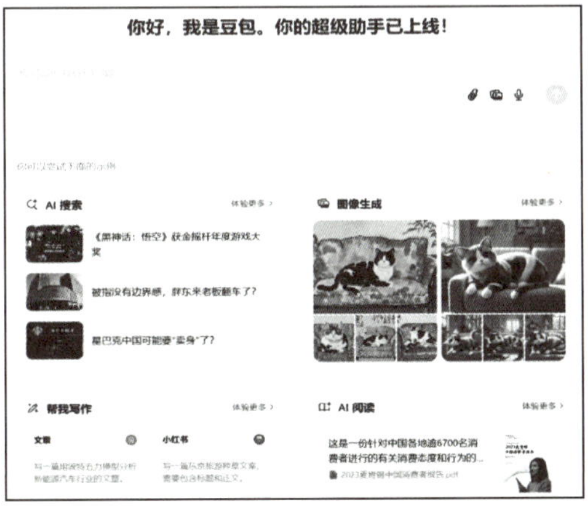

图2-1　豆包界面

2.1.1 人工智能的定义

人工智能科学地融合了计算机科学、认知科学和机器学习等多领域知识，致力于构建能模拟人类智慧的系统。这种系统具备模拟人类认知的特性，包括环境感知(如通过算法解析图像、语音或文本信息)、理解语境(如自然语言处理和语义解析)、逻辑推理(如解决问题和做决策)，以及自主学习(如深度学习和强化学习)。

这些技术让机器能够不断适应和改进，从而更高效地执行繁复的任务，进一步模糊了人与机器的界限，重新定义了科技与智能的未来。随着相关领域迅猛发展，各种新技术、新应用不断涌现，人工智能这一概念的定义也随之不断演变与丰富。

人工智能这个概念最初于1956年被提出。1956年夏季，在美国新罕布什尔州达特茅斯学院(Dartmouth College，部分资料称为达特茅斯大学)，一批科学家举办了一次研讨会，参会人员如图2-2所示。在此次研讨会上，与会者一致采纳了由约翰·麦卡锡(John McCarthy)提出的新术语——“人工智能”，此举标志着人工智能这一新兴学科的诞生。人工智能是研究、开发用于模拟、延伸和扩展人的智能的理论、方法、技术及应用系统的一门技术科学，是对人的意识、思维的信息过程的模拟。

图2-2 达特茅斯研讨会参会人员

斯坦福大学人工智能研究中心的尼尔森(Nilsson)教授对人工智能给出了如下阐释：“人工智能是关于知识的学科——怎样表示知识以及怎样获得知识并使用知识的科学。”

麻省理工学院的温斯顿(Winston)教授认为：“人工智能就是研究如何使计算机去做过去只有人才能做的智能工作。”

事实上，人工智能是一个涵盖技术、能力、哲学及应用等多个维度的概念，如表2-1所示。

表 2-1 多维度定义人工智能

维度	定义/描述	关键点/细节
技术	研究和开发用于模拟、延伸和扩展人类智能的理论、方法、技术及应用系统的一门新的技术科学	结合算法、计算和数据，使机器执行通常需要人类智慧的任务，如学习、推理、感知、理解和创造
能力	机器展现出的类似于人类的智能行为	包括感知环境、学习和改进、执行动作以达到特定目标的能力，体现在物理机器人或虚拟代理上
哲学	探讨智能、意识和自我认知等核心概念	关注人工智能如何模仿和理解人类智能，以及人工智能系统是否可能具有意识和自我认知能力
应用	利用计算机技术解决实际问题的方法和手段	应用于医疗保健、金融服务、交通管理等领域，通过自动化和流程优化来提高效率、准确性并降低成本

人工智能的本质特征可归纳如下：

一是模仿人类智能的方方面面，包括感知、推理、学习、决策等；二是数据驱动，即从大量数据中学习规律和模式；三是依赖先进的算法和模型来进行推理、预测和决策；四是具有自我改进和适应的能力，能够根据环境变化和反馈信息不断调整、优化自身的行为和性能。

2.1.2 人工智能的分类

人工智能的分类可以从多个维度来进行，包括智能水平、技术实现、应用领域和交互角色等。这些分类有助于深入理解人工智能技术的多样性以及各类技术在不同行业中的具体应用。

1. 按智能水平分类

弱人工智能(或狭义人工智能)是专门设计用于执行特定任务的系统，其设计目标是解决具体的问题，并且在限定的领域内具有较高的精度和效率。典型案例包括苹果公司的 Siri、亚马逊的 Alexa 以及基于人工智能的客户服务系统等。这些系统通常依赖于统计分析、算法优化和大数据处理来实现各种功能。弱人工智能可以应用于许多领域，如语音助手、语音识别技术等，让语音交互成为现实(见图 2-3)；可以进行人脸识别、物体识别等，让计算机视觉成为可能；还能根据用户行为和偏好，精准推荐个性化的产品或服务。

图 2-3 弱人工智能应用实例

相对而言，强人工智能(或通用人工智能)是一个更为理想化的概念，是指一种不仅在某一领域具有超人表现，而且具备跨领域智力能力的 AI 系统。强人工智能的目标是拥有综合的学习、推理和解决问题的能力，能够像人类一样自主思考和行动。目前，这种 AI 系统尚处于理论研究阶段，并没有实际应用案例。但在科学和科幻作品中，强人工智能常被视为终极目标，并涉及大量伦理及安全问题的讨论，例如有自我意识的机器是否能拥有权利等。

2. 按技术实现分类

基于规则的 AI 系统通常依赖于人类编写的规则和逻辑进行推断和决策，是早期 AI 研究的重要方向。专家系统是这一技术的代表，该系统利用领域专家的知识创建规则数据库，用于诊断或决策支持。然而这一技术的局限性在于规则的数量和复杂性很难扩展，同时系统无法自动学习新的知识。

随着计算能力和数据资源的增长，基于学习的系统逐渐成为主流。此类系统通过从大量数据中学习模式和规律进行预测和决策。机器学习和深度学习是这一领域的核心技术，其中深度学习依赖于复杂的神经网络结构，特别适合用于处理图像和语音等非结构化数据。深度神经网络的突破使得深度学习在诸如图像识别和语音合成等领域取得了显著成就。

3. 按应用领域分类

计算机视觉主要涉及让计算机拥有分析和解释视觉数据的能力，例如人脸识别、自动驾驶中的环境感知等。

自然语言处理(natural language processing，NLP)用于改进计算机与人类之间的交流方式，通过语言理解、文本生成等技术实现，应用于自动翻译、语音助手等场景。

在智能机器人领域，AI 技术用于增强机器人在复杂环境中进行自主导航和操作的能力。通过传感器和 AI 算法，现代机器人能够进行精细化操作和人机交互，不仅在工业自动化领域发挥重要作用，而且在医疗、服务等领域也具有广阔的应用前景。

数据分析方面，人工智能有助于从海量数据中提取有价值的信息。通过机器学习算法，AI 系统能够发现给定数据中的模式，预测趋势并提供决策支持，这对金融、营销、健康管理等领域尤为重要。

4. 按交互角色分类

自主系统是能够独立完成任务的 AI 系统，如自动驾驶汽车和无人飞行器等。这些系统需要具备实时环境分析与决策能力，以灵活应对不确定的外部环境。

相反，辅助型 AI 系统则以支持和增强人类能力为主，例如智能办公助手和决策支持系统，它们通过提升效率和数据洞察力来帮助用户完成任务。

人工智能的多种分类方式反映了这一技术领域的广度和深度。不同的分类视角有助于人们更清楚地看到人工智能的技术本质、应用潜力以及面临的挑战。在科技快速进步的背景下，各种人工智能分类之间并非各行其是，而是相互交叉和融合，形成了丰富多样的人工智能生态系统，推动着人类社会向智能化、自动化的方向发展。同时，在框架和应用不断更新的背景下，理解人工智能的分类有助于更清晰地应对未来的技术挑战，并进行更为深入的伦理思考。

2.1.3 人工智能的研究领域

人工智能作为一门跨学科的科学，其研究领域涵盖多个方面，涉及基础理论、应用技术、伦理和社会影响等。从本质上讲，人工智能的研究旨在创造具备自主感知、学习和推理能力的系统，从而提升机器在各种任务中的性能及解决问题的能力。

1. 机器学习(machine learning)

机器学习是人工智能中最为核心的研究领域之一，是一门多领域交叉学科，涉及概率论、统计学、逼近论、凸分析、算法复杂度理论等多门学科。机器学习专门研究计算机怎样模拟或实现人类的学习行为以获取新的知识或技能，重新组织已有的知识结构以不断改善自身的性能，专注于开发算法，使计算机能够从数据中学习并做出预测或决策，而不需要显式编程。简单来说，通过实例数据，让知识被机器掌握的过程叫作机器学习(见图 2-4)。

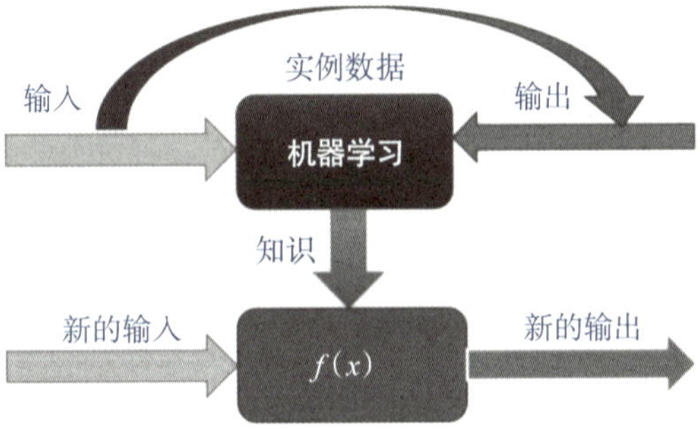

图 2-4 机器学习示意图

深度学习(deep learning)是机器学习的一个子领域，通过模拟人脑的结构和功能进行计算。它使用多层神经网络来捕捉复杂的数据模式，特别适合处理非线性数据、高维数据。深度学习的应用领域如表 2-2 所示。

表 2-2 深度学习的应用领域

应用领域	具体任务	关键技术	典型应用
图像识别	物体识别	卷积神经网络(CNN)	自动驾驶中的道路标志检测
	面部识别		人脸解锁、安全监控
语音识别	语音转文字	递归神经网络(RNN)、长短期记忆网络(LSTM)	虚拟助手的语言交互
	文字转语音		语音助手、无障碍技术
自然语言处理	机器翻译	Transformer 等	多语种间自动翻译
	文本生成		新闻摘要、故事创作
	情感分析		社交媒体情感分析、产品评价

2. 计算机视觉(computer vision)

计算机视觉是一门研究如何使机器拥有“视觉”的科学，具体而言，是指用摄影机和计算机代替人眼，实现对目标进行识别、跟踪和测量等机器视觉功能，并进一步做图像处理，使之成为更适合人眼观察或传送给仪器检测的图像。计算机视觉的应用领域如表 2-3 所示。

表 2-3　计算机视觉的应用领域

应用领域	具体任务	关键技术	应用场景
目标检测与识别	实时物体检测	卷积神经网络	安防监控、自动驾驶
	物体识别分类		行人、自行车、车辆识别
场景理解	对象关系理解	卷积神经网络、图神经网络（GNN）、语义分割技术	无人机导航、虚拟现实
	场景结构解析		环境感知、智能机器人导航
图像生成与编辑	图像合成	生成对抗网络（GAN）	游戏设计、电影特效
	图像编辑与增强	风格迁移技术	创意设计、艺术创作辅助

3. 自然语言处理

自然语言处理是计算机科学、信息工程和人工智能的子领域，涉及计算机与人类（自然）语言之间的交互，特别是研究如何对计算机进行编程以处理和分析大量自然语言数据。自然语言处理的应用领域如表 2-4 所示。

表 2-4　自然语言处理的应用领域

应用领域	具体任务	关键技术	应用场景
机器翻译	自动语言翻译	深度学习模型	跨语言沟通、国际业务交流
语义分析	主题提取	词嵌入技术、深度学习分类模型	市场调研、新闻报道分析
	情感分析	情感词典、深度学习情感分类模型	产品评价、社交媒体舆情监控
对话系统	智能客服	自然语言理解、对话管理、自然语言生成	用户查询解答、售后服务
	聊天机器人	自然语言理解、深度学习生成模型（如 GPT 系列）	娱乐互动、信息查询

4. 机器人技术（robotics）

机器人技术结合 AI 技术、物理学和工程学，研究、设计和制造能够完成特定任务的自主机器人。这一领域的研究通常涉及机械系统的设计、传感器信号处理和多种 AI 算法的集成。其应用领域如表 2-5 所示。

表 2-5　机器人技术的应用领域

应用领域	具体任务	关键技术	应用场景
自主导航	机器人自主移动	深度学习、计算机视觉、SLAM 技术	送货机器人、无人驾驶车辆、探索未知环境
人机交互	机器人与人类协作	自然语言处理、语音识别与合成、姿态识别	工厂自动化、医疗手术辅助、智能家居控制

续表

应用领域	具体任务	关键技术	应用场景
操作与控制	机器人手臂精细操作	深度学习、强化学习、计算机视觉	装配线工作、精密制造、远程操控、危险环境作业

5. 专家系统(expert system)

专家系统模仿人类专家在特定领域的决策过程，利用规则和知识库进行推理。在诸如医学诊断、化学分析等领域，专家系统可提供高效的辅助决策支持。

6. 多智能体系统(multi-agent system)

多智能体系统研究多个智能体之间的协作与竞争，它们之间相互作用从而完成复杂任务。主要应用于博弈论、分布式计算和网络通信等。

2.2 人工智能的学科基础

2.2.1 数学

人工智能的发展离不开多学科的支持，其中数学是支撑 AI 算法与模型构建的基石。数学为人工智能提供了理论基础和工具，使得复杂的问题可以通过数学化的方式进行建模、分析和优化。人工智能的许多核心技术和方法都涉及多个数学领域，包括线性代数、概率论、统计学、优化理论等(见表 2-6)。

表 2-6 人工智能涉及的数学领域

数学领域	主要内容	在人工智能中的应用示例
线性代数	向量、矩阵、特征向量与特征值等	神经网络中的权重表示和矩阵运算； PCA 降维技术中的特征提取
概率论	随机变量、概率分布、期望值等	对不确定性的建模； 贝叶斯统计与贝叶斯网络； 密度估计、马尔可夫链在机器学习中的应用
统计学	数据分析、解释、建模，假设检验，参数估计等	线性回归、逻辑回归、支持向量机等； 实验设计和数据采样； 批归一化和正则化技术
优化理论	寻找函数最优值、梯度下降法等	损失函数的最小化或最大化； 随机梯度下降(SGD)、Adam 等优化算法

续表

数学领域	主要内容	在人工智能中的应用示例
离散数学	图论、集合论、组合数学等	社交网络分析、知识图谱构建中的图论应用；特征选择和约束满足问题中的组合数学应用

2.2.2 计算机科学

人工智能的发展与计算机科学密不可分。计算机科学为人工智能提供了基础架构、算法设计、编程语言、数据管理等多方面的支持，是实现人工智能方法和系统的关键学科。计算机科学在人工智能中的几个核心贡献如表2-7所示。

表2-7 计算机科学在人工智能中的核心贡献

计算机科学领域	主要内容	在人工智能中的应用示例
算法与数据结构	排序、搜索、图算法等；树、图、哈希表等数据结构	在机器学习的数据预处理和模型训练中起到关键作用；提升AI系统性能，处理复杂问题
编程语言与软件工程	Python、Java等语言；TensorFlow等工具包	为AI开发者提供灵活和强大的工具；提高项目管理效率和质量，促进AI应用发展
数据库与数据管理	关系型数据库、NoSQL数据库、大数据处理框架	管理和处理大规模数据，支持高效数据检索和操作，对训练复杂AI模型至关重要
计算机体系结构与高性能计算	GPU、TPU等专用硬件加速器	减少大型神经网络训练时间；提升AI模型运行效率，处理大规模数据和复杂计算
计算理论与复杂性理论	计算问题的难度与可解性；算法效率分析与优化	指导优化问题解决策略；分析和优化AI算法效率，探讨AI系统鲁棒性和可靠性
网络与分布式计算	分布式系统技术；云计算服务平台	提高计算效率，降低处理时间；部署大规模AI应用，提供强大的分布式计算能力和存储资源
人机交互与用户界面设计	用户友好界面设计；操作便捷性与系统行为可控性	提高用户体验，展现AI能力和性能；帮助用户理解和接受AI系统，提高信任度和满意度

2.2.3 语言学

人工智能中的自然语言处理领域依赖语言学的各个方面来实现其目标：让计算机理解、生成和互动使用人类语言。语言学为自然语言处理提供了理论框架和方法，使得AI能够处理复杂的语言任务，如翻译、情感分析、文本生成等。下面将介绍语言学在人工智能中的几个重要应用（见表2-8）。

表 2-8 语言学在人工智能中的重要应用

语言学领域	主要内容	在人工智能中的应用示例
语音学和音位学	语音的物理属性；基本音素和组合规则	语音识别系统、语音助手
形态学	词的结构及构成方式	词性标注、词形还原、词干提取；提高形态变化丰富的语言的处理准确性
句法学	词语组成句子的语法规则	信息提取、机器翻译、问答系统；依存句法和成分句法分析
语义学	词汇和句子的意义	语义分析、主谓宾关系确定、词义消歧、同义词识别；分布式语义模型
语用学	语言在实际使用中的意义	识别隐含信息和话者意图；生成对话系统和聊天机器人的自然回应
语料库语言学	大规模文本数据的收集与分析	提供训练数据、标注语料库；支持机器学习模型训练与验证
跨语言研究	不同语言间的相似性和差异性	多语言处理系统、机器翻译系统；跨语言对话和翻译

2.2.4 哲学

人工智能的发展不仅需要技术和算法支持，还涉及深刻的哲学思考。哲学也为人工智能提供了重要的理论基础，使研究者可以审视人工智能带来的伦理、意识、知识和存在等问题。哲学在人工智能中的几个关键应用如表 2-9 所示。

表 2-9 哲学在人工智能中的关键应用

哲学领域	主要内容	在人工智能中的应用示例
知识论	知识的来源、性质和验证	探讨机器能否拥有知识； 知识的获取、表示和应用； 知识表示的挑战，如专家系统中的推理过程模拟
意识与心灵哲学	意识的本质、意识对认知过程的影响	机器能否具有意识或感知能力； 图灵测试作为语言表现的评判标准； 模拟心智状态和实现智能行为的可能性
伦理学	道德准则、道德决策	AI 系统如何进行道德决策； 无人驾驶汽车的伦理问题； AI 系统在军事、隐私与监控中的应用； 设计符合道德和法律标准的 AI 系统

续表

哲学领域	主要内容	在人工智能中的应用示例
本体论	存在的基本类别及关系	构建信息系统中的实体和关系框架； 构建语义网和知识图谱； 描述现实世界中的对象及其相互关系
自由意志与责任	自由意志与责任归属	AI 系统决策导致不良后果的责任划分； 开发者、用户和系统本身的责任； 设定 AI 系统设计和使用的责任框架
语言哲学	语言的本质意义和使用	自然语言处理中的理解和生成问题； 意义的定义和解释； 语言的多义性和上下文依赖性
模拟和现实	技术模拟现实的程度与真实性	生成型模型(如深度伪造)对真实性的挑战； 技术应用的真实性和合法性问题； 柏拉图的“洞穴寓言”与现代模拟理论的关联

2.2.5 神经科学

人工智能与神经科学有着密切的联系，神经科学不仅启发了人工智能的基本模型设计，还提供了理解智能和学习机制的生物学基础。神经科学在人工智能发展中的几个关键贡献如表 2-10 所示。

表 2-10 神经科学在人工智能发展中的关键贡献

神经科学领域	主要内容	在人工智能中的应用示例
神经元与人工神经网络(ANN)	生物神经元通过突触连接，形成网络结构	ANN 的设计模拟了生物神经元的信息处理方式：计算单元接收输入信号，加权求和后产生输出，形成网络结构。ANN 应用于处理复杂数据模式、分类和回归任务
学习算法与认知机制	生物学习的核心机制包括联结学习、突触可塑性	突触可塑性为 AI 学习算法提供理论依据； Hebbian 学习规则影响学习算法设计，体现在神经网络的权重调整和反向传播算法上
深度学习与分层信息处理	大脑视觉皮层分层处理信息，从简单到复杂	深度学习，尤其是卷积神经网络，模拟了视觉处理的分层结构；应用于图像识别和计算机视觉任务，提高准确性和效率
记忆和决策	神经科学揭示记忆形成和决策过程的机制	促成强化学习的兴起，模拟生物根据环境反馈优化行为的过程；应用于游戏、机器人控制等领域，优化决策策略

续表

神经科学领域	主要内容	在人工智能中的应用示例
自适应和鲁棒性	神经系统具有高度自适应性和鲁棒性	研究生物神经网络处理噪声和不确定性的信息的方式，提升AI的泛化能力和鲁棒性
神经可塑性与终身学习	大脑能改变结构与功能，适应新学习和经验	为AI提供终身学习的视角，持续学习而不忘记以前的知识。应用于动态环境，如自动驾驶汽车的持续学习
意识与情感计算	情感影响决策、记忆和社会交互	为AI情感计算提供科学依据；使AI更好地理解和响应用户情绪，提升其交互性和人性化程度
脑机接口与人机融合	直接连接大脑与机器的技术	推动康复医学发展，展示增强人类能力和AI集成的潜力；依赖于神经信号的解码和分析，可实现更复杂的人机交互

2.2.6 心理学

人工智能与心理学的交汇为AI系统的设计、理解和应用提供了丰富的理论背景和实践指导。心理学研究人类认知和行为的多方面机制，这些研究对人工智能的多个方面都有深远影响。心理学在人工智能发展中的几个关键贡献如表2-11所示。

表2-11 心理学在人工智能发展中的关键贡献

心理学领域	主要内容	在人工智能中的应用示例
认知模型	知觉、记忆、思维和决策等认知过程	为AI系统提供设计智能系统的灵感； 认知模型帮助理解和模拟人类学习和决策； 信息加工理论催生基于计算模型的AI系统
学习理论	经典条件反射、操作条件反射、社会学习理论	对机器学习有直接影响； 操作条件反射与强化学习方法高度一致； 观察学习和模仿学习为基于示例的学习提供构思
行为分析	用户行为和动机的理解	优化AI系统的用户体验和交互设计； 认知偏差和启发式行为研究帮助设计更友好的用户交互机制
情感计算	情感的产生、表达和影响	启发情感计算领域的开发； 提供情绪识别模型，应用于文本、语音和面部表情； 在客户服务等领域提供个性化体验
认知开发	人类认知能力的演变过程	为AI系统实现类似人类的认知发展提供模板； 模拟人类认知发展阶段，提高AI系统的认知和推理能力
社会心理学	人际互动、社会影响和群体行为	为多智能体系统的设计带来启发； 提供个体间相互作用和合作策略的理解； 帮助设计群体间的通信和协调机制

续表

心理学领域	主要内容	在人工智能中的应用示例
记忆系统	记忆的存储和检索机制	为AI的信息存储和检索模型提供灵感； 记忆编码存储和提取理论帮助设计数据库和信息检索算法
意识研究	意识的复杂性和重要性	引发如何模拟和实现自主意识的讨论； 从心理学意识模型中寻找模拟机器意识的可能性； 涉及注意力机制、意识分层结构和自我调节能力的理解

2.2.7 控制论

控制论是人工智能的重要学科基础之一，它起源于对控制系统和通信系统的研究，并在此基础上发展成一门研究信息处理、反馈和控制机制的跨学科科学。控制论通常被认为是研究系统的自我调节和自我组织的科学，广泛应用于生物系统、机械系统和社会系统。控制论在人工智能发展中的几个关键的贡献和影响如表2-12所示。

表2-12 控制论在人工智能发展中的关键贡献和影响

控制论领域	主要内容	在人工智能中的应用示例
反馈机制	系统通过感知自身与环境状态进行调整以实现目标	应用于AI系统的自适应算法和控制系统；在自动驾驶汽车中，通过反馈调节方向和速度以实现安全行驶
自适应与自稳态	系统在变化环境中保持稳定功能的能力	对AI系统的自适应算法和强化学习有重要启示；极限学习机和自适应神经模糊推理系统的设计受其启发
自动控制	通过传感器感知环境并采取相应行动	机器人系统利用控制论原理进行路径规划、运动控制，PID控制应用于自动化和机器人系统
信息理论	研究信息的传递、压缩和噪声抑制	为AI系统提供处理和分析信息的方法；通过信息增益、交叉熵等概念提高学习效率和准确性
复杂系统	包括多智能体协调与合作问题的分析与控制	AI系统借鉴分布式决策和控制方法，在群体环境中自组织，实现任务分配和资源优化；应用于无人机群、自主车辆编队等
仿生学	通过模拟生物系统设计自适应、自组织和自修复的人工系统	仿生算法(如遗传算法、蚁群算法)受控制论启发，解决优化问题和复杂计算任务
决策理论	提供优化控制策略以支持复杂环境下的决策	为AI系统在自动化生产线、资源管理等领域提供优化决策方法；实现对生产过程的全面控制和管理
安全性与稳定性分析	评估系统的鲁棒性，确保可靠运行	在设计AI系统时，帮助系统确保其在各种条件下的可靠运行；对于无人驾驶、工业自动化等高可靠性要求的领域尤为重要

2.3 人工智能的发展历程

人工智能的发展历程如图 2-5 所示。

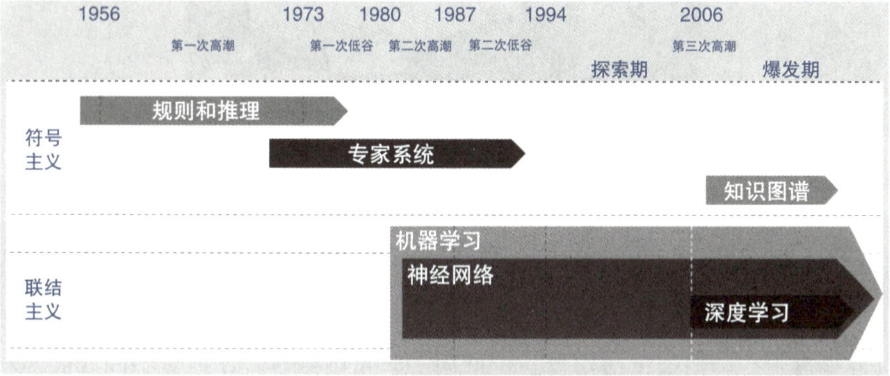

图 2-5 人工智能发展历程

2.3.1 人工智能起步阶段

人工智能的起步阶段可以追溯到 20 世纪 50 年代。当时，计算机科学刚刚兴起，科学家们开始尝试用计算机来模拟人类的思维过程。这一阶段的研究主要集中在基础理论探索和应用初步尝试上，逻辑推理、自然语言处理、机器学习等领域的雏形逐渐形成。

在这个阶段，许多具有里程碑意义的研究成果涌现出来。例如，图灵测试(见图 2-6)被提出，为衡量机器是否具备人类智能提供了一个标准；感知机模型的诞生，为机器学习的发展奠定了基础；各种专家系统也开始出现，它们在特定领域内模拟人类专家的决策过程，取得了令人瞩目的成果。

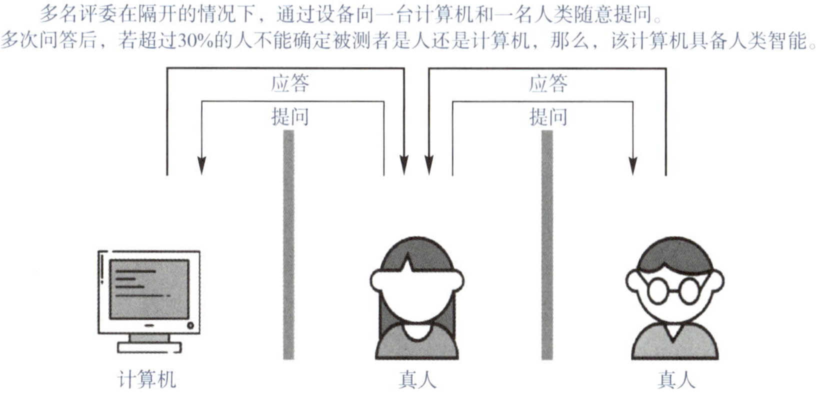

图 2-6 图灵测试

随着计算机技术和自动化控制理论的不断发展，人们开始尝试将这些技术应用于实际生产中，以提高生产效率、降低劳动成本。在此背景下，世界上第一台机器人（见图2-7）应运而生。这台机器人被命名为Unimate，意为“万能自动”。它最初被设计用于承担工业生产中的重复性和繁重劳动任务，如搬运、装配等。Unimate的出现，改变了传统生产方式，引领了工业自动化的发展潮流。

图2-7　世界上第一台机器人

然而，人工智能在起步阶段并非一帆风顺。受限于当时的计算机技术和算法理论水平，人工智能在发展过程中遭遇了诸多挑战。例如，感知机模型在处理复杂问题时显得力不从心，导致机器学习领域一度陷入低谷。人们对于人工智能的定义和研究方向也存在广泛争议，使得这一领域的发展充满曲折。

虽然这段时期的项目遭遇了计算能力不足、数据量不足和算法限制等问题，但这段时期的探索为人机交互、模式识别和机器学习等技术的进步铺平了道路。

2.3.2　人工智能初步应用阶段

在人工智能的初步应用阶段，专家系统、自然语言处理和机器学习算法的兴起至关重要，为后来的发展奠定了重要基础。

20世纪60年代末，专家系统（见图2-8）开始崭露头角。专家系统是基于知识库和推理规则的计算机程序，旨在模拟人类专家在特定领域的决策能力，特别是在领域知识整合、规则定义和逻辑推理上。例如，MYCIN系统被用于诊断和治疗血液感染，它运用了大量的医学知识和推理规则，能够在某些情况下提供与人类医生相当的建议。这一系统的成功展示了知识表示和推理在实际应用中的潜力。

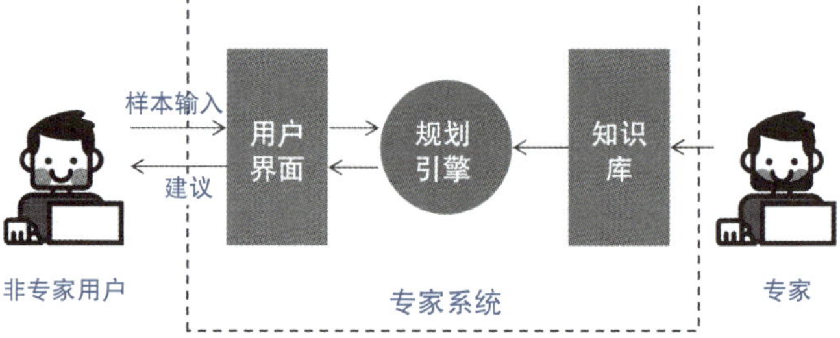

图2-8　专家系统

20 世纪 70 年代，随着计算能力的提升，自然语言处理逐渐兴起，开启了人机对话的初次尝试。ELIZA(见图 2-9)等早期系统面世，它们被应用于简单的问答系统和文本处理，为语音识别和机器翻译等技术奠定了基础。

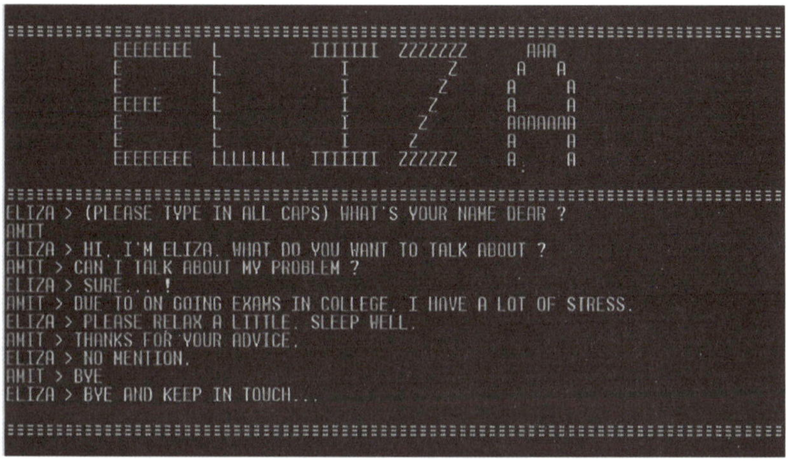

图 2-9　第一个人机对话系统 ELIZA

20 世纪 80 年代，机器学习开始受到更多关注，统计学习和神经网络等新算法涌现。早期的分类器和决策树为实际应用铺平了道路，虽然其计算能力有限，但在分类和预测问题上展示了巨大潜力，为现代语音助手的发展奠定了基础，也对智能研究产生了深远影响。

2.3.3　人工智能稳步发展阶段

21 世纪初，人工智能研究聚焦于神经网络和深度学习，尤其是深度学习在 2012 年 ImageNet 大规模视觉识别挑战赛(ILSVRC)中的胜利(见图 2-10)，奠定了其在人工智能领域的主导地位。ILSVRC 是计算机视觉领域最具有权威性的学术竞赛之一，AlexNet 是 2012 年 ILSVRC 冠军，精度比前一年冠军提升超过 10 个百分点，验证了深度卷积神经网络的高效性。

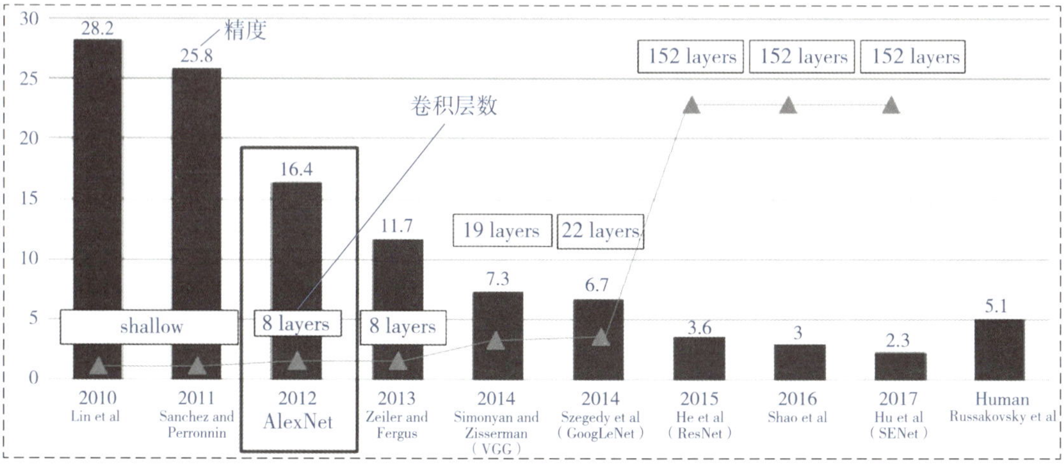

图 2-10　ILSVRC 图像识别大赛历年冠军数据

AlexNet 的胜利标志着深度学习的崛起，深度学习(见图 2-11)是基于多层神经网络的学习方法，能够自动提取图像特征并进行模式识别、处理高维数据，从而在图像和语音处理等任务中取得显著成果。这一胜利引发了广泛的关注和研究，推动了计算机视觉和语音识别等领域的快速发展。

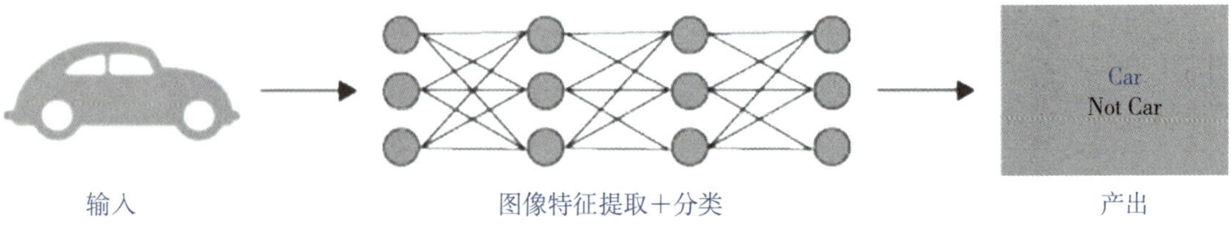

图 2-11　深度学习示意图

深度学习技术的应用使得计算机视觉在无人驾驶、医疗影像分析等领域取得了革命性进展。通过高效的图像识别和处理，AI 系统能够辅助医生进行诊断，提升无人驾驶汽车的环境感知能力。循环神经网络(RNN)和长短期记忆网络(LSTM)等深度学习模型在语音识别领域取得了显著成就。这些技术的进步使得语音助手(如 Siri、Alexa 等)能够更准确地理解和响应用户的语音指令。

2.3.4　人工智能蓬勃发展阶段

大数据与人工智能的融合，在 21 世纪的第二个十年，掀起了 AI 繁荣的浪潮。随着 AI 产业的蓬勃兴起，全球科技巨头与新兴企业纷纷加速 AI 研发的步伐，通过大幅增加对 AI 研发的投资以及制定相应的战略规划，共同推动无人驾驶、金融科技等新兴产业迅猛发展。各国政府也纷纷出台相关政策，积极促进 AI 的研发与商业化进程，为经济增长注入强劲新动力。自动驾驶、智能医疗等领域成为 AI 技术的重要应用方向。

大数据的崛起，进一步加速了其与 AI 的融合，为 AI 的繁荣提供了源源不断的动力。大数据提供的丰富资源，使得深度学习和机器学习算法能够进行精确预测和决策。在医疗领域，AI 可以预测疾病趋势，为预防和治疗提供有力支持；在金融领域，AI 可以进行风险评估，降低投资风险；在电商领域，AI 能够优化推荐系统，提升个性化用户体验。

AI 技术日新月异，卷积神经网络和循环神经网络的进步推动了深度学习的发展，使 AI 在图像识别和自然语言处理方面取得突破，其能力已接近人类水平。AI 系统的广泛应用也推动了数据化和自动化的实现。如图 2-12 所示，目前在法医学领域，已经实现利用人工智能技术自动识别肺、肝和肾内的小硅藻及硅藻碎片。

这一阶段，人工智能不仅改变了每个人工作和生活的方式，还在某种程度上重新定义了每个人的社会互动和经济结构。随着 5G 网络的普及，AI 技术将实现更快的数据传输和更低的延迟，为 AI 的实时应用铺平道路。在这个蓬勃发展的阶段，人工智能的影响已经深入人们生活的方方面面，预示着一个智能化、自动化的未来。

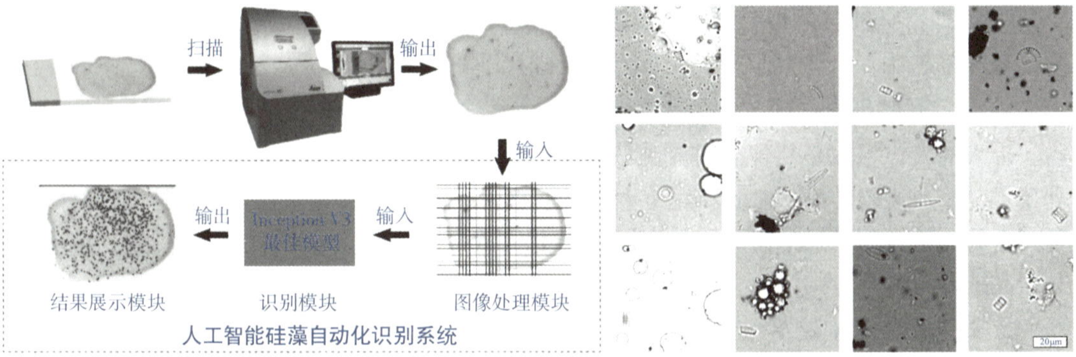

图 2-12　硅藻自动化识别系统及其识别到的肺、肝和肾内的小硅藻及硅藻碎片

2.3.5　我国人工智能的发展

我国政府高度重视人工智能的应用及其本身领域的技术革新，已经将人工智能领域的建设提升到国家战略发展层面。早在《新一代人工智能发展规划》中，就已经提出了“到 2030 年人工智能理论、技术与应用总体达到世界领先水平，成为世界主要人工智能创新中心”的战略目标，充分体现了我国政府的重视程度与雄心壮志。我国人工智能近期的发展已经达到了一定的高度，这得益于国家的重视。在近些年的发展过程中，各类人工智能的产生与发展、应用与融合，对一些领域产生了较大的影响，加上 5G 时代的到来，通信技术日益成熟，人工智能发展前景广阔。

▲人工智能的发展趋势

我国人工智能发展大致可以分为三个阶段，具体如表 2-13 所示。

表 2-13　我国人工智能发展阶段

阶段	时间范围	主要特点与成果
起步阶段	开始于 20 世纪 70 年代末	初步接触并学习国际先进的人工智能技术
		研究主要集中在高等院校和科研机构
		奠定了中国人工智能发展的理论基础
		成果集中在逻辑推理、知识表示、自然语言理解等领域
发展阶段	21 世纪初至今	政府在科技创新方面加大投入，企业积极参与
		语音识别、图像识别、自然语言处理等领域取得重大突破
		应用于实际业务场景，推动产业快速发展和升级
		形成完整的人工智能产业链和生态体系
崛起阶段	“十三五”规划以来	在技术研发方面取得世界领先
		产业规模壮大，成为全球重要的人工智能市场之一
		政府将人工智能上升为国家战略，出台一系列支持政策
		人工智能在社会中的认知度提升，成为日常生活不可或缺的一部分
		培育出具有国际竞争力的人工智能企业

我国目前已经成长为人工智能领域的大国，在该领域内的地位越来越重要，在世界上的话语权越来越大。目前我国发展人工智能主要有以下四大优势。

1. 人口基数庞大

庞大的人口基数必然伴随着庞大的供给需求，各领域需求量都较大。这种现实压力有利于推动企业进行转型。就目前的各种转型方式来看，效率最高、最具意义的转型就是各种产业与人工智能领域的融合。这种企业转型方式最具活力，也最恰当合理，它可以在提升产品或者服务质量的同时，增加产品或服务的附加值。

2. 政府重视程度较高

2010年以来，我国政府先后出台了包括《新一代人工智能发展规划》和《教育信息化2.0行动计划》在内的各种相关政策，其中针对教育领域的政策是比较多的，这充分体现了国家对人工智能领域的重视。政府的重视会吸引各类学者积极参与，教育领域也会更加注重技术人才培养。从全国范围来看，各个省份都有涉及人工智能领域的研究，其中比较典型的省份（如浙江）已经出台新高考方案，明确将信息技术（包括编程）纳入高考的考查科目，还有很多地方的中小学已经开设相关编程课程，将人工智能的建设从娃娃抓起，培养学生的兴趣。由此可见，国家已经在为人工智能发展储备人才，当人才能够支撑起来的时候，就真正到了人工智能飞速发展的时代了。

3. 数据优势明显

这也是人口基数带来的优势，只不过是从另一方面来看的。我国目前是人口大国，手机用户群体巨大，已经达到世界领先水平，这是得天独厚的优势。此外，移动支付的普及、物流平台的发展，加上大数据与政策、医疗等方面的融合，使我国拥有了庞大的数据流量，这一点优势是其他发达国家无法比拟的。目前，人工智能还没有脱离数据的处理与分析这一功能，因此，数据上的优势在目前的研究领域和时代背景之下，是很容易看到效果的。

4. 青年人才优势

我国学习理工科的青年数量较多，其中也不乏一些能力较强的实践型、综合型人才，对于现在的人工智能建设来说，这些青年完全有机会成为未来人工智能行业的储备人才。对他们进行专门的教育，可以帮助他们成为人工智能领域专业人才，为人工智能建设奠定坚实的人才基础。

我国仍然是世界上最大的发展中国家，这一地位并没有改变。我国一直处于发展过程中，并且加速冲向未来。在我国，庞大的人口、复杂的社会环境以及尚不完善的基础设施虽是劣势，但是这些劣势反而给了人工智能领域一个发展的机会，因为人工智能最终的目的还是将技术取之于民、用之于民。只有将技术应用到实际中去，解决实际问题，这样的技术才是真正有价值的技术。我国目前的发展规划，正好需要人工智能的辅助，而在实践中的辅助与应用，也能够反向促进人工智能技术的完善与发展。

2.4 人工智能的三大流派

人工智能的三大流派分别是符号学派、行为学派和联结学派。在人工智能的发展过程中，符号学派、行为学派和联结学派为 AI 的思想基础提供了重要的多样化视角。

2.4.1 符号学派

符号学派的理论是符号主义。符号主义基于物理符号系统假设和有限合理性原理，认为人工智能源于数理逻辑，认识和思维的基本单元是符号，认知过程是在符号表示上的一种运算。

符号学派的理论基础是物理符号系统假设，由艾伦·纽厄尔(Allen Newell)和赫伯特·西蒙(Herbert Simon)在 20 世纪 70 年代提出。该假设认为，物理符号系统具有智能行为的必要和充分条件，即任何能够做出智能行为的系统都可以被看作符号处理器。符号学派假设人类的思维过程是通过操纵符号实现的，因此通过在计算机中定义符号和规则，可以重现这些思维过程。如图 2-13 所示，用决策树模型输入业务特征预测天气，即通过温度的高低、风力的大小等条件进行天气的预测，这就是典型的符号主义应用。

符号学派在 20 世纪 50 年代至 70 年代主导了 AI 研究。其代表性成就之一是逻辑理论家(Logic Theorist)，这是由纽厄尔和西蒙(见图 2-14)开发的第一个人工智能程序，用于证明数学定理。该程序能够证明《数学原理》中几乎所有的数学定理，被认为是 AI 发展史上的一个重要里程碑。

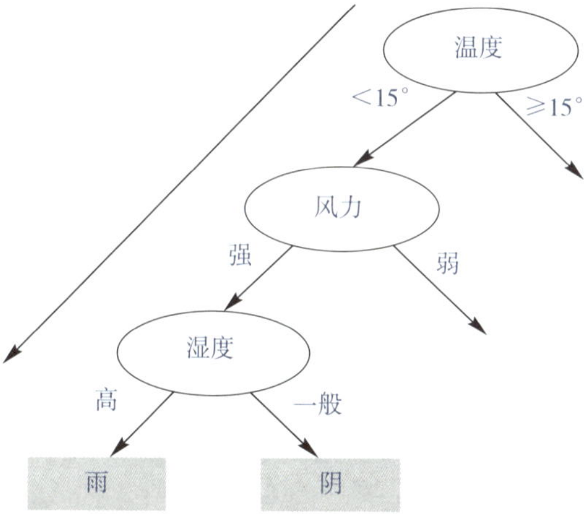

图 2-13 用决策树模型输入业务特征预测天气

图 2-14 纽厄尔和西蒙

符号主义最辉煌的时候，是专家系统主导的年代。专家系统的能力来自它们存储的专业知识，知识库系统和知识工程成为 20 世纪 80 年代 AI 研究的主要方向。在 20 世纪 80 年代末，符号学派开始衰落。其原因有二：一是符号试图将人类思想、行为和结果抽象为简洁深入的规则，类似于数学定理。然而，人类的思想是极其复杂而广泛的，人类的智能不仅仅是逻辑和推理的结果。二是人类抽象出的符号，源头是身体对物理世界的感知，人类能够通过符号进行交流，是因为人类拥有类似的身体。计算机不可能有类人感知，人类可意会而不能言传的"潜智能"，不必或不能形式化为符号，这是计算机不能触及的。

尽管如此，符号学派的思想在现代仍然有重要应用。在现代 AI 的混合系统中，符号方法与机器学习方法结合，可以弥补各自的不足，形成更强大的智能系统，1997 年 5 月，名为"深蓝"的 IBM 超级计算机打败了国际象棋世界冠军卡斯帕罗夫（Каспаров）（见图 2-15），这一事件在当时轰动了世界。本质上，"深蓝"就是符号主义在博弈领域的成果。

图 2-15 "深蓝"对战国际象棋世界冠军卡斯帕罗夫

2.4.2 行为学派

行为学派也被称为行为主义或行为 AI。这个流派的研究重点是通过观察和模仿生物体，特别是人类和动物的行为来实现智能。

行为学派起源于行为主义心理学，强调通过研究行为反应与环境刺激之间的关系探究智能。它由心理学家如约翰·华生（John Watson）和伯尔赫斯·斯金纳（Burrhus Skinner）在 20 世纪初提出，为后来的 AI 研究奠定了理论基础。行为学派在人工智能中的发展，更多涉及对智能代理在复杂环境中通过试错学习实现目标的研究。

行为学派认为智能可以通过"刺激-反应"机制来模拟，即通过对环境刺激的感知，产生反应，进而调整行为以适应环境。1989 年，由麻省理工学院制造的六足机器人 Genghis（见图 2-16），被认为是现代历史上重要的机器人之一。Genghis 被认为缩短了生产时间并减少了未来空间机器人设计的成本。它有 12 个伺服电机和 22 个传感器，可以穿越多岩石的地

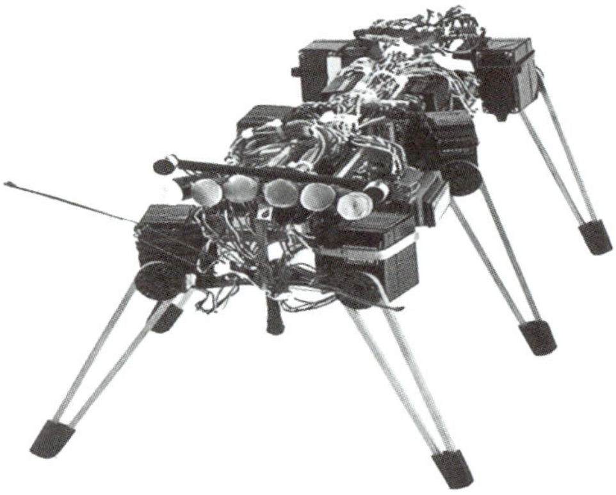

图 2-16 麻省理工学院制造的六足机器人 Genghis

形。Genghis 机器人不仅是技术创新的代表，更是行为学派理论在实践中的成功应用，在现代机器人的设计与开发中仍然具有重要的指导意义，推动了自主系统和智能体的进步。

行为学派在人工智能领域取得了许多重要成果。例如，在机器人技术方面，行为学派的研究者们通过模拟生物体的运动方式和感知机制，设计出了能够自主导航、避障并完成复杂任务的机器人。这些机器人在未知环境中展现出强大的适应能力和鲁棒性，为人工智能技术的发展开辟了新的道路。此外，在自然语言处理、计算机视觉等领域，行为学派也取得了显著的进展，为人工智能技术的广泛应用提供了有力支持。

然而，行为学派也面临着一些挑战和争议。首先，行为学派过于强调环境对智能的影响，忽视了智能体内部结构和先验知识的作用。其次，行为学派的研究方法往往需要大量的试错过程，这在某些情况下可能导致效率低下甚至失败。此外，对于如何平衡环境刺激与内部机制的关系、如何设计有效的学习算法等问题，行为学派也需要进一步深入研究和探讨。

尽管如此，行为学派在人工智能领域仍然具有不可替代的地位。它为人们提供了一种全新的视角和方法来理解和实现智能，为人工智能技术的发展注入了新的活力。随着科学技术的不断进步和跨学科研究的深入发展，人们有理由相信，行为学派将在未来的人工智能研究中发挥更加重要的作用，为人类创造出更加智能、高效和便捷的机器伙伴。

2.4.3 联结学派

人工智能三大流派中的联结学派，又称为连接主义或仿生学派，是一个深受生物学、神经科学和认知科学启发的流派，其核心理念在于通过模拟人类大脑神经元的联结机制来揭示和实现智能。联结学派的理论根基源于对人脑神经网络的深入探索。在人脑中，数以亿计的神经元通过突触相互连接，形成了一个庞大而精细的网络。这个网络以并行、分布和自适应的方式处理信息，赋予了人类学习、记忆、推理等智能能力。

联结学派认为，要构建真正的人工智能系统，就必须模拟这种神经网络的结构和功能，让机器能够像大脑一样进行信息处理和决策。

为了实现这一目标，联结学派采用了人工神经网络作为其主要技术手段。人工神经网络(见图 2-17)是由大量简单处理单元(即神经元模型)通过可调节的连接权值相互联结而成的计算模型。这些处理单元能够接收输入信号，并根据预设的规则进行加权求和与非线性变换，最终产生输出信号。通过训练和调整网络中的连接权值，人工神经网络能够逐渐学习到输入与输出之间的复杂映射关系，从而实现对知识的表示和智能行为的模拟。

联结学派的发展并非一帆风顺。尽管人工神经网络在模拟人类智能方面展现出了巨大的潜力，但其训练过程往往需要消耗大量的计算资源和时间。此外，人工神经网络的内部工作机制往往难以直观解释，这导致了一些人对人工神经网络的透明度和可解释性提出了质疑。为了应对这些挑战，联结学派的研究者们不断探索新的网络结构、学习算法和训练技术，以期在保持智能性能的同时，降低计算成本并提高模型的可解释性。

值得一提的是，联结学派与其他人工智能流派并非相互孤立，而是相互补充、共同发展的关系。例如，在符号学派中，知识是以符号形式表示的，并通过推理机进行逻辑推理和决策。而联结学派则通过模拟神经元的连接机制来实现智能，更侧重于从数据中学习并自动提取特征。这两种流派在方法论上存在差异，但都为人工智能的发展做出了重要贡献。在实际应用中，符号主义与联结主义往往相互结合，共同推动人工智能技术的进步。

随着神经科学和计算技术的不断进步，人们对人脑神经网络的理解将更加深入，这为联结学派提供了更坚实的理论基础和更广阔的发展空间。同时，随着大数据时代的到来和计算资源的日益丰富，联结学派将能够处理更加复杂、大规模的数据集，并开发出更加智能、高效的人工神经网络模型。

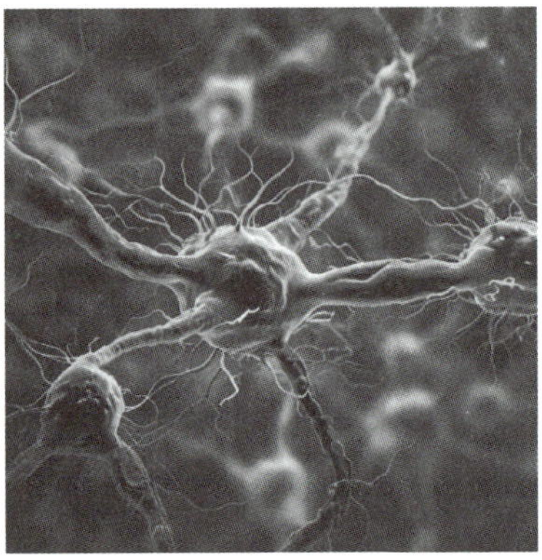

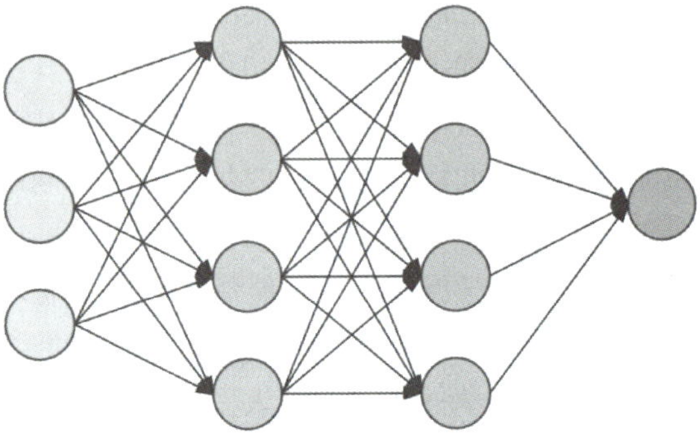

图 2-17　神经元和人工神经网络

2.5 人工智能安全与伦理

随着人工智能技术的迅猛发展，其在各个领域的应用日益广泛。从自动驾驶汽车到智能医疗诊断，从个性化教育到高级金融服务，人工智能正在重塑人类的生活、工作甚至整个世界。然而，随着人工智能技术的广泛应用，其安全与伦理问题也日益凸显，成为制约人工智能健康发展的关键因素。

2.5.1 人工智能安全

2024 外滩大会的参会者表示，当前人工智能既带来了巨大的发展潜力，也引发了诸多方面的风险和挑战。如何在促进人工智能技术快速发展和应用的同时，确保其安全性、可靠性和可控性，显得尤为关键。人工智能安全，简而言之，就是确保人工智能系统的安全性、可靠性和稳健性，防止其被恶意利用或对人类社会造成不良影响。这涉及多个层面，包括数据安全、算法安全、系统安全等。

1. 数据安全是人工智能安全的基础

人工智能系统为了提供个性化服务、进行复杂决策，通常需要收集和分析大规模的用户数据。这些数据往往包含敏感的个人信息，如健康记录、财务状况、行为习惯等。不当的数据处理和访问可能导致隐私泄露，甚至引发更严重的安全威胁。因此，确保数据的完整性、真实性和保密性是维护人工智能安全的关键。AI 系统依赖于大量数据进行训练和优化，但在数据的收集、存储和使用过程中存在严重的安全和隐私风险。如何保护用户数据不被泄露或滥用，成为 AI 应用中的首要问题。

2. 算法安全也是人工智能安全的重要组成部分

人工智能算法是驱动 AI 系统的核心，如果算法存在漏洞或缺陷，就可能被黑客利用，进而攻击系统。例如，通过对抗性样本攻击，黑客可以欺骗 AI 系统，使其做出错误判断。此外，算法的透明性和可解释性也尤为重要。某些高度复杂的人工智能模型可能在内部机制上难以解释，导致其在实际应用中的可解释性受限。同时，在追求透明性的过程中，也可能暴露模型工作的细节，从而被恶意利用。为了提高 AI 系统的透明性和可解释性，研究人员正在开发可解释人工智能技术，旨在使复杂模型的决策过程可被理解。可解释人工智能技术通过提供模型决策的详细解释，帮助决策者理解模型的工作原理和决策依据，从而增强决策的公正性和可信度。

3. 系统安全是人工智能安全的宏观层面

系统安全涉及 AI 系统的整体架构、部署环境以及与其他系统的交互等方面。一个安全的 AI 系统应该具备强大的防御能力，能够抵御各种网络攻击。同时，系统还应该具备自我修复和容错能力，以确保在出现故障或异常情况时能够迅速恢复正常。

2.5.2 人工智能的伦理问题

1. 责任归属与问责机制

建立明确的责任归属和问责机制，确保 AI 系统的开发者、使用者和监管者能够对其行为负责，是维护人工智能伦理的关键。责任归属问题在自动驾驶、医疗诊断等 AI 应用中尤为突出。由于 AI 系统的决策过程高度自动化，出现错误或事故时，责任的界定成为法律难题。例如，自动驾驶汽车的事故责任应归咎于制造商、软件开发者还是车辆使用者？以美国亚利桑那州发生的 Uber 无人车撞伤行人并致死的事故（见图 2-18）为例，据外媒报道，事故发生时，车辆已经检测到车头前的行人，但决策系统却决定不采取任何闪避措施，同时人类安全驾驶员也未能及时作出反应。这种事故的责任到底如何认定？为了应对这一挑战，需要在立法层面制定和完善相关法律，确保在技术事故发生时能够迅速公正地划分责任并有效问责。

2. 公平性与多样性

AI 系统的设计和应用过程中可能存在偏见和歧视，从而影响系统的公平性和多样性。AI 系统的训练和运作依赖于大量数据，而这些数据可能反映或包含现存的偏见和不平等现象。例如，某些面部识别技术在识别不同种族或性别的人脸时存在差异，这种差异源于训练数据的偏见，并可能进一步放大社会不公，例如杜克大学提出了一种名为 PULSE（Photo Upsampling via Latent Space Exploration）的 AI 算法。它可以轻松将马赛克级别画质的人脸图像转化为计算机生成的高清画质图像，但是 PULSE 生成的图像不能保证完全还原原始人物的头像，它会在人脸肤色上进行大胆“创新”，把原本是黑肤色的人像变成白肤色的。

图 2-18　美国亚利桑那州发生的 Uber 无人车撞伤行人并致死的事故

为了确保 AI 系统在设计、开发和应用阶段遵循非歧视和公平性原则，研发人员需要在算法和数据处理过程中采取积极措施，例如使用多样化和更公平的数据集，实施偏见检测和校正机制，以及公开透明地报告算法性能。通过这些努力，可以降低 AI 系统中的偏见风险，维护社会的公正和包容性。

3. 隐私保护与尊重人权

AI 系统的应用可能侵犯个人隐私和人权，如未经同意的面部识别、数据滥用等。尊重和保护个人隐私和人权，确保 AI 系统的应用符合道德和法律规范，是构建人工智能伦理框架的基础。

随着 AI 技术的深度发展，"AI 换脸"技术变得常见，滥用"AI 换脸"以及声音模拟技术索取钱财等犯罪行为屡见不鲜。不法分子通常会通过收集当事人发布在社交媒体平台上的图片和视频，利用 AI 技术生成相关内容在线上或者线下造谣，并以此敲诈勒索当事人，若这些信息被发送给当事人的亲友、同事等，将可能给当事人带来巨大的名誉损害及人身安全、财产安全威胁。

2.5.3　我国人工智能的法律规范

我国 2017 年发布的《新一代人工智能发展规划》对人工智能伦理问题的研究提出了较为明确的要求，并且制定了人工智能伦理和法律的战略目标：到 2025 年，初步建立人工智能法律法规、伦理规范和政策体系，形成人工智能安全评估和管控能力；到 2030 年，建成更加完善的人工智能法律法规、伦理规范和政策体系。该文件比较明确地提出了指导人工智能发展的三重规范，即相关法律法规、伦理规范与政策体系；若进行时间上的先后排序，则先形成相关政策体系再制定相关伦理规范，最后在宪法精神的指导下制定并完善、规范人工智能发展的相关法律法规，从而对人工智能政策体系和伦理规范也起到调整与兜底作用，这也是法律规范作为防范秩序失控的最后保障的应有之义。

我国主要的相关法律规范如表 2-14 所示。

表 2-14　我国主要的相关法律规范

法律规范名称	主要内容	针对人工智能的相关要点
《中华人民共和国网络安全法》	规定了网络运营者应履行的网络安全保护义务	保障人工智能系统网络安全，防止数据泄露、恶意攻击等安全事件
《中华人民共和国数据安全法》	聚焦于数据的安全保护，规范数据处理活动	保护人工智能领域数据的安全，确保人工智能系统的可靠性和稳定性
《中华人民共和国个人信息保护法》	保护个人信息权益，规范个人信息处理活动	在人工智能应用中，个人信息的收集、使用和处理必须合法、正当、必要，并征得个人同意
《生成式人工智能服务管理办法(征求意见稿)》	促进生成式人工智能技术健康发展和规范应用	要求提供者对生成内容的真实性、合法性负责，防止生成虚假信息；规定用户权益保障、数据安全等要求

在充实人工智能伦理的过程中加强对宪法中人文价值的捍卫，是人工智能伦理可靠性的重要体现。同时面对相对稳定的宪法与不断加速发展的人工智能之间的矛盾，立足于对人工智能伦理进行规制的现状，对症下药，实现宪法精神与人工智能伦理的紧密衔接，将宪法中人权保障的精神转化为人工智能伦理的终极价值内涵。

面对新技术推动所逐步形成的新型权利，不能使其仅停留在主观层面，要依据宪法，通过专门性立法、具体的宪法解释等，针对人工智能伦理涉及多主体、多领域及人工智能高度类人化等特点，逐步建立并完善以宪法为核心的人工智能伦理的规范体系，将事关公民重大利益的新型权利纳入宪法效力的规范体系之中，是解决人工智能伦理“自我不能”问题，真正发挥宪法精神对人工智能伦理保障作用的应然选择。这也是宪法理应确立起的新技术面向，以更好地适应瞬息万变的未来社会。

▲为机器立心为人文赋理

习　题　2

一、选择题

1. 人工智能是指(　　)。

A. 机器人的制造技术

B. 模拟人类智能的理论、设计、开发与应用技术

C. 一种复杂的算法

D. 计算机硬件的升级技术

2. 机器学习是人工智能的一个分支，以下关于机器学习的描述中错误的是(　　)。

A. 机器学习能够让计算机系统从数据中学习并自动改进

B. 监督学习是机器学习的一种方法，需要预先提供带有标签的数据集

C. 非监督学习不需要任何训练数据

D. 强化学习是通过让智能体在与环境的交互中学习，以达到预定目标的方法

3. 人工智能的核心是(　　)。

A. 算法　　B. 数据　　C. 硬件　　D. 软件

二、填空题

1. 在人工智能领域，________是指计算机系统理解和生成人类语言的能力，________是人工智能的一个重要应用，它可以帮助医生进行疾病诊断和治疗方案推荐。

2. 在深度学习中，________是一种常用的神经网络结构，用于处理序列数据。

3. 在机器学习中，一种通过让模型不断试错并自我优化的方法称为________。

三、问答题

1. 简述人工智能的发展历程，并列举几个重要里程碑。

2. 解释什么是深度学习，并举例说明其在现实生活中的应用。

3. 讨论人工智能在未来可能对社会产生的影响，包括积极影响和潜在挑战。

四、思考题

分析一个你熟悉的人工智能应用案例，探讨如何建立有效的 AI 监管机制，以确保技术发展的合规性和安全性。

▲习题答案

第 3 章 人工智能的关键技术

3.1 机器学习

3.1.1 机器学习的基本概念

1. 什么是机器学习

机器学习(machine learning，ML)是人工智能的一个重要组成部分，它可以让计算机通过构建模型，从已有的数据中寻找规律，并利用这些规律对未知数据进行预测或决策。简而言之，机器学习是让计算机使用算法从大量的数据中进行学习，找到规律，从而可以像人一样具有“智能”。

2. 机器学习的分类

根据学习方式和训练数据的不同，机器学习通常分为以下三类：

1)监督学习

监督学习(supervised learning)是在有标注的数据上训练模型，也就是说，每个输入都有一个对应的正确输出。模型的目标是学习输入和输出之间的关系，从而对新的数据做出正确的预测。常见的监督学习任务包括分类和回归。例如，对图 3-1 中的图片进行识别，识别该图片是猫还是狗。利用 8 张已知标签(猫或狗)的图片，使用监督学习方法构建模型，然后对新的图片进行识别。

图 3-1　监督学习示例

2)非监督学习

非监督学习(unsupervised learning)是指在没有标注的数据集上训练模型，其目标是发现数据的内在结构和模式。非监督学习的常见任务为聚类。如图3-2所示，在事先并不知道分类的情况下，直接将图片中西红柿和土豆按照它们的外形、颜色等特征进行分类，拆分成右侧的图。

图3-2 非监督学习示例

3)强化学习

强化学习(reinforcement learning)是一种解决智能体如何在与环境交互的过程中，通过学习策略来最大化回报或实现特定目标的问题的方法。简单来说，智能体不断尝试与环境进行互动，每次行动后，环境会根据智能体的行为给予奖励(正面反馈)或惩罚(负面反馈)。如果某个行为带来了正面的奖励，智能体在未来就更倾向于选择这样的行为。它的目标是动态调整策略，以获得尽可能高的累计奖励。通过不断地试错和接受反馈，智能体逐步改进行动方案，最终找到最优的策略，如图3-3所示。例如一个小孩在玩弹球游戏，一开始他并不知道如何操作才能获得高分。他可能会尝试以不同的角度和力度来发射弹球。每次尝试后，游戏会给予他得分作为反馈。如果某次操作得到了高分，他就会记住这种操作方式，并在以后更频繁地使用它。通过不断尝试和学习，他逐渐掌握了获得高分的技巧。

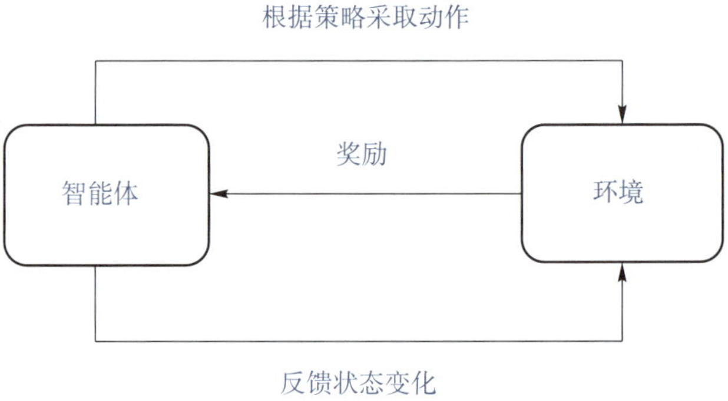

图3-3 强化学习示意图

3.1.2 机器学习的基本流程

机器学习的基本流程是一个循序渐进、相互关联的过程，从数据的收集与预处理到模型构建，再到模型的评估与预测，都需要仔细规划和执行。每个步骤都对最终模型的性能和实用性有重要影响。在实际应用中，可能需要在这些步骤之间反复迭代，才能获得理想的结果，基本流程图如图 3-4 所示。

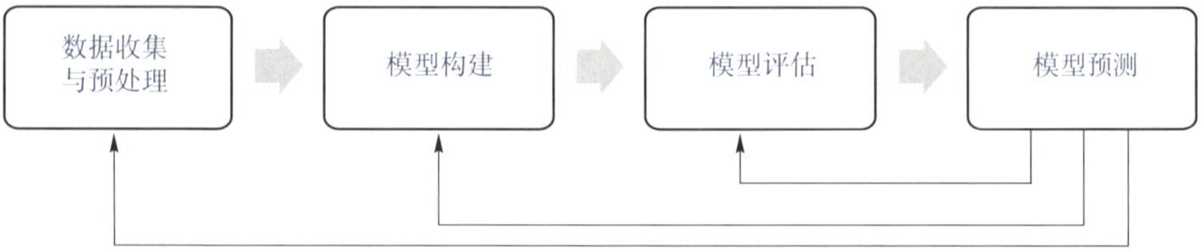

图 3-4 机器学习的基本流程

1. 数据收集与预处理

1)数据收集

在机器学习过程中，数据收集是第一步，也是至关重要的一步。数据收集不仅仅是简单的获取数据，还需要深入理解数据的类型和属性特征，确保收集到的数据是高质量、可靠且与研究问题高度相关的。这为后续机器学习的模型构建奠定了基础，是机器学习成功的关键之一。据统计，数据收集和整理工作平均占据整个机器学习工作量的 60%至 80%，甚至更高。

2)数据预处理

数据的来源可能是多个渠道的，也可能包含噪声，因此在获取数据后，需要对原始数据进行预处理，以提高数据质量和一致性，常用的预处理方法包括如下几种。

(1)特征选择：特征选择是从原始数据中提取与任务相关的信息，得到可用于模型训练的特征，以便生成高质量的模型，因此特征选择直接影响模型的性能。对于数据的复杂性质，如多维、多模态、实时性等，特征选择在提取有价值的特征中扮演着关键的角色。例如，对用户的信誉度进行评价时，可以选择用户的年龄、性别、收入、职业等特征。

(2)处理缺失值：在经济数据中，某些数据可能不完整。例如，某些企业或消费者可能没有提供收入或支出记录。在这种情况下，可以使用均值填补或插值法填补缺失值，或者使用预测模型进行插补。如果缺失数据量较大且较为随机，应考虑去除受影响的样本。

(3)去除重复数据：由于多次调研或数据输入错误，可能会出现重复的记录。可以使用唯一标识符，如调研 ID、时间戳、数据来源等，对数据进行去重。

(4)修正数据异常：需要确保数据中不存在异常情况。例如，如果收入记录为负数或异常大的数值(如百亿以上)，需要根据其历史数据进行验证并纠正。同样，需检查时间数据是否合理。

(5)数据一致性检查：确保数据格式和单位一致，例如收入的单位是元、千元、万元，在同一数据集或不同数据集间确保一致性，以便于后续分析。

(6)数据变换：数据变换包括数据类型转换和数据标准化。数据类型转换是指在分析数据时确保所有特征都是算法可理解的形式。例如，将地区类别“东部”或“西部”转换为 0 和 1 的二进制编码，使程序可以“看懂”数据。

(7)数据标准化：即标准化特征以消除不同特征尺度带来的影响。例如，将不同消费者的收入水平归一化到 0~1 范围，或者将各种特征标准化为均值为 0、方差为 1 的分布，确保算法能更好地学习数据特征。

通过上述数据收集和预处理方法，可以将杂乱无章的原始数据转化为结构化的、可用于机器学习模型训练的数据集，提高模型的准确性和有效性，使其能够更好地应用于实际场景。

2. 模型构建

在机器学习流程中，模型选择和训练是核心阶段，它们共同决定机器学习系统的性能、泛化能力和鲁棒性，对模型的最终表现和应用效果有直接影响。

1)模型选择

模型选择是指根据具体机器学习任务的性质、数据的特征以及最终应用的目的，选择合适的机器学习算法或模型。这一过程涉及评估和比较多个模型的性能，以挑选出在给定资源约束和评估标准下表现最佳的模型。如根据学习任务，在分类模型、聚类模型、回归模型等模型中进行选择；若选定了分类模型，则可以对不同的分类算法，如决策树、卷积神经网络、朴素贝叶斯分类等进行评估，挑选适合的算法。

2)模型训练

模型训练是指在选定模型的基础上，使用训练数据集优化模型参数的过程，使模型能够识别和学习输入数据的模式和特征，从而提高模型的预测准确性。具体的模型训练步骤如下。

(1)初始化模型参数。以训练用于预测心血管疾病风险的神经网络模型为例，通常使用随机方法初始化权重，以确保模型能够从不同的起始点进行学习，偏差则通常初始化为零，从而通过训练逐步优化模型。

(2)在训练数据上计算损失函数。以预测股市指数变动的任务为例，可以定义均方误差作为损失函数，它帮助量化模型预测值与实际值之间的差异，指导模型改进。

(3)使用优化算法更新模型参数(如梯度下降)。以随机梯度下降为例，模型会针对每个训练样本计算损失梯度，并根据梯度更新模型权重，以减小损失函数值。在复杂的神经网络中，这一步通过反向传播机制得以实现，使得网络能有效地学习层级间的复杂特征，应用于诸如皮肤癌诊断的任务。

(4)多次迭代进行参数优化，直到损失函数收敛或达到预定的训练轮次。例如，在训练支持向量机用于分类企业信用等级时，模型将利用整个训练数据集反复迭代，逐步优化超平面，直到交叉验证误差不再显著减小。

3. 模型评估

在机器学习中，模型评估是确保模型在实际应用中可靠和有效的关键步骤。通过评估与优化，可以提升模型的性能并使其在新数据上具备较好的泛化能力，确保模型不仅在训练数据上表现良好，也能在实际应用中可靠地进行预测。模型的评估不仅反映其当前性能，更为其后续的优化提供了方向。依据评估结果，可以决定是否需要进一步进行超参数调优、特征修改或采用其他算法以提升表现。因此，翔实而准确的模型评估是制定后续建模决策的基础。通过模型的评估确保机器学习构建的模型是有意义且可靠的，能够有效地应用于实际问题。

▲算法评估

3.1.3 常用的机器学习算法

1. 分类算法

监督学习中有一种重要的算法称为分类，它的目标是根据已知的信息来判断一个新事物属于哪个类别。分类在生活中的应用十分广泛，比如垃圾邮件过滤器就是一个例子。通过成千上万封已标记的邮件，模型可以“学会”如何分辨垃圾邮件。当有新邮件进入时，它可以利用之前学到的规律来预测邮件类型。

分类过程的核心是“训练一个分类器”，即用一组标记好的数据(比如已经被标记为“垃圾邮件”或“正常邮件”的邮件)来建立一个模型。通过观察这些标记的数据，分类算法学习其中的规律，从而进行判断。整个过程包括两个阶段：训练和测试。在训练阶段，模型学习数据中的规律，形成“分类规则”；在测试阶段，用模型对新的数据进行分类，看它是否准确。如果分类结果准确率不高，可以调整模型的设置，或者用不同的方法，直到模型的准确率达到想要的效果，分类算法数据分析流程如图 3-5 所示。

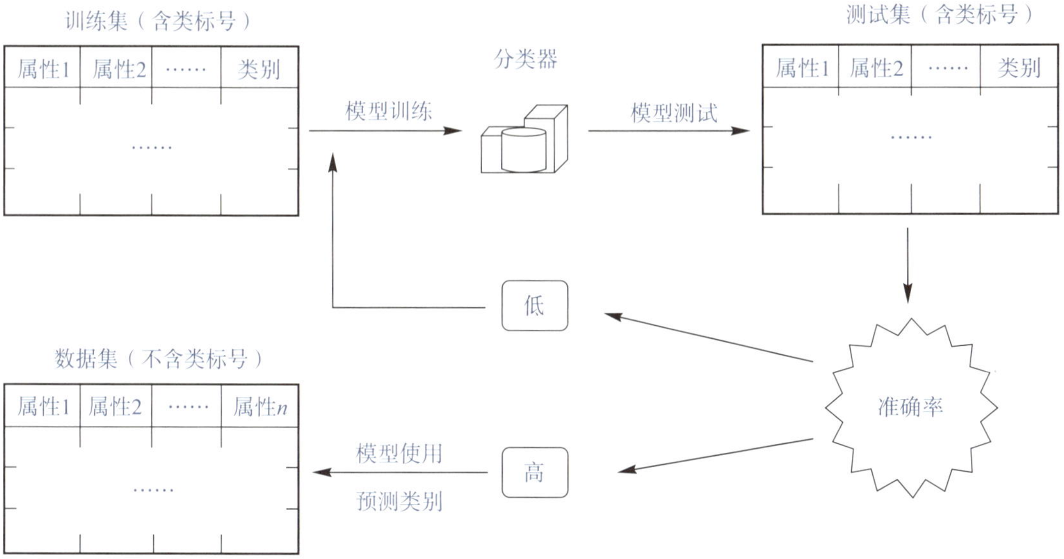

图 3-5 分类算法数据分析流程

根据数据的特点、问题的复杂程度、计算速度的要求和模型的易懂程度，可以选择不同的分类方法，比如：决策树、随机森林、支持向量机、朴素贝叶斯、k 近邻算法等。以下是几种常用的分类算法。

1）决策树

决策树是一种非常典型的基于树结构的分类方法，通过构造树结构来寻找数据中隐藏的规则。想象你是一位水果店的老板，面对一堆混杂的水果，你需要将它们按照种类分开。这时，你可以借鉴决策树的思想。决策树是一种树状结构，每个节点代表一个特征（比如水果的形状、颜色、味道等），每个分支代表该特征的一个取值（比如圆形、红色、甜等），而每个叶节点则代表一个具体的类别（比如苹果、香蕉、橙子等）。

构造决策树的核心问题是如何选择适当的属性对样本进行分解使其成为更小的子集。由于决策树算法得到的分类结果通过树形结构表示出来，其结果非常直观，容易理解，因此该算法在许多领域得到广泛的应用。构建决策树算法的具体过程如下。

（1）特征选择。首先需要确定哪个特征最能区分不同的水果。这就像是在挑选水果时，首先会注意到它们的形状、颜色或味道等特征。在决策树中，通常使用信息增益、基尼指数等度量标准来评估特征的重要性，并选择最优的特征作为当前节点的分裂标准。以水果分类为例，可能会首先选择形状作为根节点的特征，因为形状是区分水果种类的一个非常直观且有效的特征。

（2）数据划分。确定了分类标准后，需要根据该特征的不同取值将数据划分成若干个子集。这就像是在挑选水果时，会根据形状的不同将水果分成圆形、椭圆形、长条形等不同类别。在决策树中，每个子集都会对应一个新的节点，并为每个子集递归地应用相同的过程。继续以水果分类为例，可能会将形状为圆形的水果划分到一个子集，将形状为非圆形的水果划分到另一个子集。

（3）递归生成。对每个子集，需要重复上述过程，直到满足停止条件。停止条件通常包括子集为空（即没有更多的数据可以划分）、子集纯度足够高（即所有数据都属于同一个类别）或达到预设的树深度等。在水果分类的例子中，可能会继续对圆形水果的子集根据颜色进行划分，将红色水果划分到一个子集，将绿色水果划分到另一个子集，如此递归下去，直到每个子集都只包含一种水果。

（4）决策树的剪枝。生成的决策树可能会过于复杂，包含过多的节点和分支，导致模型在训练数据上表现良好，但在新数据上泛化能力较差。为了解决这个问题，需要对决策树进行剪枝。想象一下，如果过于关注水果的每一个小细节（比如表面的斑点、大小等），可能会导致将一些本属于同一类别的水果误分为不同的类别。这时，就需要“剪掉”一些不必要的节点和分支，使模型更加简洁和有效。剪枝方法通常包括预剪枝和后剪枝两种。预剪枝是在构建决策树的过程中提前停止树的生长；后剪枝则是在决策树构建完成后，通过某种策略删除部分节点和分支。

2）随机森林

随机森林算法是分类算法中的一种，属于种集成算法。可以想象一下，假设你有一堆水果，想从水果堆中挑出苹果。但是，你的眼睛不太好，一个人挑可能会出错，于是，你请了一群朋友来帮忙，每个人都从这堆水果里随机挑一些，然后告诉你哪些是苹果。这就是随机森林算法的简单比喻。

随机森林是用很多棵“树”(这里的树指的是决策树)一起来做决策。每棵树都是独立生长的，也就是说，每棵树在成长的过程中，都是从水果堆里随机抽取一部分水果来决定怎么分类。这样做的好处是，每棵树都可能看到不同的水果，这样它们就能从不同的角度来挑苹果。

以挑水果为例，来看如何进行随机森林分类，算法的实现流程如图 3-6 所示：

(1)假设你请了很多朋友(随机森林中的树)，每个人(每棵树)都从水果堆里随机抓一把(bootstrap 抽样)，有时候他们可能会抓到同一个水果(有放回的抽样)，有时候抓到的不一样。

(2)每个人(每棵树)都根据自己抓到的水果来决定什么样的是苹果(建立分类模型)。

(3)有些人(树)没抓到的水果(袋外数据集 OOB)，你可以用来测试他们是不是真的能挑出苹果(测试集)。

(4)最后，你让所有朋友(树)一起投票，看他们说的哪些是苹果(分类结果)，多数人(树)说这是苹果的，你就认为这是苹果(最终分类结果)。

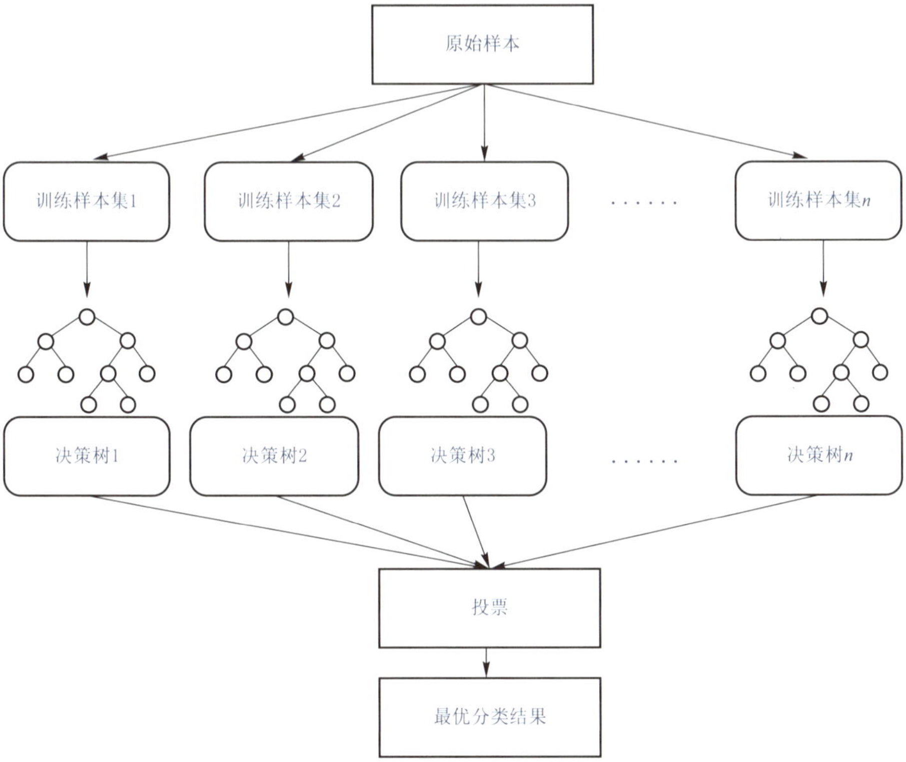

图 3-6　随机森林算法流程图

随机森林算法有如下一些特点：

(1)随机森林算法具有更高的稳定性，预测能力强，分类精度高。因为每棵树都是独立的，所以它们不会都犯同样的错误，这样可以减少出错的可能性。

(2)随机森林算法对于大数据集更有效。在水果堆(数据集)特别大的时候，由于可以同时让很多朋友(树)一起挑，因此可以更快地挑完。

(3)随机森林分类的效果受任意两棵树的相关性的影响。树之间的相关性越大，分类能力越差。单棵树的分类能力也会影响整个随机森林的性能，每棵树的分类能力越强，则相应的随机森林分类能力也就越强。如果有些朋友(树)特别不靠谱，或者他们之间太相似了，那么他们一起做的决定可能不准确。

3)支持向量机

支持向量机(support vector machine，SVM)，是常见的一种监督学习模型，可应用于分类及回归分析，在人脸识别、文本分类等问题中得到广泛应用。1963 年 SVM 首次被提出，随后算法不断被改进，出现了线性 SVM 和非线性 SVM，使 SVM 不仅可以解决线性分类问题，而且也可应用于非线性问题中。SVM 可用于解决高维小样本问题，一直是机器学习算法中表现较好的算法。

想象一下，你在一个大型的派对上，想要把穿红衣服的人和穿蓝衣服的人分开。你找到了一个巨大的透明塑料片，你希望用这个塑料片把穿红衣服和蓝衣服的人分开，而且希望这个塑料片离穿红衣服的人和穿蓝衣服的人一样远，这样就能确保每个人都站在塑料片的同一侧，算法示意图如图 3-7 所示。

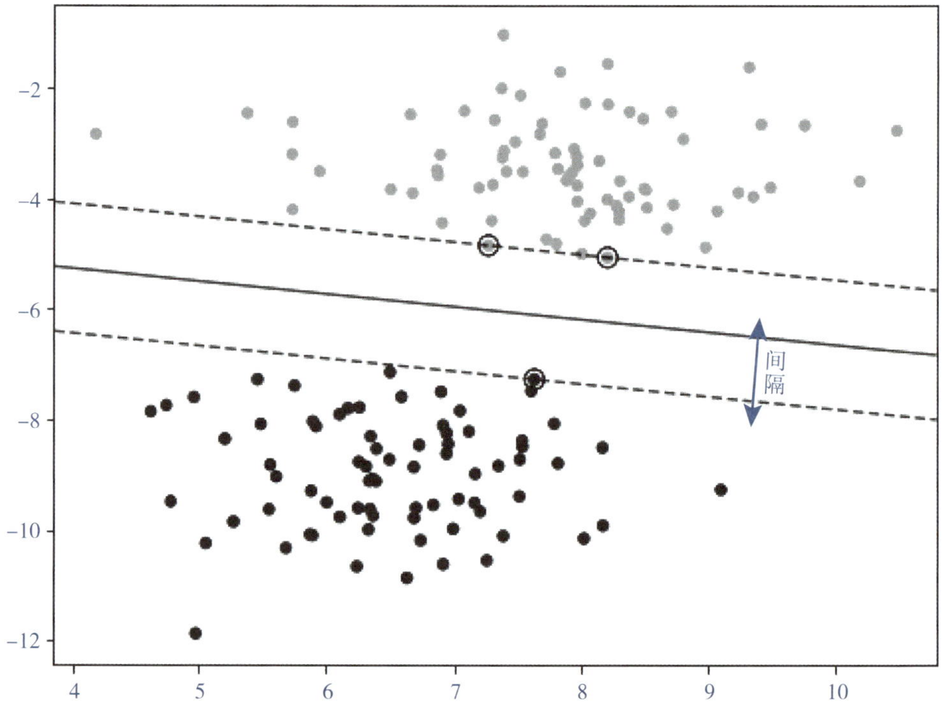

图 3-7　SVM 算法示意图

SVM 算法就是这样一种方法：它在数据中寻找这样一个塑料片，使得两类数据之间的距离尽可能大。这个塑料片被称为“最大间隔超平面”，而那些站在塑料片旁边的数据点就是“支持向量”。但是，有时候在派对上，人们穿的衣服颜色并不是那么分明，可能有些红色和蓝色混合在一起，这时候你就需要一些技巧来区分他们。SVM 通过“核函数”来解决这个问题。核函数就像是给你一个魔法眼镜，让你能看到每个人衣服颜色的深层次特征，这样即使你肉眼看不出来，也能通过这个魔法眼镜把他们分开。常用的核函数有线性的，多项式的，高斯的，等等。

SVM 的好处是它只关注那些决定塑料片位置的人（支持向量），这样就不用关心所有人，分类起来更快，也避免了处理大量数据时可能出现的问题。而且，SVM 还能处理那些复杂的、不容易直接分开的数据，这都要归功于核函数的使用。

但是，SVM 也有一些缺点。比如，如果派对上人太多，或者每个人穿的衣服颜色太复杂，那么找到合适的塑料片就需要很长时间。此外，如果你用了很多魔法眼镜（核函数），就需要记住很多信息，这可能会占用很多空间。而且，如果站在塑料片旁边的人太多，那么每次要判断一个人应该站在哪一边时，计算起来就会很复杂。

2. 聚类算法

聚类算法是一种无监督学习方法，是通过特定的距离度量将数据集划分成若干个子集的分类方法。该方法的本质是将相似的数据对象聚为一类，将差异大的数据对象划到不同的类，从而将数据集划分成一系列具有不同特征的类别，即“物以类聚，人以群分”。聚类之后每个类别中任意两个数据样本之间都具有较高的相似性，而不同类别的数据样本之间具有较低的相似性，该分析结果反映了数据内部的分布特征和结构模式。聚类和分类是两种不同的方法。分类就像是已经知道这些画作是某几位大师的作品，要做的是把每幅画作放到对应的大师名下；而聚类则是并不知道这些画作属于哪个流派，需要自己找出它们之间的相似之处，然后分组。

想象一下，假如有一位老师，手里有一堆孩子们的画作，并想把这些画作分成几堆，使每一堆里的画作风格或者颜色都差不多，但是他事先并不知道要分成几堆，这就是聚类算法要做的事情。聚类算法就像是帮你找到一种方法，让相似的画作自然地分到一起，不同的画作分到不同的堆里。聚类之后，每一堆画作里的画作之间的相似度都很高，而不同堆之间的画作之间相似度就很低。这样的分类有助于理解这些画作的内在特点和风格。

在聚类算法中，k-均值（k-means）聚类算法是最流行的一种。这个算法的步骤很简单，下面以将画作分堆为例来进行阐述。

（1）首先，需要决定要分成几堆（即 k 值）。

（2）其次，随机从画作中挑出几幅作为每一堆的代表。

（3）再次，把剩下的画作根据它们和各个代表的相似度，分到相似度最高的那一堆里。

（4）然后，重新计算每一堆画作的平均风格或颜色，用这个新的平均值作为新的代表。

（5）最后，重复这个过程，直到每幅画作都稳定地分到了某一堆，不再改变。

这个过程可以用一个简单的二维图展示（见图 3-8）。一开始，随机选择几个画作作为初始的代表。然后，根据画作和代表的相似度，把它们分到不同的堆里。接着，通过计算得出每个堆的新代表，再次分配画作，直到所有的画作都找到了它们最合适的堆。

聚类算法虽然很有用，但也有其局限，例如：

（1）有些聚类方法很挑剔，需要提前告诉它一些信息，比如 k-均值就需要人工告诉它要分成几堆。如果这些信息不合适，最后分出来的堆可能就不及预期。还有，有时候开始分堆的时候，随机选取的对象可能会影响最后的结果，因为不同的开始可能会导致不同的分类结果。

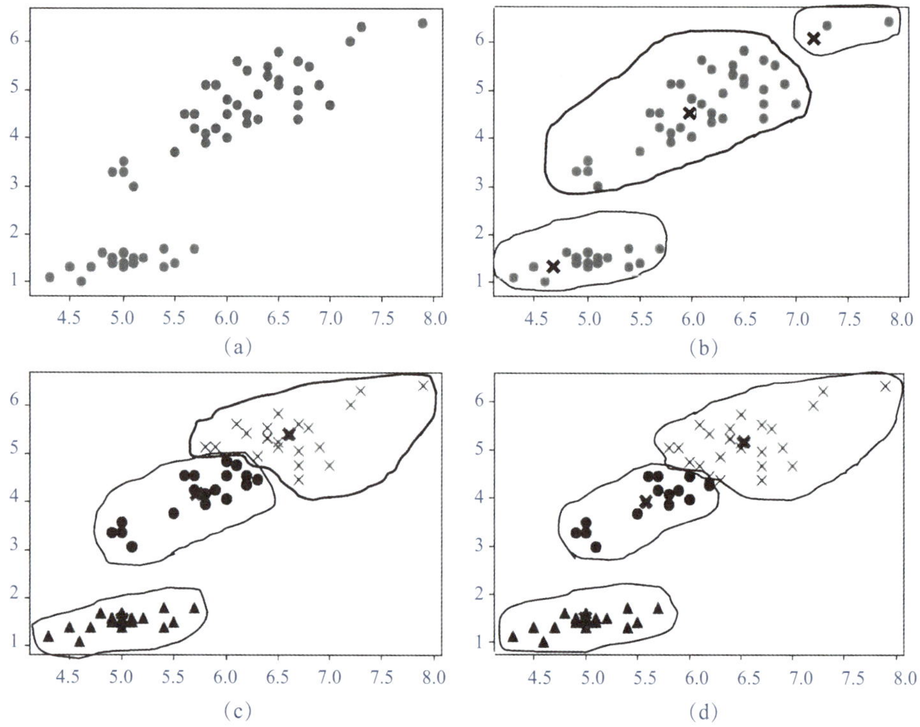

图 3-8　k-均值聚类分析过程

(2)有些聚类方法在处理很多东西的时候会很慢，就像是在整理一个巨大的仓库，需要很多时间。而且，如果杂物里有一些东西特别奇怪或者损坏了，这可能会让分类变得困难，因为聚类算法可能会被这些异常的东西搞糊涂。

(3)有些聚类方法假设物品都是一团一团的，就像是一堆球，它们可以很容易地把球分开。但是如果杂物形状不规则，比如有些是长条形的，有些是扁平的，这些方法可能就不太管用了。这时候需要用一些更灵活的聚类方法，比如那些考虑杂物密度的方法，它们能更好地处理形状不规则的东西。

聚类算法有很多用途。比如，医生可以根据病人的症状和生理指标，用聚类算法来判断病情的轻重。聚类算法还可以发现数据中的异常值，就像是在一堆画作中突然发现了一幅风格迥异的作品，这可能意味着某种特殊情况，需要特别关注。

3. 人工神经网络与深度学习

人工神经网络是模仿人的大脑建造的模型。它由很多小邮局(节点或神经元)组成，这些邮局通过道路(连接或权重)相互交流。每个邮局(神经元)接收邮件(输入信号)，经过办公室(加权和激活函数处理)后，发送邮件(输出信号)。沃伦·麦卡洛克(Warren McCulloch)和沃尔特·皮茨(Walter Pitts)根据邮局的工作方式，提出了一个抽象的邮局模型——MP(McCulloch-Pitts)模型。这个模型是最早的人工邮局模型，用数学方法描述了邮局的工作原理。它通过对邮件进行加权求和，然后利用一个特殊的规则(激活函数)来决定发送什么邮件。MP 模型包括接收邮件、计算和发送邮件的功能。接收邮件模拟邮局的收件箱，计算模拟邮局的办公室，发送邮件模拟邮局的邮筒。

在这个模型中，假设有 n 个邮件(输入)，每个邮件都有一个重量(连接权重)。那么一个邮局收到的邮件总重量就是所有邮件重量的总和。如果这个总重量超过了某个标准(阈值)，邮局就会发送邮件；如果没有超过，邮局就不会发送邮件。可以用一个特殊的规则(激活函数)来模拟这个过程。常用的规则(激活函数)包括：线性函数、阶跃函数、Sigmoid 函数、Tanh 函数、ReLU 函数等。

神经网络就是把很多这样的人工邮局连接起来，一个邮局发送的邮件(输出)成为另一个邮局接收的邮件(输入)。比如，一个典型的神经网络包括：接收邮件的地方(输入层)、处理邮件的地方(隐藏层)和发送邮件的地方(输出层)。邮件(信息)从接收邮件的地方进入神经网络，经过处理后，传递到下一个地方。处理邮件的地方可以有很多层，每一层都会对邮件进行进一步的处理，然后传递到下一层。最后，发送邮件的地方提供了神经网络处理所有邮件的最终结果。这个结果可以是一个或多个邮件(输出节点)。比如，要解决一个是非问题，输出层就只需要一个输出节点，它将提供是或否的结果。但是，如果要解决一个多选问题，输出层可能需要多个输出节点。

下面重点介绍前馈神经网络中的卷积神经网络架构。

卷积神经网络(convolutional neural network，CNN)是深度学习领域的一种重要模型，广泛应用于计算机视觉、自然语言处理等多个领域。CNN 通过模拟生物视觉系统的处理方式，能够有效地从图像中提取特征，用于完成分类、检测和分割等任务。CNN 的核心思想是通过卷积操作提取输入数据的局部特征，并通过多层结构逐步学习更高层次的特征表示。与传统的全连接神经网络相比，CNN 在处理图像数据时具有更高的效率和准确性。

卷积神经网络中，卷积操作是指将一个可移动的小窗口(数据窗口)与图像进行逐元素相乘然后相加的操作，从而提取特征。这个小窗口称为卷积核，包含了一组特定的权重，通过与图像的不同位置进行卷积操作，能够学习并捕捉到不同特征的信息。卷积神经网络由输入层、卷积层、池化层、全连接层、输出层构成。卷积层对输入图像进行卷积操作，以提取图像的特征。随后，通过池化层进行下采样，减小特征图的维度，从而降低计算量并提高特征图的稳定性。最终，全连接层将特征映射到类别上并输出分类结果。卷积神经网络的架构如图 3-9 所示。

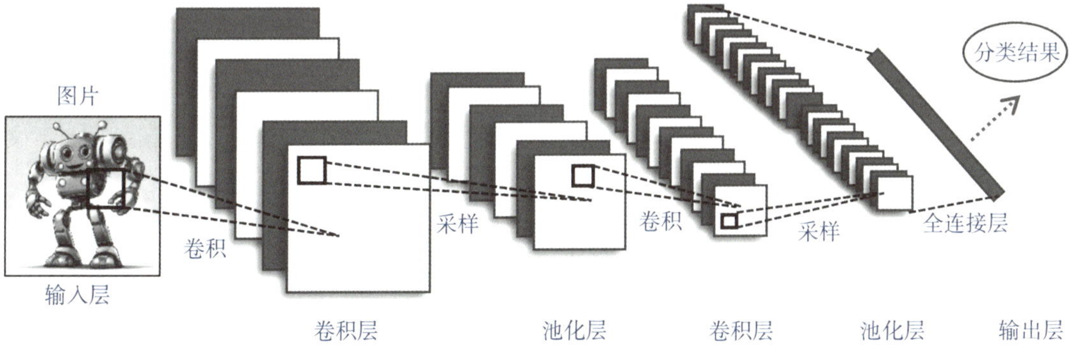

图 3-9 卷积神经网络架构

CNN在很多领域都显示出了强大的能力，尤其是在越来越依赖智能技术和自动化的今天，它在图像处理和深度学习领域格外受欢迎，它就像是一个超级聪明的过滤器，能从一大堆照片中自动找出有用的信息，而不需要人工一张张检查。这样，就不用再费时费力地告诉计算机每张照片里有什么，它自己就能搞定。卷积神经网络的聪明之处在于它用一种特别的方式（卷积操作）来处理图像，就像是用一个可以重复使用的模板（共享权重）来覆盖整张照片，这样就能快速找出照片中的特定部分，比如一只猫的耳朵或者一辆汽车的轮子。这种方法不仅能让CNN快速学习，还能让计算机更好地理解图像中的细节。

▲卷积神经网络的主要架构

但是，CNN也面临一些挑战。首先，它需要很多已经标记好的照片来学习，这就像是需要很多已经分好类的卡片来教它认识不同的事物。如果这样的卡片不够，或者标记起来太费劲，那么训练CNN的成本就会很高。其次，训练一个强大的CNN需要大量的时间和强大的计算机，这就像是建造一座高楼需要很多工程设备和时间一样。最后，CNN的复杂性也让它不容易被理解，就像是一台复杂的机器，很难知道它是怎么做出决定的。在一些需要清楚知道每一步为什么这样做的情况下，这可能会成为一个问题。

3.2 知识图谱

知识图谱的概念起源于早期的知识表示和推理技术。随着互联网的快速发展，信息量呈指数级增长，传统的知识管理方式难以应对如此庞大的数据。为了更有效地组织和利用这些信息，研究人员开始探索新的方法来表示和推理知识，知识图谱应运而生。它不仅能够表示复杂的知识结构，还能通过推理技术从已有知识中推导出新的信息。

3.2.1 知识图谱的基本概念

知识图谱是一种通过图形化结构来表示知识和信息的形式，它通过实体与实体之间的关系来描述、组织知识。实体是知识图谱中的基本单位，指的是可以独立存在的具体或抽象的事物。实体可以是人、地点、组织、产品、事件等，实际上几乎任何事物都可以作为实体来进行建模。属性是描述实体的特征或性质的要素，为每个实体提供了丰富的上下文信息，使得知识图谱不仅能够识别实体，还能理解它们的特征和状态。关系是知识图谱中用来表示实体之间联系的要素，关系可以是单向的，也可以是双向的，它们定义了实体之间的各种互动和依赖。实体、属性、关系构成了知识图谱的基本单元，并且通常以圆圈和连线来展示实体和关系，如图3-10所示，每个圆圈代表一个实体，不同图案的圆圈代表不同领域的知识库，它们之间的连线则表示不同领域之间的联系。线的密度体现了领域重合度的高低，不同颜色则代表了不同领域的侧重点。这种图形化的表示方式使得复杂的知识体系变得直观易懂。

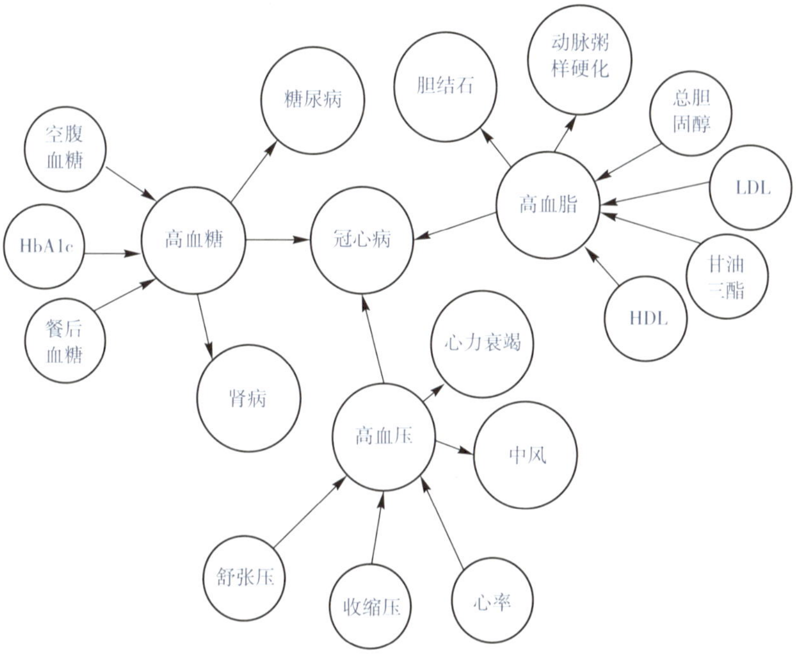

图 3-10 知识图谱示意图

在 20 世纪 90 年代，研究者们开始尝试使用本体论(ontology)来描述领域知识。这一时期的工作主要集中在构建领域特定的知识库，以支持知识的共享和重用。随着技术的进步，数据的获取和存储方式逐渐丰富，知识管理的需求不断增加。2012 年，Google 推出了其知识图谱(knowledge graph)，标志着知识图谱进入了公众视野。Google 知识图谱通过集成来自不同来源的数据，为用户提供更加精准和上下文相关的搜索结果。这一创新的搜索体验极大地提升了用户的搜索满意度，也引发了学术界和产业界对知识图谱的广泛关注。

现实世界中的很多场景非常适合用知识图谱来表达。比如一个社交网络图谱里，既可以有“人”的实体，也可以包含“学校”的实体。人和人之间的关系可以是“朋友”关系，也可以是“同学”关系。人和学校之间的关系可以是“在读”或者“毕业”的关系。每个人又可以有“专业”“年级”等属性。知识图谱应用的前提是已经构建好了知识图谱，因此也可以把它看作是一个知识库。这也是为什么它可以用来回答一些与医学相关的问题，比如在医学知识图谱中输入“什么是胰腺癌的主要症状?”可以直接得到答案，例如“黄疸、体重减轻、腹痛等”。这是因为在系统层面上已经创建好了一个包含“胰腺癌”这一疾病及其相关症状的实体，以及这些症状之间的关系。因此，当进行查询时，系统可以通过关键词抽取(如“胰腺癌”“症状”“黄疸”等)以及知识库的匹配，直接提供最终的答案。这种搜索方式与传统的医疗信息检索系统不同，后者往往返回的是相关网页和文献，而不是直接的答案，因此用户需要自行筛选和过滤信息。知识图谱使得信息获取变得更加高效和精确，极大地提升了医生和患者获取医学知识的便利性。

3.2.2 知识图谱的构建方法

构建知识图谱的过程涉及多个步骤，涵盖了从获取原始数据到融合、清理以及更新、维护知识的全过程。以下是构建知识图谱的关键步骤。

1）数据获取与预处理

构建知识图谱的第一步是获取原始数据。原始数据往往是非结构化或半结构化的，因此需要进行预处理，以便后续的知识提取和整合。采集数据可通过各种渠道，包括使用爬虫技术获取在线文献数据，利用 API 接口获取领域内的数据库信息，或直接从公共数据库下载数据集。在获取数据后，需进行数据清洗，以去除噪声数据和冗余信息。此过程包括格式转换、缺失值处理、异常值检测等，以确保后续分析的准确性。不同数据源的格式可能不同，需对数据进行标准化处理，统一字段名称和数据格式，例如，将所有名称统一为通用名。

2）知识抽取

知识抽取是从非结构化或半结构化数据中提取有用信息的重要过程，其主要目的是将杂乱无章的数据转化为可用的结构化知识，便于后续的分析与处理。知识抽取通常包括 3 个关键步骤：实体识别、关系提取和事件提取。

（1）实体识别是知识抽取的第一步，其主要目的是通过命名实体识别（NER）技术识别文本中的特定实体。实体可以是人名、地名、组织名、产品名等多种类型。这一过程不仅涉及简单的文本匹配，还需要考虑上下文信息，以确保准确识别同一实体的不同表述。例如，在电商领域的知识图谱构建中，“智能手机”可能以不同的描述出现，如“手机”“移动设备”或具体型号等。有效的实体识别系统能够通过上下文语境分析，提高信息提取的准确性，确保识别出的实体在实际应用中具有一致性和可靠性。

（2）关系提取关注的是识别和描述不同实体之间的关联。例如，“某人是某公司的 CEO”就是一种关系。关系提取通常借助自然语言处理技术，通过分析句子的结构和语义来自动提取出实体之间的关系。这在许多领域都非常有用。例如，在商业信息处理中，系统可以提取出“公司与高管之间的关系”或“产品与制造商之间的关系”，帮助构建企业信息的知识图谱。这样的知识图谱可以为企业决策提供有力支持，帮助用户快速获取相关信息。

（3）事件提取指的是通过预设模板，并填充模板中的信息槽位，来识别特定事件及其参与者和属性。这个过程首先需要定义事件的基本框架，例如“某人在某公司担任的职位”或“某个产品在市场上的表现”。接着，系统从文本中提取相关信息填充这些框架，从而形成完整的事件描述。在商业、金融和市场分析等领域，事件提取非常有用。例如，它可以帮助分析师快速识别企业动态、产品评价或市场趋势。通过系统化的事件提取，分析人员能够高效整理和处理大量的文本数据，为市场研究和决策提供支持。

3）知识融合与消歧

不同来源的数据往往可能描述相同的实体或事件，但它们的表述方式各异，甚至可能出现矛盾的信息。这就需要进行知识的融合和消歧。知识融合的目标是将不同来源的数据整合成一致的知识图谱，而消歧则用于解决同名异物或同物异名的问题。

（1）实体匹配：在商业知识图谱中，不同公司或行业可能用不同的名称指代同一个产品或概念。通过实体匹配技术，可以将这些不同名称的实体统一起来。

（2）关系融合：数据之间通常包含大量的关系信息，比如公司与产品、客户与订单之间的关系。在知识融合过程中，需要对来自不同来源的关系信息进行整合，确保关系网络的准确性和完整性。

(3)消歧技术：通过分析上下文信息、历史记录等，可以将有歧义的实体区分开来。例如，对于同一商品在不同市场的描述，可以通过消歧来明确区分不同的产品版本或配置。

4)知识完善与更新

知识具有快速更新的特点，随着新研究成果的出现，知识图谱也必须保持动态更新。同时，知识图谱构建初期可能存在信息不足或遗漏，这就要求其不断进行知识完善。通过持续的文献分析、数据挖掘等方式，可以不断地将最新的研究成果纳入知识图谱。同时，也需要对现有知识进行验证和修正。例如有些信息可能过时或失准，通过自动化的更新机制，知识图谱可以自动获取、整理和融合最新数据，减少人工维护成本，并确保知识图谱的时效性和准确性。

5)知识存储与查询

知识图谱的构建不仅涉及知识的获取与处理，还需考虑其存储和查询能力。知识图谱通常存储在图数据库中，这使得数据存储与检索更加高效。使用图数据库可以高效存储图结构数据，同时支持复杂的关系查询。图数据库的节点和边结构天然适合表示实体及其关系，使得知识的存储与检索更加灵活。知识查询使用 SPARQL 等查询语言，可以对知识图谱进行复杂的查询操作，从而获取所需的信息。例如，医生可以查询某种疾病的最新治疗方法，或查询药物的副作用信息，以支持临床决策。

6)知识表示

知识表示主要涉及如何将抽取到的知识进行系统化表达。常见的知识表示方式包括资源描述框架(resource description framework，RDF)和网络本体语言(web ontology language，OWL)。

(1)RDF 是一种广泛使用的知识表示方法，特别适用于电商领域的数据整合与知识图谱构建。RDF 采用三元组的形式，通过主语、谓语和宾语来描述资源的属性及其对应的值，或描述资源与其他资源之间的关系。例如，考虑以下三元组：

Mate 70 Pro+(主语)；

属于(谓语)；

智能手机(宾语)。

这个三元组表达了“Mate 70 Pro+属于智能手机”的关系。通过这种方式，RDF 可以描述商品、品牌、类别、用户评论等各种电商实体之间的复杂关系，此外，用户行为数据可以通过 RDF 进行组织，使得不同来源的电商知识得以整合。这种整合对于推荐系统的优化至关重要，因为运营人员和算法可以更方便地利用这些数据，提供更精准的商品推荐。

(2)OWL 是 RDF 的扩展，它进一步提升了知识图谱的语义表达能力。OWL 不仅支持基本的知识表示，还允许用户定义类、属性、个体及其关系，并且支持逻辑推理。这种能力在电商知识图谱的构建中显得尤为重要。通过 OWL，电商平台可以建立复杂的知识模型。例如，可以定义“商品”类、“品牌”类和“类别”类，并明确它们之间的关系。这种定义不仅可以帮助机器理解不同实体之间的关系，还能促进知识的推理。例如，系统可以通过逻辑推理得出“Mate 70 Pro+”属于“高端电子产品”，因为它是一种智能手机，而智能手机是高端电子产品的子类别。OWL的推理能力使得知识图谱不仅仅是静态的数据集合，更是一个智能化的系统，能够从已有的知识中推导出新的信息。这种能力在电商领域应用广泛，特别是在智能推荐系统中。平台可以通过查询知识图谱，快速获取关于用户偏好、热销商品和潜在需求的信息，为用户提供个性化的购物体验，提升用户满意度和转化率。

总结来说，构建知识图谱是一项复杂而持续的工作，需要综合利用多种数据处理技术与自动化工具，以确保知识图谱的准确性、完整性和时效性，有效地组织和利用复杂的知识体系，实现对知识的有效管理和利用。

3.2.3 知识图谱的应用

知识图谱作为一种用于表示复杂关系和知识结构的工具，在不同领域的应用潜力巨大。随着各类数据的快速增长，知识图谱能够有效地整合、管理和利用这些信息，从而提高决策的质量、效率和准确性。

1）辅助决策系统

辅助决策系统是知识图谱在各个领域的重要应用之一。这些系统利用知识图谱的语义表示和推理能力，帮助决策者在各类情境中作出更为精准的选择。例如，在金融分析中，分析师可以通过知识图谱整合公司财务数据、市场趋势、经济指标等信息，从而更好地评估投资风险和机会。当分析师查询某公司的财务数据时，知识图谱能够推导出该公司面临的行业竞争环境，进而给出相关的投资建议。

2）信息检索

知识图谱在信息检索中的应用十分广泛。例如，在法律领域，律师和法律研究人员常常需要快速找到相关的案例和法律条款。传统的信息检索方法往往依赖关键词匹配，而知识图谱则通过结构化的语义关系，实现了更为精准的信息定位。例如，通过输入某一法律问题，系统能够快速识别相关的判例及法律法规，并基于图谱中的关系提供更加细致、关联度更高的检索结果，提高信息获取的效率。

3）智能问答系统

知识图谱适用于教育、客户服务等领域的智能问答系统。通过构建特定主题的知识图谱，系统能够理解用户提出的各种问题，并根据图谱中的关系提供准确的答案。例如，在教育领域，学生可能会询问“如何准备研究生入学考试?”或“量子力学的基本概念是什么?”，知识图谱可以通过分析问题中的关键词，在图谱中快速找到相关的信息和指导，从而实时提供回答。这种智能问答系统不仅提升了用户的体验，也减轻了教师或客服人员的工作负担。

知识图谱在不同领域的应用不仅提升了服务的质量和效率，也为研究人员和决策者提供了更为全面的知识支持。随着人工智能、大数据等技术的发展，知识图谱将继续在商业、法律、教育、市场研究等领域发挥更大的作用。知识图谱的构建与应用不仅丰富了信息的组织方式，也为未来的智能决策提供了坚实的基础，预示着信息处理和利用的新时代的到来。

3.3 自然语言处理

3.3.1 自然语言处理的基本概念

自然语言处理(natural language processing，NLP)是一门计算机科学、人工智能与语言学交叉的学科领域，旨在实现计算机能够理解、生成和处理人类的自然语言。自然语言是人类用于交流的语言，如中文、英文等，充满了复杂的语法、语义以及文化背景。NLP 的最终目标是让计算机能够像人类一样流畅、自然地与人交流。

NLP 的应用领域十分广泛，涵盖了文本生成、机器翻译、语音识别、问答系统、情感分析等多种任务。例如，文本生成技术可以用于新闻报道的自动撰写，像一些新闻机构就采用 AI 来生成体育新闻或财经报道，快速响应实时信息；将语音识别技术应用于智能助手，用户就可以通过语音命令来控制智能助手执行查询天气或播放音乐等操作。通过这些技术，计算机不仅能够从大量的非结构化数据中提取有价值的信息，还能在实际应用中与用户进行智能互动。通过更深入地理解上下文，计算机在文本生成和问答系统中能够提供更加自然和准确的回应。这些技术的进步使得 NLP 在各个行业的应用变得更加高效和智能。

1. 自然语言处理的主要任务

1)词法分析

词法分析(lexical analysis)是 NLP 的基础任务之一，它的主要目标是将输入的文本分解为单词或更小的词素(如词根、前缀和后缀)，并确定每个词的词性(如名词、动词、形容词等)。这一过程通常涉及分词、词性标注和词形还原等步骤。词法分析的准确性直接影响到后续任务的效果。在中文处理时，由于没有明显的单词边界，分词的准确性尤为重要。

2)句法分析

句法分析(syntactic analysis)旨在分析句子中的语法结构，以确定词语之间的关系。它通常分为两种类型：依存句法分析和短语结构分析。依存句法分析关注词与词之间的依赖关系，而短语结构分析则关注句子的层次结构。句法分析不仅有助于理解句子的基本结构，还为语义分析提供了重要的上下文信息。

例如，在句子“猫追逐老鼠”中，语法分析会明确“猫”为主语，而“追逐”为谓语。通过建立句法结构，模型能够生成符合语法规则的句子，并避免语法错误。句法分析有不同的技术实现，包括基于依赖关系的解析和基于短语结构的解析。前者则通过构建词语之间的依赖关系来实现，后者通常通过上下文无关文法(context-free grammar，CFG)来实现。在实际应用中，准确的句法分析可以改善语义理解效果，从而提升整体处理效率。

3)语义分析

语义分析(semantic analysis)旨在理解句子的含义，特别是词语在特定上下文中的确切含义。这一过程不仅需要考虑单个词语的词典意义，还需要综合上下文语境、文化背景和其他外部信息对语义的影响。在面对多义词、同义词以及上下文变化所带来的含义变化时，优秀的语义分析模型能够做出合理的推断。例如，对句子“病人的血压在下降”进行语义分析时，仅仅理解“血压”是医学术语是不够的，还需要结合上下文知道这里指的是患者的生理状态，而不是设备故障等其他可能。语义分析为模型提供了具体的含义解码，有助于信息检索、问答系统和对话系统的构建。

4）命名实体识别

命名实体识别是 NLP 中至关重要的任务之一。它的目标是从文本中自动识别出具有特定意义的实体，如人名、地名、时间、组织、药物、疾病等。命名实体识别是信息抽取的重要组成部分，其在医学、金融等领域有着广泛的应用。例如，在医学中，命名实体识别可以用于自动标注电子病历，识别患者病史、诊断信息、处方药等，从而简化信息提取过程，提升医生的工作效率。

5）情感分析

情感分析是一种分析文本中主观信息的技术，旨在识别文本中表达的情感倾向，通常分为正面情感、负面情感和中性情感。情感分析在社交媒体监控、产品评价、舆情分析等场景中有着广泛应用，也可以帮助企业了解客户对其产品或服务的看法。

2. 自然语言处理面临的挑战

1）多义性问题

多义性是 NLP 中的一个普遍问题。一个词语在不同上下文中可能具有不同的含义。例如，英语中的“bank”一词可以指银行，也可以指河岸。多义性不仅存在于单词层面，还可能出现在句子层面，导致理解上的歧义。解决多义性问题需要依赖上下文信息和全局知识，这对计算机的理解能力提出了更高的要求。

2）语法复杂性

自然语言的语法规则并非完全固定，充满了例外情况。不同语言的语法结构差异很大，甚至同一种语言在不同地区的用法也可能有所不同。此外，口语和书面语之间的语法差异也增加了分析的复杂性。为了处理这些问题，研究人员需要开发更加灵活、鲁棒性更高的算法，以适应各种语言现象。

3）语言多样性

全球存在数千种语言，它们的结构、表达方式千差万别。每种语言都有其独特的语法、词汇和文化背景，这使得构建通用的自然语言处理系统变得困难。例如，某些语言可能具有丰富的形态变化，而另一些语言则可能依赖于词序来表达语法关系。为了实现跨语言的 NLP，研究人员需要深入理解不同语言的特性，并开发相应的处理方法。

4）上下文依赖

语言的理解往往依赖于上下文和各种知识，而这些信息难以通过纯粹的文本处理获得。例如，在对话中，某些信息可能在前面的对话中已经提到，理解当前句子的意义需要结合这些上下文信息。此外，许多语言现象（如隐喻、讽刺等）也依赖于对上下文的理解。为了提高 NLP 的准确性，研究人员需要探索如何有效地整合上下文信息。

5)情感与语气的识别

自然语言不仅传达信息，还表达情感和语气。识别文本中的情感(如愤怒、快乐、悲伤等)和语气(如肯定、否定、疑问等)是 NLP 中的一大挑战。情感分析通常需要结合语义分析，以准确捕捉文本中的情感色彩。情感的表达方式因文化、地域和个体差异而异，这使得情感分析的任务更加复杂。

6)实时处理与计算效率

随着 NLP 应用的普及，实时处理的需求日益增加。例如，在智能助手和在线翻译等应用中，用户期望能够快速获得反馈。这对模型的计算效率提出了更高的要求。研究人员需要在模型的准确性和计算效率之间找到平衡，以满足实际应用的需求。

3.3.2 语言模型

语言模型是 NLP 的核心工具之一，其目的是根据已有的文本数据来预测下一个词或短语。在语言模型的实际应用中，这种预测能力对于多个任务至关重要，例如文本生成、机器翻译、语音识别和自动摘要。最简单的语言模型是基于词频的概率统计模型，通过计算词的联合概率，该模型能够生成或预测文本。例如，在大多数情况下，n-gram 模型通过考虑词序列中前 n 个词来预测下一个词。尽管这种技术简单且直观，但它的局限性也非常明显，尤其是在处理大量数据时，因为它依赖于固定的上下文窗口，无法捕捉长距离的依赖关系。

现代语言模型通常依赖于更复杂的技术，如递归神经网络和自注意力机制，特别是在深度学习的框架下。这些模型能够更有效地捕捉句子中的上下文关系，因此在处理复杂语言任务时具有更强的表现能力。自从 2017 年引入 Transformer 架构以来，语言模型的发展速度加快，取得了显著的成果。在实际应用中，语言模型的性能通常依赖于大型文本语料库，模型的训练过程也需要大量计算资源。模型通过不断调整其参数以最大化预测准确性，最终实现对自然语言的深刻理解。

近年来，基于深度学习的语言模型研究取得了显著的进展，尤其是 BERT(bidirectional encoder representations from transformers)和 GPT(generative pre-trained transformer)这两种语言模型，在自然语言处理多个任务中表现出色，为各种应用场景提供了强大的支持。

BERT 是谷歌发布的一种预训练语言模型，它利用了 Transformer 架构中的双向编码器。BERT 的创新之处在于其双向学习能力，能够同时考虑文本的上下文。这种能力使得 BERT 在理解文本时更加灵活和全面。BERT 经过大量数据的预训练，能够捕捉丰富的语言特征，并在许多自然语言理解任务，如文本分类、情感分析、命名实体识别等中表现优异。其双向特性使得 BERT 在复杂的场景下更具竞争力。

GPT 是 OpenAI 发布的一系列生成式预训练语言模型，尤其是 GPT-3，其参数规模高达 1 750 亿个，展现出前所未有的文本生成能力和广泛的应用潜力。与 BERT 不同，GPT 采用单向的自回归模型，其核心任务是通过训练模型来预测下一个词，以生成连贯的自然语言文本。GPT 模型由多个 Transformer 解码器堆叠而成，利用自注意力机制捕捉文本中的上下文信息。GPT 由于采取从左到右的自回归方式，在生成文本时能够有效地依赖于先前的信息。这使得它在对话生成、内容创作、补全文本等各类任务中表现出色。

3.3.3 自然语言处理的应用实例

NLP 在多个领域得到了广泛应用。它通过分析和理解人类语言，提升了信息处理的效率和准确性。NLP 技术被用于文本分类、情感分析、机器翻译、信息抽取和问答系统等任务，可以自动化处理大量文本数据，提供智能化的解决方案。无论是在医疗、金融、教育还是法律等领域，NLP 都在推动智能化发展，优化决策过程，提升用户体验。通过不断进步的算法和模型，NLP 正在改变信息互动的方式，带来更高效和智能的服务。

1. 智能客服

智能客服是指通过 NLP 技术实现自动化的客户服务系统，理解和回应用户的自然语言问题。在各个行业中，智能客服可以用于与客户互动，回答与产品、服务、技术支持等相关的问题。它不仅可以提供全天候的在线支持，还能减轻客服人员的工作负担，提高企业的服务质量。

1）产品咨询与故障排查

智能客服可以帮助客户完成产品信息查询和故障排查。传统的客服需要人工接待，可能存在等待时间长、效率低的问题。智能客服则能够通过语音或文字形式与客户交流，实时解答他们的疑问。例如，在电子产品领域，客户可以咨询智能客服有关手机功能设置的问题，或者寻求解决设备故障的指导。

2）订单处理与物流查询

在电子商务和零售领域，智能客服可以协助客户处理订单、查询物流状态以及办理退换货等服务。它能够理解客户的请求，并提供相应的操作指南或信息反馈。例如，客户想查询包裹的运输状态，只需向智能客服提供订单号，系统就能实时返回包裹的最新位置和预计送达时间。

3）金融服务咨询

在金融行业，智能客服可以为客户提供账户查询、交易信息、理财产品介绍等服务。通过 NLP 技术，智能客服能够理解专业的金融术语和客户的具体需求，提供个性化的咨询服务。例如，客户想了解某理财产品的收益和风险，智能客服可以提供详细的解释和相关的理财建议。

2. 自动摘要

自动摘要技术是 NLP 的重要应用之一，旨在从大量文本中提取出关键信息，生成简明扼要的摘要。在多个领域，自动摘要能够帮助专业人员从大量的文档、报告或数据中快速获取关键内容，减少信息过载，提高工作效率。

1）法律文档自动摘要

法律领域的文件通常篇幅长、内容复杂。律师和法官需要阅读大量的判决书、合同和法规条文。自动摘要技术可以提取法律文档中的关键条款、判决结果和相关法条，帮助法律工作者快速掌握文档的核心内容。例如，在审阅合同时，自动摘要可以突出显示重要的法律责任、权利义务和违约条款。

2）新闻资讯自动摘要

媒体和新闻行业每天都会产生大量的信息。读者希望在有限的时间内获取最重要的新闻内容。自动摘要技术可以从新闻稿件中提取出主要事件、时间、地点和人物，生成简短的新闻摘要，方便读者快速了解新闻要点。例如，新闻聚合平台利用自动摘要，为用户提供当天热点新闻的简要概述。

3）研究报告自动摘要

在商业和市场研究中，分析师经常需要阅读大量的市场报告、竞争分析和行业研究。自动摘要技术可以帮助提炼报告的核心观点、数据分析结果和结论，支持企业的战略决策。例如，市场营销团队可以通过摘要快速了解某份消费者行为研究报告的主要内容，制定相应的营销策略。

3. 信息检索

信息检索指的是从大量的非结构化数据中找到符合用户需求的相关信息。通过 NLP 技术，信息检索系统能够更准确地理解用户查询的意图，并返回相关的结果，在多个领域都有重要的应用。

1）企业知识管理

大型企业内部通常拥有庞大的知识库，包括员工手册、技术文档、项目资料等。信息检索系统可以帮助员工快速找到所需的信息，提高工作效率。例如，新员工想了解公司的请假流程，可以通过自然语言查询"如何申请年假"，系统会返回相关的流程说明和表格下载链接。

2）教育资源搜索

在教育领域，学生和教师需要查找各种学习资料和教学资源。信息检索系统利用 NLP 技术，可以理解用户的学习需求，提供精准的资源推荐。例如，学生输入"线性代数的基础知识"，系统可以推荐相关的教材章节、教学视频和练习题。

3）旅游信息查询

在旅游行业，游客需要获取目的地的景点介绍、路线规划和旅游攻略。信息检索系统可以通过对自然语言查询的理解，提供个性化的旅游信息。例如，游客询问"巴黎三日游的推荐行程"，系统可以提供包括著名景点、餐饮推荐和交通方式的详细行程安排。

3.4 智能语音

随着信息社会的快速发展，智能语音技术已经深入日常生活的方方面面，成为了人们生活中不可或缺的一部分。例如，使用苹果公司产品时，它的 Siri 语音助手可以通过语音命令执行多种任务。例如，用户可以说"Hey Siri，设定一个明天早上 7 点的闹钟"，Siri 会自动创建一个闹钟，帮助用户管理时间。用户对着小米音响说"小爱同学，明天的天气怎么样，是否下雨?"，智能语音助手会立即回复当前地区的天气情况。

在日常生活中，智能语音产品提供了极大的便利。从用户说话开始，到不同产品的语音反馈，这一过程经历了多个关键步骤。首先，用户的语音命令被设备的麦克风捕捉并转换为数字信号。接着，通过语音识别技术对这些信号进行分析，识别出用户的意图和具体内容。随后，系统将识别出的信息与相应的数据库或服务进行匹配，获取所需的答案或执行相应的操作。最后，智能语音助手通过合成语音技术将结果反馈给用户，完成整个交互过程。这一完整过程如图 3-11 所示，该图完整展示了智能音箱的智能语音技术架构。

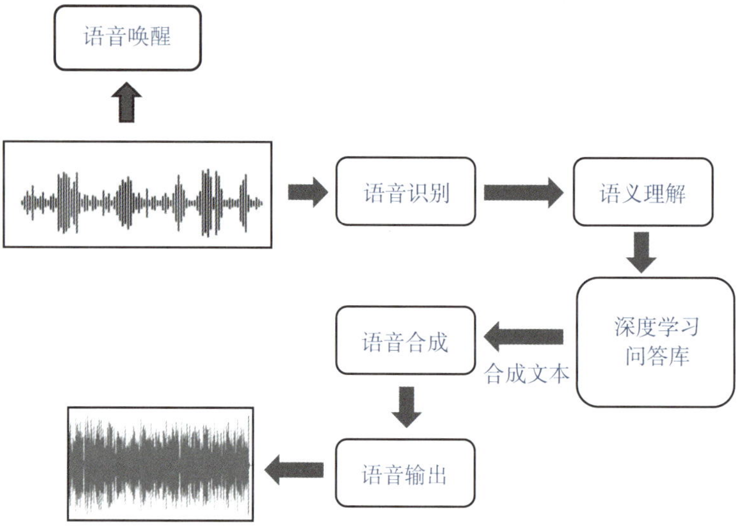

图 3-11　智能音箱的智能语音技术架构

在智能语音交互的过程中，用户首先通过一个唤醒词，比如“小爱同学”，来激活设备的语音助手。设备一旦接收到该指令，便会快速识别并回应以确认接收，例如发出“欸”的声音。这一应答不仅表明设备已经被唤醒，同时也为后续的交互做准备。

接下来，用户继续发出具体的语音指令，例如：“明天的天气怎么样，是否下雨?”此时，智能设备运用先进的语音识别技术，将用户的语音信息转化为文字信息。这个过程涉及多个技术环节，如声波信号的捕捉、特征提取与模式匹配等，确保设备能够准确理解所传达的信息。

一旦将语音转换为文本，接下来的步骤就是利用 NLP 技术来分析和理解该文本的内在含义。智能设备通过深度学习模型和问答库深入解析用户的询问，迅速找到与之相关的最佳答案。例如，它会检查当前的天气数据库，确认明天的天气情况以及是否有降雨的可能性。在获取到满意的答案后，智能设备会通过 NLP 技术将答案文本整合并生成最终的回答。这个过程同样涉及多层次的处理，以确保生成的信息简洁明了、符合语言习惯。

最后，智能设备使用语音合成技术将这个文本信息转化为语音信息，并通过智能音箱的扬声器播放出来，使用户听到的回答不仅准确，而且自然流畅。通过这一连串复杂且高效的步骤，智能语音助手能够实现与用户的自然对话，为人们的日常生活提供便利与智能化的服务。这样的技术进步，不仅提升了用户体验，更为智能家居设备的普及和应用奠定了坚实的基础。

3.4.1 智能语音的基本概念

在上述智能语音交互的过程中，可以看到智能语音技术的强大与便捷。智能语音不仅是一个简单的语音识别工具，还代表了一种全新的交互方式，改变了人们与设备之间的沟通模式。智能语音指的是通过计算机技术和人工智能算法，使设备能够理解、处理和生成自然语言，从而实现人机之间的自然对话。它主要通过语音识别、语义理解和语音合成等技术，将人类的语音信号转换为计算机可识别的数字信号，帮助计算机理解、生成和处理人类的语言，实现人与机器的有效沟通。

智能语音技术的发展经历了多个阶段，如表 3-1 所示。最初的研究始于 20 世纪 50 年代，主要集中在语音识别的基础理论上。随着计算机技术的进步，60 年代的系统能够识别一些基本的单词，但是准确性和应用范围有限。进入 80 年代，新的技术方法显著提升了语音识别的准确性，使其逐渐应用于电话和语音邮件等领域。21 世纪初，计算能力的快速提升和大数据的发展带来了突破性的进展，深度学习技术的兴起使得语音识别变得更加精准，智能语音助手开始进入人们的日常生活。这些助手不仅能识别语音，还能理解自然语言，与用户进行更加复杂的互动，形成了一个更加智能和便捷的生态系统。

表 3-1 智能语音技术的发展历程

时间	里程碑事件	描述
20 世纪 50 年代	早期计算语言研究	开始探索机器翻译和自然语言处理的基本理论，主要依赖规则和逻辑
	人工智能一词的提出(1956)	约翰·麦卡锡等人在达特茅斯研讨会上首次提出“人工智能”这一概念，相关研究趋于系统化
20 世纪 60 年代	规则基础的机器翻译	发展基于规则的翻译系统，如 SHRDLU，通过固定规则进行自然语言理解和生成
20 世纪 70 年代	语言学理论影响	受到生成语法等语言学理论的影响，研究者开始探索更复杂的语言模型和句法分析方法
20 世纪 80 年代	统计方法引入	随着统计学和概率论的发展，研究者引入统计方法用于自然语言处理，特别是用于机器翻译领域
20 世纪 90 年代	机器学习的应用	随着计算能力的提高，机器学习算法开始广泛应用于自然语言处理，提升了处理效率和准确性
21 世纪初	词嵌入模型的兴起	Word2Vec 等词嵌入模型的提出，将词语表示为向量，增强了模型对语义关系的理解能力
2013	深度学习的应用	深度学习在自然语言处理中的应用开始兴起，推动了模型性能的飞跃，如 RNN 和 LSTM 的使用
2017	Transformer 架构的提出	Google 发布 Transformer 架构，改变了自然语言处理的研究方向，促进了 BERT 和 GPT 等模型的发展

续表

时间	里程碑事件	描述
2018	BERT 的发布	Google 推出 BERT 模型，开创了双向上下文语言理解的新标准，提升了许多 NLP 任务的表现
2020	GPT-3 的发布	OpenAI 发布 GPT-3，具有 1 750 亿个参数，展示了强大的文本生成和理解能力，广泛应用于各个领域

随着人工智能技术的不断进步，我国智能语音技术也得到迅猛发展，科大讯飞是我国智能语音技术的领军企业之一，在语音识别、自然语言处理和语音合成等领域积累了深厚的技术底蕴和丰富的实践经验。科大讯飞语音识别系统表现尤为突出，推出了“讯飞听见”产品。这一产品能够实时转写课堂讲解，将教师的语音内容转化为文字，帮助学生更好地理解和记忆课堂知识。通过这一技术，学生可以在课堂上专注于听讲，而不必担心错过重要信息。此外，“讯飞听见”还支持多种语言和方言的识别，极大地提升了其适用性和便利性。随着智能语音技术的显著进步，特别是在深度学习和神经网络技术的推动下，语音识别和合成的准确率得到了极大的提升。百度推出了“百度语音助手”，阿里巴巴也推出了“天猫精灵”，小米的“小爱同学”语音助手更是能智能控制小米的智能家居产品，实现语音操控，提升了用户的生活便利性。这些产品在智能家居、智能客服等领域得到了广泛应用。近年来，智能语音技术的应用场景不断扩展，从智能音箱、手机助手到汽车导航、智能客服等领域，智能语音技术正在改变生活方式。未来，随着技术的进一步发展，智能语音将会在更多领域发挥重要作用，推动人机交互的进一步演变。

智能语音技术的核心包括几个关键组成部分：语音识别、自然语言处理和语音合成。语音识别技术使设备能够将用户的语音信号转换为文本信息；自然语言处理则负责理解文本的含义，分析用户的需求，并从中提取关键信息；而语音合成技术则将处理后的文本信息转化为自然流畅的语音，反馈给用户。

▲科大讯飞：以人工智能技术赋能高质量发展

3.4.2 语音识别技术

语音识别是将人类语音转换为计算机可识别的文本或命令的技术。其核心任务是通过分析语音信号，识别出说话者所表达的内容。语音识别技术的发展经历了多个阶段，从最初的简单模式匹配到如今的深度学习算法，其准确性不断得到提高，其应用范围也在不断扩展。

语音识别是一个复杂的过程，涉及多个关键技术，其中声音信号处理、声学模型和语言模型是三个核心环节。这些关键技术相互结合，实现了从声音信号处理到语音理解的完整链条，具体内容如下。

1）声音信号处理

声音就像是水波一样，当说话时，这些声波就在空气中传播。语音识别的第一步就是把这些波动的声音变成计算机能理解的数字。这个过程就像是用一个特殊的网把连续的水波分成一滴滴的小水珠（称为采样），然后给每一滴水珠贴上标签（称为量化），告诉计算机每一滴水珠的大小。这样，计算机就能把声波变成一串数字。接下来，需要从这些数字中找出真正重要的信息，这就像是从一大堆照片中找出几张关键的照片(称为特征提取)。此外还要确保这些数字尽可能的准确，不受周围噪声的干扰，这就像是用一个过滤器把水中的杂质去掉(称为噪声抑制与信号增强)。

2)声学模型

有了这些准确的数字后，需要一个翻译器来把这些数字翻译成具体所说话语的发音。这个翻译器就是声学模型，它就像是魔法盒子里的一个特殊部分，能够把数字变成音素，也就是说话时的最小单位。以前，用一些复杂的数学公式(比如高斯混合模型)来做这个翻译，但现在可以用一些更先进的技术，比如深度学习，来让这个翻译更准确。特别是有一种称为长短期记忆网络(LSTM)的技术，它能够记住说话的顺序，让翻译更准确。

3)语言模型

除了知道每个音素之外，还需要知道这些音素组合起来的意思，这就是语言模型的工作。它就像是魔法盒子里的另一个特殊部分，能够知道哪些单词组合在一起是有意义的。这个模型会根据说话的习惯，优先选择那些更常见的单词组合。用深度学习技术可以让这个模型更聪明，让它不仅能理解单词的意思，还能生成更自然的句子。

总的来说，语音识别技术就像是一系列的魔法步骤，从把声音变成数字，到把数字变成有意义的文字。虽然这个魔法很复杂，但是它让生活变得更方便，可以使人用说话的方式与计算机交流。不过，这个魔法也有一些挑战，比如需要很多的训练数据，需要强大的计算机来处理，有时候也不容易让人理解它是怎么做到的。

语音识别的基本流程可以分为如下几个关键步骤。

(1)信号采集：通过麦克风等设备获取语音信号，并进行数字化处理。

(2)特征提取：从语音信号中提取特征参数，以便后续处理。

(3)模型建模：构建声学模型，将提取的特征与已知的语音模式进行匹配。

(4)解码与输出：通过解码算法，将识别出的特征转换为文本或命令，完成语音识别的过程。

尽管语音识别技术已经取得了显著进展，但仍面临几个挑战：

(1)口音和方言：不同地区之间的口音和方言差异巨大，影响系统准确识别说话者意图。因此，需要针对特定语言及方言进行深入的模型训练，以提高适应性和准确度。

(2)嘈杂环境：在嘈杂环境中，语音信号质量下降，背景噪声会掩盖目标语音，影响识别效果。研究者们正在探索噪声抑制技术，以增强语音信号清晰度，提升系统的鲁棒性。

(3)语音理解的复杂性：理解语音不仅需要准确识别单词，还需要具备上下文和语境理解能力。由于语言的多义性和模糊性，简单的词语识别无法满足实际需求。因此，开发更先进的自然语言处理算法以解析复杂语义关系，将是未来研究的重点。

3.4.3 语音合成技术

语音合成是将文本转换为自然、流畅的语音信号的技术。它的目标是使计算机能够生成听起来像人类说话的声音，从而实现更自然的人机交互。下面以一个形象的例子描述如何进行语音合成。假设你有一台神奇的音乐机器，只要你给它乐谱(文本)，它就能演奏出美妙的旋律，就像真人在唱歌一样。这个音乐机器用的就是语音合成技术，它的目的是让电脑能“唱出”像人一样自然、流畅的歌曲，让人和电脑的交流更像人与人之间的对话。

语音合成的过程就像是创作一首歌曲，需要以下几个步骤才能完成。

1)文本分析

首先，要对给定的乐谱(文本)进行分析，就像是在创作歌曲前理解歌词。这个过程包括把歌词拆分成一个个词语，就像是确定歌曲的每个音符；其次，要理解这些词语是如何组合在一起的，就像是安排歌曲的旋律；最后，要理解这些词语的意思，就像是把握歌曲的情感和节奏。这样，就能确保最后合成的声音听起来像是真人在“唱歌”。

2)韵律生成

在歌词理解之后，下一步就是确定这首歌曲的旋律和节奏，也就是韵律生成。这个过程要根据歌词的内容和意思，决定歌声的音调、重音和停顿。比如，当大家唱“你知道吗?”时，会强调“知”，并在句尾提高音调来表示这是一个问题。这个过程让合成的声音听起来更自然，更有感情。

3)波形生成

最后一步就是实际演奏这首歌曲，也就是波形生成。这个过程就是把歌词和旋律信息变成实际的声音波形。有几种不同的方法可以做到这一点，比如拼接合成，就像是用不同的乐器片段来组合成一首完整的曲子；也可以用参数合成，就像是按照乐谱精确地演奏；还有基于深度学习的合成，就像是用一种新的音乐技术来创作出更自然、更动听的旋律。

尽管语音合成技术已经取得了显著进展，但仍面临诸多挑战。比如，合成的声音要尽可能地自然，不能听起来太机械化。还有，合成的声音需要能够表达情感，这样在演唱一首情歌时，才能打动人心。最后，随着全球化的发展，让机器能够流利地“演唱”多种语言的歌曲也是一个重要的目标。

3.4.4 智能语音的应用实例

随着人工智能技术的不断进步，智能语音的应用场景也在不断扩展。它不仅被广泛应用于智能音箱、智能助手等消费电子产品中，还逐渐渗透到教育、金融、客服等多个领域。例如，在教育领域，智能语音为传统的教学模式带来深刻的变革。特别是在课堂教学、学生信息管理及师生沟通等方面，智能语音技术的引入不仅提升了效率，还减轻了教师的工作负担，优化了教育资源的配置。

传统的教学记录方式依赖于手写或键盘输入，不仅耗时，而且容易出现书写不清或信息遗漏的问题。然而，通过智能语音技术，教师可以通过语音录入直接生成教学内容。例如，教师在课堂上讲解时，可以将重点知识、难点分析和学生提问口述成语音文件，由智能语音识别系统迅速将这些信息转换为文本。研究表明，语音输入的速度通常是手动输入的三到五倍，这大大缩短了记录教学资料的时间，从而让教师更专注于课堂教学和师生互动。此外，这种技术的应用还降低了教师的工作强度，减少了因烦琐记录造成的职业倦怠，使得教师在完成教学后能够快速整理信息，提升了工作效率和满意度。

与此同时，智能语音技术在教育系统中的应用也显著降低了运作成本。人工成本在教育行业中占据重要份额，而语音识别技术的引入使得学校能够在教学资料录入、报告生成等环节减少人力投入，从而降低了整体运作成本。快速的文档生成和信息录入能够减少因信息错误带来的教学失误和重复劳动，从而降低运作风险。实际应用中，许多教育机构报告称，运作成本降低了15%至30%。此外，智能语音技术还突破了传统教育信息记录的局限，实时记录和交流学生信息的能力使得远程教育和在线学习中的教师能够在教学过程中快速录入学生的反馈，提高教学效果。学生体验同样得到了提升，学校通过语音助手提供更便捷的信息查询和学习辅助服务，增强了学生与教育系统的互动，提升了学习的高效性和准确性。

总之，智能语音的出现不仅是技术的进步，更是人类与机器之间沟通方式的革命。它依赖于先进的算法和强大的计算能力，使得机器能够在短时间内准确理解并响应用户的需求。随着技术的不断进步，智能语音的功能将更加丰富，应用场景也将不断扩展，进一步提升生活质量和便利性。

未来，可以期待智能设备之间能够无缝连接，为人们提供更加个性化和智能化的服务，真正实现人与机器之间的自然沟通，进一步提升生活质量和工作效率。

3.5 计算机视觉

3.5.1 计算机视觉的基本概念

计算机视觉作为人工智能的一个重要分支，致力于让计算机能够“看到”并理解图像和视频中的内容，进而作出相应的决策。这一领域需要从图像或视频中提取信息，并将这些信息转化为计算机可以理解的形式。计算机视觉的最终目标是模拟人类的视觉系统，使计算机能够识别、分析和理解视觉数据，从而在各种应用场景中提供智能化的支持。计算机视觉技术的发展历程如表3-2所示。

▲如何理解计算机视觉

表3-2 计算机视觉技术的发展历程

时间	主要发展事件及技术	描述
20世纪60年代	计算机视觉初步研究	最早的研究主要集中在简单的物体识别、边缘检测、形状匹配等基本图像处理方法
20世纪70年代	视觉处理基础算法发展	发展了如霍夫变换、傅里叶变换等算法，为图像处理奠定了数学基础
20世纪80年代	三维重建与立体视觉	开始研究三维场景重建和立体视觉，研究多视角下的物体深度和形状

续表

时间	主要发展事件及技术	描述
20世纪90年代	统计模型与机器学习	引入统计模型(如隐马尔可夫模型)与基本的机器学习算法用于图像分类和对象检测
21世纪初	特征提取方法与支持向量机应用	SIFT、SURF等特征提取方法广泛应用，SVM成为流行的分类器
2012	深度学习在图像分类中崭露头角	AlexNet在ILSVRC中获胜，证明了CNN在大规模图像分类中的有效性
2014	生成对抗网络(GAN)提出	GAN引入了图像生成的新方法，使得机器可以生成逼真的图像，推动了计算机视觉生成式任务的发展
2015	ResNet等深度神经网络突破	深度神经网络(如ResNet)成功解决了深度网络中的梯度消失问题，大大提升了图像识别的准确性
2016	图像分割和目标检测改进	Mask R-CNN等模型的提出使得图像分割、物体检测任务更加准确和高效
2018	迁移学习和预训练模型的普及	预训练模型(如BERT在NLP领域的成功)也在计算机视觉中应用，为小数据集问题提供有效解决方案
2020年至今	自监督学习与Transformer应用	自监督学习方法与vision transformer（ViT)等模型在视觉任务中取得良好表现，逐渐成为新趋势
未来	多模态融合与通用人工智能	未来可能的发展方向包括视觉与其他模态(如语言、触觉)的深度融合，以及在通用人工智能中的应用

计算机视觉作为一个快速发展的领域，正在改变大家的生活和工作方式。随着深度学习、大数据等技术的不断进步，计算机视觉的应用范围不断扩展，涵盖了图像识别、物体检测、场景理解、面部识别、动作识别、图像分割等多个领域。计算机视觉在医疗影像分析、自动驾驶、智能监控、虚拟现实、机器人导航等方面展现了巨大的潜力和应用价值，推动着智能化社会的进步。

3.5.2 计算机视觉的核心方法

1. 图像分类

图像分类是一种图像处理方法，旨在根据图像中所反映的特征将不同类别的目标进行区分。该技术利用计算机对图像进行定量分析，将整个图像或图像中的每个像素区域归类为若干类别中的某一类，从而有效替代人类的视觉判断。例如，在图3-1所示图像分类任务中，计算机需要识别一张图片是猫还是狗。这个识别过程通常涉及对图像进行特征提取，并通过机器学习算法进行分类。

图像分类技术的实施通常可以分为三个主要步骤：特征提取、特征选择和构建分类模型。在这三个步骤中，需要考虑图像的纹理、形状和空间关系等特征，以实现更高效的分类。

1）特征提取

特征提取是图像分类过程中至关重要的一步，它涉及从原始图像中提取出有助于区分不同类别的关键信息。例如使用形状特征描述图像中的形状信息等，常用的形状特征包括边缘特征、轮廓特征和区域特征等。

2）特征选择

特征选择是提升分类模型性能的关键步骤，其目标是通过筛选最相关的特征来减少数据维度，避免模型过拟合并提高分类效率。常用的特征选择方法包括主成分分析。线性判别分析等，通过线性变换将数据从高维空间映射到低维空间。这些方法不仅能够减少特征数量，还能保留最重要的信息，提高模型的训练速度和准确性。特征选择也可以通过对特征重要性评估来进行特征筛选，即通过统计分析或模型评估，识别哪些特征对分类结果影响最大，最终选择出最佳的特征子集。

3）构建分类模型

构建分类模型是图像分类过程中的最后一步，负责将提取的特征与图像类别进行映射。根据具体应用需求，可以选择前面介绍的不同机器学习算法来构建图像分类模型，如传统机器学习模型：SVM、k 近邻算法、随机森林等。或者选择深度学习模型、迁移学习等高性能模型进行分类。

2. 目标检测

目标检测是计算机视觉中的一项重要任务，旨在识别图像或视频中目标物体的具体位置并标注其类别。与图像分类任务不同，目标检测不仅需要识别物体的种类，还要准确确定其在图像中的位置和数量，因此其难度更大，但应用价值更高。目标检测的方法多种多样，其中常用有 Haar 特征、HOG 特征和 CNN。

1）Haar 特征

Haar 特征是一种基于特征模板的方法，最早由薇奥拉（Viola）和琼斯（Jones）在进行人脸检测时提出。该方法通过提取图像中不同区域的亮度变化来生成特征向量，计算效率高，能够快速处理图像。例如，在商场监控视频中，可以利用 Haar 特征识别有可疑行为的人员。其优势在于能够实时反馈检测结果，辅助安保人员迅速做出响应。

2）HOG 特征

HOG（histogram of oriented gradients）特征是另一种常用的目标检测特征描述方法。HOG 特征通过计算图像中各个小块的梯度并生成直方图，能够有效地捕捉到对象的边缘和形状信息。这种方法在处理具有特定形状特征的对象时表现优异。例如，在无人驾驶领域，HOG 特征可以应用于车辆检测和行人识别。例如，通过提取车辆的 HOG 特征，模型可以有效识别出车辆的轮廓并进行定位。这不仅提高了检测的准确性，也为智能驾驶决策提供了可靠的数据支持。

3）CNN

与传统的手工特征提取方法相比，CNN 在大规模数据集上的学习能力更强，具有更高的准确性。在医学图像分析中，CNN 广泛应用于多种任务，包括肿瘤识别、器官分割和病理图像分类等。例如，使用预训练的CNN模型，可以有效识别乳腺X光影像中的恶性肿瘤。在这种情况下，CNN不仅能够自动提取重要特征，还能通过大量的训练数据提高模型的泛化能力，以适应不同的医学影像需求。

3. 目标跟踪

目标跟踪是指在连续的视频序列中，实时监控已识别对象的位置和状态。在后续帧中通过对目标的特征提取和跟踪算法进行处理。目标跟踪技术适用于视频监控、无人驾驶、智能交通等领域，可以用于目标的实时跟踪和识别，实现自动化控制和智能化分析。例如，在无人机监控中，通过实时跟踪算法，可以连续监控地面上的车辆或人员运动轨迹，以帮助完成物流投递或灾后搜救任务。

1）语义分割与实例分割

语义分割的目的是将图像中的每个像素标记为属于特定类别。与目标检测和图像分类不同，语义分割不仅可以识别图像中的物体，还可以为每个像素分配标签，从而提供更详细和准确的图像理解。

实例分割是结合目标检测和语义分割的一个更高层级的任务，旨在同时检测图像中的物体，并将每个物体分割成精确的、像素级别的区域。与语义分割不同，实例分割不仅可以分割出不同类别的物体，还可以将它们分割成独立的、像素级别的区域。实例分割适用于需要对图像进行精细分割并区分不同物体的场景，例如自动驾驶中的行人和车辆分割、医学图像中的器官分割、遥感图像中的建筑物分割等。在肺部CT图像分析中，实例分割可以帮助医生同时识别多个病变区域，如肺结节和肿瘤。通过将不同的病变进行精确分割，医生可以更好地评估病情并制定相应的治疗方案。

2）影像重建

影像重建是通过对原始影像的处理，生成高质量图像或视频的过程。在遥感影像处理中，影像重建技术对提高图像质量和分析准确性具有重要作用。例如，通过影像重建，可以将卫星捕获的模糊地形图优化为高清图像，帮助更精确地识别地形特征或建筑物分布。这种高质量的影像为地理研究和城市规划提供了重要数据支持。

影像重建的实现方法主要包括基于插值的方法、基于统计建模的方法和基于深度学习的方法。基于插值的方法通过对原始图像进行插值操作来提高分辨率，是一种相对简单的方法。这种方法在实际应用中可以有效地增强图像的可视性，但该方法在处理复杂图像时可能效果有限。基于统计建模的方法则通过对样本进行统计建模来重建图像，如主成分分析、独立成分分析等。这种方法能够利用样本数据的内在结构，提取出关键信息，从而提高图像质量。基于深度学习的方法则是当前先进的影像重建方法之一，如CNN和GAN。这些模型通过学习大量数据来重构图像，并且在不同的任务中取得了很好的效果。

3.5.3 计算机视觉的应用实例

计算机视觉是一个充满活力和挑战的领域，其应用潜力巨大。从自动驾驶到工业质量检测，从智能监控到增强现实，计算机视觉技术正在不断拓展其应用范围。特别是计算机视觉与深度学习的结合，正在快速改变传统的工作方式，帮助各个行业更高效、准确地完成任务。为了阐释计算机视觉技术如何进行具体的实际应用，下面以车辆检测为例，通过识别图像中所有车辆的类型和位置，对小汽车、卡车、公共汽车、摩托车、三轮车五类车辆分别进行计数，同时定位小汽车、卡车、公共汽车的车牌位置。

1）数据集准备

应用计算机视觉技术的第一步是准备高质量的交通图像数据集。这些图像涵盖了各种道路场景，包含多种类型的车辆，并经过严格的标注。每辆车的类型、位置以及小汽车、卡车、公共汽车的车牌位置信息被准确记录。这为模型的训练提供了坚实的数据基础。精确的标注对于模型性能至关重要，因为不准确的数据可能导致模型学习到错误的信息。

2）模型训练过程

在模型训练阶段，计算机视觉模型的工作原理包含以下关键步骤。

（1）数据预处理。首先，对交通图像进行标准化、去噪和数据增强处理。这些步骤旨在提高输入数据的质量，确保模型能够适应各种拍摄条件下的图像。在这一阶段，调整图像的对比度、亮度等属性，以增强车辆特征的可辨识性。

（2）特征提取与区域候选。经过预处理的图像输入模型，模型会对图像进行特征提取，识别出可能包含车辆的候选区域。通过分析这些区域，模型初步判断其中是否存在车辆，为后续的精确识别奠定基础。

（3）分类与定位。对于生成的候选区域，模型进一步对车辆分类，如分为小汽车、卡车、公共汽车、摩托车、三轮车。同时，精确定位每辆车在图像中的位置。针对小汽车、卡车、公共汽车，模型还能确定它们的车牌位置。这一步对实现车辆的精确识别和管理至关重要。

（4）计数与统计。模型对识别出的车辆进行计数，分别统计五种类型车辆的数量。这对于交通流量分析、道路规划和交通管理具有重要意义。

（5）模型优化与训练。在训练过程中，研究团队不断监控模型的性能指标，如准确率、召回率等。通过调整模型的参数和训练策略，优化模型的表现，确保其在各种复杂交通场景中都能保持高效、准确的识别能力。

3）实验结果与实际应用

图 3-12　计算机视觉技术在道路检测中的应用

经过充分训练后，模型能够准确识别图像中所有车辆的类型和位置。如图 3-12 所示，该模型可以对小汽车、卡车、公共汽车、摩托车和三轮车进行准确识别，同时成功定位小汽车、卡车和公共汽车的车牌位置。相比传统人工监控方法，计算机视觉技术在车辆检测的准确度和效率方面有显著提升，能实时处理大量交通图像，帮助交通管理部门快速、准确地获取道路信息。这不仅提高了数据收集和分析的效率，还为改善交通状况和制定交通政策提供了科学依据。计算机视觉在车辆检测领域的应用展示了其强大的识别能力和数据处理能力，证明了深度学习在智慧交通中的巨大潜力。这项自动化技术能够节省人力成本、减少人为误差，使交通管理更加科学高效，助力智慧城市的发展。

尽管计算机视觉技术取得了显著发展，且其应用潜力巨大，但仍面临如下诸多挑战。

(1)复杂性和多样性。现实世界中的图像和视频具有高度复杂性和多样性，光照条件、视角、背景以及物体形状的变化都会影响计算机的识别能力。这意味着，计算机视觉系统需要处理大量的变量，以确保在不同情况下都能保持良好的性能。

(2)遮挡和重叠。在许多实际场景中，目标物体可能会被其他物体遮挡或与其他物体重叠，这使得目标物体的识别和检测变得更加困难。例如，在繁忙的街道上，行人可能会被车辆或其他行人遮挡，导致识别算法难以有效识别目标物体。因此，开发出能够处理遮挡和重叠的高级算法是一个重要的研究方向。

(3)变化的环境。计算机视觉系统需要在不同的环境中工作，如室内和室外、白天和夜晚等。环境的变化可能会影响图像的质量和可识别性，如何确保系统在各种环境中都能保持高效的性能，是未来研究的重要方向。

(4)数据标注。训练计算机视觉模型通常需要大量的标注数据，而数据标注是一个耗时且昂贵的过程。缺乏高质量的标注数据将直接限制模型的性能。因此，研究者们正在探索自动化数据标注和半监督学习等新方法，以减少对人工标注的依赖。

(5)实时处理。实时处理是许多应用场景中的一项关键需求，特别是在自动驾驶和监控等领域，计算机视觉系统需要实时处理图像和视频数据，以便快速做出反应。这对计算能力和算法效率提出了高要求，迫使研究者不断优化算法以满足实时处理的需求。

(6)泛化能力。尽管许多模型在训练数据上表现良好，但它们在未见过的新数据上可能会出现性能下降的问题。提高模型的泛化能力，确保其在多种条件下的稳定性，将是未来研究的一个重要方向。

总之，计算机视觉技术作为人工智能的关键技术之一，极大地提高了生产效率。随着技术的不断进步，计算机视觉将在更多领域发挥重要作用，助力各行业实现数字化、智能化的转型升级。

习 题 3

一、填空题

1. 智能助手(如 Siri)使用________技术将用户的语音转换为文字。
2. 在图像识别应用中，CNN 特别适合用于________分析任务。
3. 搜索引擎中的________ 技术会根据用户查询提供相关的网页信息。
4. 无人驾驶汽车使用________技术来识别道路上的行人和车辆。
5. 推荐系统中常用的用户评分和点击行为，属于________数据。
6. 人脸识别在现代手机解锁中很常见，它使用的主要技术是________。
7. 在聊天机器人应用中，________可以理解用户的自然语言输入并生成相应的回答。
8. 在健康监测应用中，通过________技术可以实时分析心率、步数等数据。

二、选择题

1. 手机拍照后自动识别照片内容并整理成不同类别，如“宠物”“人脸”等，使用的是(　　)。

A. 数据分析　　B. 图像处理

C. 数据存储　　D. 用户行为分析

2. 购物网站的“猜你喜欢”功能是基于(　　)技术的。

A. 推荐系统　　B. 语音识别

C. 图像识别　　D. 无监督学习

3. 物流快递公司使用(　　)技术来自动规划最短路径。

A. 数据压缩　　B. 路径规划算法

C. 图像增强　　D. 语音识别

三、简答题

1. 探讨机器学习在个性化营销中的应用。如何利用客户的浏览历史和购买数据，制定个性化的营销策略？

2. 探讨知识图谱在教育领域的潜在应用。如何利用知识图谱帮助教师进行课程设计和个性化教学方案的制订？

3. 智能语音助手在日常生活中有哪些应用场景？请分析其在家庭自动化中的作用和未来发展趋势。

4. 探讨计算机视觉在自动驾驶中的应用。如何利用计算机视觉技术提高车辆环境感知的准确性和效率？

5. 扫描右方二维码，阅读《全国公众科技创新认知度调查报告》内容，探讨中国企业在人工智能创新中的角色和贡献。

6. 选择一家知名企业(如华为、腾讯或科大讯飞等)，分析其在人工智能领域的创新实践和技术突破，并讨论企业在推动国家科技创新中的作用。

▲全国公众科技创新认知度调查报告

▲人工智能赋能千行百业

▲习题答案

第 4 章 大 模 型

ChatGPT 自发布以来，迅速风靡全球，引发了新一轮的人工智能热潮。ChatGPT 背后采用的大模型技术正在以全新的方式改变着世界。它的影响遍及各个领域，从科学到商业，从艺术到医疗，从教育到法律。本章将介绍大模型的相关概念、基本原理及应用。

4.1 大模型的基本概念

4.1.1 大模型的定义

大模型(large model)是指具有大量参数和复杂结构的机器学习或深度学习模型。这些模型通常需要大量的数据和计算资源进行训练，以便能够处理复杂的任务，如 NLP、图像识别和语音识别等。

大模型通常由深度神经网络构建，其参数数量可达数十亿甚至数千亿。设计大模型的主要目的是提升其表达能力和预测性能，使其能够处理更复杂的任务和数据集。例如，OpenAI 公司开发的 ChatGPT 就是一款基于大模型的聊天机器人程序，它能够理解和生成自然语言，为用户提供信息、回答问题，以及支持各种具有创造性和实用性的任务。

4.1.2 大模型的分类

根据输入数据类型的不同，大模型主要可以分为三大类：语言大模型、视觉大模型和多模态大模型，如图 4-1 所示。

1. 语言大模型

语言大模型是近年来 NLP 领域的重要突破，旨在理解和生成自然语言文本。这类模型通常基于深度学习技术，尤其是 Transformer 架构，能够从海量文本数据中学习语言的复杂结构和语义关系。语言大模型的应用范围广泛，包括文本生成、机器翻译、情感分析、对话系统等多个领域。通过对上下文的深刻理解，这些模型能够生成连贯且富有逻辑的文本，甚至在创意写作和内容创作方面也展现出惊人的能力。

例如，OpenAI 的 GPT 系列模型便是语言大模型的代表，它能够根据用户输入生成高质量的文本，支持多种语言和主题。语言大模型不仅能够处理简单的问答任务，还能进行复杂的推理和判断，展现出较强的智能水平。此外，这些模型还具备自适应能力，可以通过微调和迁移学习等方法，适应特定领域的需求，从而提升在特定任务上的表现。

图 4-1　大模型分类

随着技术的不断进步，语言大模型的规模和复杂性也在不断增加，参数数量从数百万到数百亿不等。这种规模的扩展使得模型能够捕捉到更丰富的语言特征和模式，提升了其生成和理解能力。然而，模型能力的增强，也带来了伦理和安全方面的挑战，例如生成虚假信息和存在偏见问题。因此，如何在提升模型性能的同时，确保其安全性和可靠性，成为研究者们亟待解决的重要课题。

语言大模型通过整合先进的深度学习技术，推动了自然语言处理领域的快速发展，展现出大模型在理解和生成语言方面的巨大潜力。随着研究的深入和技术的不断演进，语言大模型将在更多领域发挥重要作用，改变人们与机器互动的方式。

2. 视觉大模型

视觉大模型是近年来人工智能领域的重要发展，是计算机视觉领域中的一类大模型，专门用于处理和分析图像及视频数据。视觉大模型通过深度学习技术，尤其是 CNN 和 Transformer 架构，能够从大量的视觉数据中学习复杂的特征和模式。视觉大模型被广泛应用于图像分类、目标检测、图像分割、人脸识别等任务，涵盖医疗影像分析、自动驾驶、视频监控、增强现实、图像生成等多个领域。

在医疗领域，视觉大模型被用于分析医学影像，如 X 光片和磁共振成像(MRI)扫描结果，帮助医生更准确地诊断疾病。在自动驾驶技术中，视觉大模型能够实时处理来自摄像头的图像数据，识别道路、行人和其他车辆，从而确保安全驾驶。此外，视觉大模型在视频分析中也发挥着重要作用，能够检测异常行为或分析运动模式。

视觉大模型还在图像生成和编辑方面展现出强大的能力，能够根据文本描述生成高质量的图像，或对现有图像进行修改。此外，在农业监测中，视觉大模型可以分析卫星图像或无人机拍摄的图像，识别作物的生长状态和潜在的病虫害。

视觉大模型通过整合先进的深度学习技术，推动了多个行业的创新与发展，展现出在理解和处理视觉信息方面的巨大潜力。随着研究的深入和技术的演进，视觉大模型将在未来发挥更加重要的作用。

3. 多模态大模型

多模态大模型是近年来人工智能领域的重要突破，旨在处理和理解多种类型的数据，包括文本、图像、音频和视频等。这类模型通过整合不同模态的信息，能够实现更全面的数据分析和理解，推动了跨领域应用的创新。多模态大模型通常基于深度学习技术，利用 Transformer 架构等先进方法，能够有效地捕捉和融合来自不同来源的信息，从而提升整体的理解和生成能力。

在实际应用中，多模态大模型展现出强大的灵活性和创造力。例如，OpenAI 的 DALL-E 和 CLIP 模型能够根据文本描述生成图像，或通过图像生成相关的文本，这种能力使用户能够以更自然的方式与机器进行交互。此外，视觉和语言的结合在自动驾驶、智能监控、虚拟现实等领域也发挥着重要作用，能够实现更智能的环境感知和决策支持。

多模态大模型的训练通常需要大规模的多模态数据集，这使得模型能够学习到不同模态之间的关联和相互作用。随着技术的不断进步，这些模型的性能和应用范围也在不断增强和扩大，能够处理更复杂的任务，如情感分析、场景理解和内容生成等。然而，随着多模态大模型的复杂性增加，如何有效地管理和优化这些模型，确保其安全性和可靠性，成为研究者们面临的重要挑战。

多模态大模型通过整合多种数据类型，推动了人工智能在多个领域的应用与发展，展现出在理解和生成信息方面的巨大潜力。随着研究的深入和技术的不断演进，多模态大模型将在未来发挥更加重要的作用，改变人们与技术互动的方式。

4.1.3 大模型的工作原理

鉴于篇幅限制，本节内容以语言大模型为例，对大模型的工作原理进行探讨。

大模型的强大功能离不开其深厚的知识储备。大模型的知识储备来源于多种数据源，主要包括以下几方面。

(1) 互联网文本：大规模抓取的网页内容，包括新闻文章、博客、论坛讨论等。

(2) 书籍和文献：涵盖各种主题的书籍、学术论文和研究报告。

(3) 知识库类网站：提供了大量结构化和非结构化的信息。

(4) 社交媒体：用户生成的内容和讨论，反映了多样化的观点和信息。

(5) 问答网站：如 Stack Exchange 等，提供了针对特定问题的详细解答。

在海量数据集的基础上，语言大模型采用基于 Transformer 架构的深度神经网络。这种模型能够有效处理文本和复杂语法，同时保持上下文的一致性，从而帮助 ChatGPT 生成更准确、连贯的文本。

模型的本质可以被看作一个概率计算的过程。图 4-2 所示为一个基础语言概率模型示意图，模型以不同的概率和策略决定生成的文本。

例如，考虑句子“我喜欢吃”，并预测下一个词。模型会根据其训练过程中学到的知识，计算每个可能的下一个词的概率。例如，模型可能会计算以下几个词的概率。

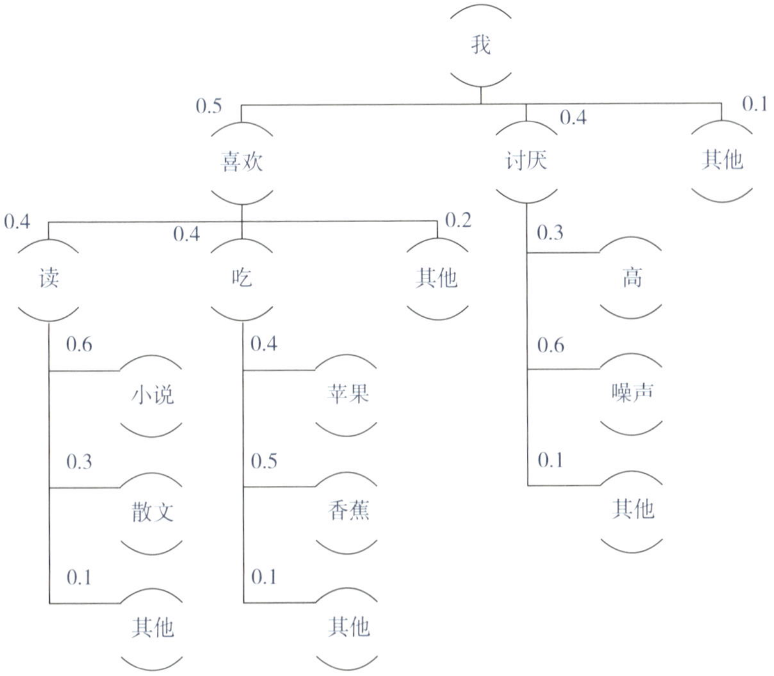

图 4-2　一个基础语言概率模型示意图

“苹果”：0.4。

“香蕉”：0.5。

“其他”：0.1。

这些概率的总和为 1，表示模型对所有可能的下一个词的信心程度。在这个例子中，模型认为“香蕉”是最有可能的下一个词，因为它的概率(0.5)最高。

在生成文本时，模型会根据这些概率进行选择。可以使用不同的策略，例如选择概率最高的词(贪婪策略)，或者根据概率进行随机采样(以引入多样性)。这种基于概率的计算过程使得模型能够生成自然流畅的语言，同时反映出其对上下文的理解。

大模型采用预训练和微调的训练模式。在预训练阶段，模型在大规模数据集上进行训练，以学习通用特征；在微调阶段，模型则针对特定任务进行调整，以提高其在该任务上的表现。图 4-3 展示了大模型的训练过程：预训练阶段使用海量数据和算力获取通用知识，随后将特定领域的数据进行微调，最终生成一个在特定领域表现优异的大模型。

1. 预训练

预训练的主要目的是使模型学习通用的语言表达知识，从而建立对语言的基本理解。该阶段使用大规模的文本数据集，通常包括来自互联网的多种类型文本，如书籍、文章和网页等。

预训练相当于大模型的“通识教育”。想象一下，你刚进入大学，需要接受一些基础课程的通识教育，以便为后续的专业学习打下基础。大模型中的预训练过程就类似于这种通识教育。科学家们会使用海量的数据(比如网页文本、图片等)来训练模型，让它学会识别和理解各种基本的信息和模式。这样，模型就具备了一定的知识储备，为后续处理特定任务时的快速学习打下了坚实的基础。

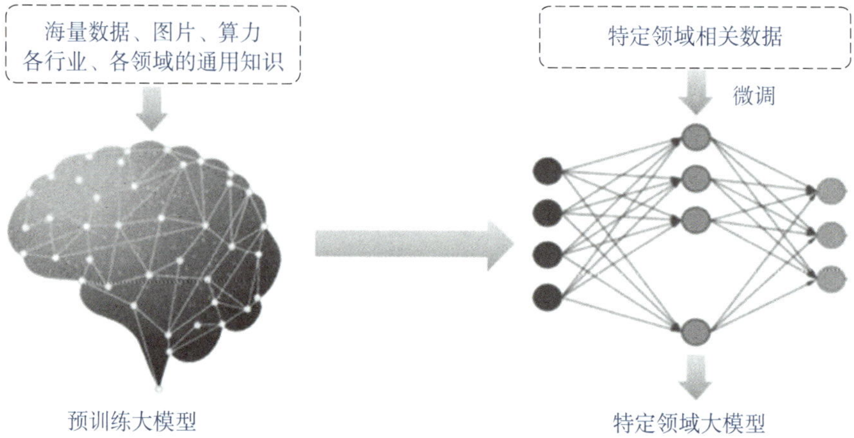

图 4-3　大模型训练模式

2. 微调

微调的主要目的是将预训练的模型调整到适于特定任务的状态，以提高其在该任务上的表现。此过程通常使用特定领域的小规模数据集，这些数据集通常是经过标注的数据，针对特定任务（如情感分析、问答系统等）而准备。在微调过程中，根据具体任务设定新的训练目标。

微调相当于大模型的"专业定制"。当你完成了通识教育，开始选择专业学习时，你会根据自己的兴趣和目标进行更深入的学习。在预训练的基础上，科学家们会使用与特定任务相关的数据（比如医疗文本、人脸识别图片等）来进一步训练模型。通过微调，模型能够针对特定任务进行更精细的学习和优化，从而在该任务上表现出色。这就像是你通过专业学习，成为某个领域的专家一样。

4.1.4　大模型的特点

大模型和小模型在应用方面的主要区别在于：大模型通常更具通用性和灵活性，而小模型则专注于解决特定领域中的具体问题。例如，可以专门训练一个小型图像识别模型用于识别车牌号，使其在这一任务上能够达到很高的准确率。相比之下，一个大型图像识别模型不仅可以识别车牌号，还能够识别日常生活中的各种图像。从人类的角度来看，这种大模型似乎对图像中的内容具有一定的理解能力，能展现出更高的智能水平。

此外，与小模型相比，大模型通常具有更多的参数，能够学习更复杂的特征和模式。同时，大模型的训练数据集通常更大，架构也更为复杂，因此在训练过程中需要更多的计算资源。

大模型的主要特点包括以下几个。

（1）高参数量：大模型通常包含数百万到数十亿个参数，使其能够学习和表示复杂的特征和模式。

（2）丰富的训练数据：为了有效训练大模型，通常需要海量的、多样化的数据集，以便模型能够捕捉到数据中的更复杂的、更丰富的特征和模式。

（3）密集型计算：训练大模型通常需要高性能的计算资源，通常依赖于图形处理单元（GPU）、张量处理单元（TPU）以及分布式计算架构，以支持高效的训练过程。

（4）自适应和泛化能力：大模型具有良好的自适应性，可以通过微调和迁移学习等方法，在多种任务中自适应地调优，并具有较好的泛化能力，能够在未见过的数据上表现良好。

4.1.5 大模型的发展历程

在探索人工智能的浩瀚征途中，大模型作为里程碑式的技术突破，正引领着人工智能迈向通用智能的新纪元。大模型的发展可划分为萌芽期、沉淀期、爆发期三个阶段。

1. 萌芽期(1950—2005)：传统神经网络模型的奠基

在人工智能的萌芽期，传统神经网络模型为后续的深度学习技术奠定了坚实的基础。1956 年，计算机专家约翰·麦卡锡提出“人工智能”概念，标志着人工智能研究的正式开启。随后的几十年里，人工智能发展由基于小规模专家知识的方法逐步演变为基于机器学习的方法。1980 年，CNN 的雏形诞生，为深度学习提供了理论基础。1998 年，现代 CNN 的基本结构 LeNet-5 诞生，机器学习方法由早期基于浅层机器学习的模型，转变为基于深度学习的模型，为 NLP、计算机视觉等领域的深入研究奠定了基础。尽管这一时期的技术相对简单，但它为后续的深度学习框架的迭代及大模型的发展提供了重要的启示和借鉴。

2. 沉淀期(2006—2019)：全新神经网络模型的崛起

2006—2019 年大模型发展进入沉淀期，全新神经网络模型的崛起为深度学习技术的快速发展注入了新的活力。2013 年，NLP 模型 Word2Vec 的诞生，首次提出将单词转换为向量的“词向量模型”，这一技术极大地提升了对文本数据的处理能力。2014 年，生成对抗网络(GAN)的出现，标志着深度学习进入了生成模型研究的新阶段，为图像生成、视频合成等领域带来了革命性的变化。2017 年，Google 提出的 Transformer 架构，是基于自注意力机制的神经网络结构，奠定了大模型预训练算法架构的基础。这一架构的出现，使得模型能够处理更长的序列数据，提高了模型的性能和效率。随着技术的不断积累，2018 年 OpenAI 和 Google 分别发布了 GPT-1 与 BERT 大模型，标志着预训练大模型成为 NLP 领域的主流。

3. 爆发期(2020 至今)：预训练大模型的全面繁荣

2020 年至今，大模型发展进入爆发期，预训练大模型迎来了全面繁荣的阶段。2020 年，OpenAI 推出的 GPT-3 模型，参数规模达到 1 750 亿，成为当时最大的语言模型，并在零样本学习任务上实现了巨大的性能提升。这一模型的成功，不仅展示了预训练大模型的强大能力，也推动了更多策略的发展，如基于人类反馈的强化学习(RLHF)、代码预训练、指令微调等，进一步提高了模型的推理能力和任务泛化能力。2022 年 11 月，ChatGPT 发布，凭借其逼真的自然语言交互与多场景内容生成能力，迅速引爆互联网，成为大模型发展的又一里程碑事件。2023 年 3 月，GPT-4 的发布进一步推动了大模型技术的发展，具备了多模态理解与多类型内容生成能力的大模型，为人工智能的未来发展开辟了更广阔的空间。2024 年 9 月，OpenAI 推出了一个全新的模型系列，称为“OpenAI o1”，其架构不同于之前的 GPT，专为复杂的推理和问题解决任务而设计，特别是在代码生成方面表现出色。该模型在少量示例学习(few-shot learning)和零示例学习(zero-shot learning)方面的能力也得到了增强，使其在面对新任务时能够更灵活地适应。

2025 年初，DeepSeek 大模型凭借其突破性的架构和技术实现，引领了技术革新，并重塑了行业格局。其核心优势涵盖多模态支持、中文优化、轻量化部署以及开放生态等。这些优势使得 DeepSeek 在自然语言处理、智能客服、内容创作和多模态交互等多个领域得到了广泛应用。特别是在长文本处理、多模态融合以及复杂推理任务中，DeepSeek 展现出了卓越的性能。此外，通过技术创新，DeepSeek 降低了计算复杂度和推理成本，为整个行业的发展注入了强大的动力。

4. 国内大模型的发展状况

自 2022 年 OpenAI 推出 ChatGPT 以来，人工智能大模型技术正式进入公众视野，并在我国引起了广泛的关注与热议。党中央与国务院对人工智能的发展给予了高度重视，不仅将其纳入"十四五"规划的重要议程，还推出了一系列政策措施，旨在支持和规范人工智能的稳健发展，为国产人工智能大模型的崛起提供了坚实的政策保障。

2023 年是国内大模型发展的崭新起点，国内科技领军企业、科研机构及新兴创业公司纷纷加大投入，积极部署各自的大模型战略。据统计，2023 年我国人工智能大模型行业的市场规模已迅速增长至 147 亿元人民币，彰显了国内大模型市场的蓬勃生机与巨大潜能。大模型技术在金融、政府、影视游戏及教育等多个行业中的渗透率极高，并显著提升了生产的效率，通过智能化改造，优化了业务流程，提高了服务质量与运营效率。

在算法优化与应用实践方面，国内人工智能大模型取得了显著进展。当前，NLP、计算机视觉（CV）及科学计算大模型已成为主流类别，它们在各自领域内展现出卓越性能与广泛适用性。例如，NLP 大模型在文本生成、理解及问答等任务中表现优异，为智能客服、智能写作等应用场景提供了强大支持；CV 大模型则在图像识别、物体检测及视频分析等方面展现出广泛应用价值，为智能制造、智慧城市等领域带来了显著效益。

国产人工智能大模型已在多个领域实现深度渗透与融合，为用户提供更加便捷、智能的服务体验。以"豆包"为例，该应用依托抖音平台，在 2024 年上半年取得了亮眼表现。此外，大模型在智能制造、智慧金融、智慧城市等领域的广泛应用，也推动了传统产业的转型升级与数字化进程，不仅提高了生产效率与服务质量，还为用户带来了更加便捷、个性化的体验。

在技术创新方面，国内大模型技术不断取得新突破。如百度发布的文心智能体技术，实现了从"模仿"到"思考"的跨越性提升，显著增强了文心大模型的能力，并加速了其应用落地。这一技术突破不仅展示了我国在人工智能大模型领域的创新能力，也为其他企业提供了宝贵的经验与启示。同时，腾讯的 Angel 大规模机器学习平台也在通信效率、规模处理等方面实现了全面优化，为大规模机器学习模型的训练与推理提供了强有力的技术支撑。

4.2 重要的大模型架构

4.2.1 Transformer 模型

在人工智能的迅速发展中，Transformer 模型已在 NLP 领域取得革命性突破。它的出现不仅提高了机器理解和生成语言的能力，还在诸多应用中超越了传统模型的表现。下面将介绍 Transformer 模型的基本原理、模型结构、工作流程及优点。

1. Transformer 模型简介

Transformer 模型就像是一个神奇的翻译器，它能够理解一种语言，并将其流畅地转换成另一种语言。这个模型自 2017 年由 Google 团队发明以来，已经成为 NLP 领域的一个重要工具。Transformer 模型是一种用于处理序列数据的深度学习架构，广泛应用于自然语言处理任务，如机器翻译、文本生成等。与传统的循环神经网络（recurrent neural network，RNN）不同，Transformer 通过“自注意力机制（self-attention）”来捕捉序列中单词之间的关系，从而实现更高效的并行处理。

2. 自注意力机制

回想一下，你在阅读一篇文章时，是不是会将注意力集中在与当前主题相关的句子或段落上，而略过无关的信息？Transformer 的自注意力机制就是模仿人类的这种注意力分配方式，使模型在处理某个词语时，可以参考整个句子中的其他词语。

自注意力机制允许模型在编码某个词语时，动态地为句子中所有其他词语分配权重，衡量它们对当前词语的影响。这种机制使模型能够捕捉词语之间的关系，理解上下文含义。

3. Transformer 模型结构

首先，将 Transformer 模型视为一个黑盒子。在机器翻译的应用中，Transformer 模型接收一种语言的句子作为输入，并将其翻译成另一种语言的句子作为输出，例如图 4-4 展示的汉译英的案例。

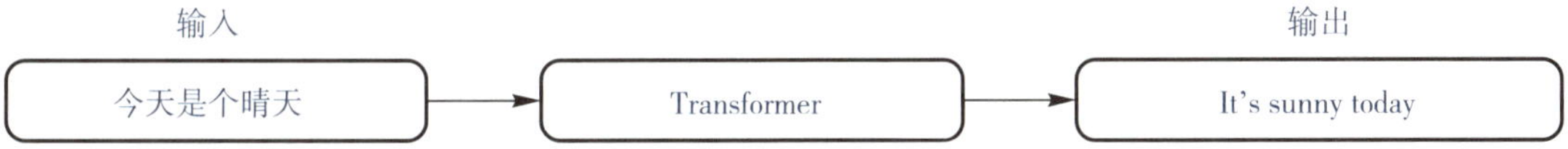

图 4-4 Transformer 模型（黑盒模式）

Transformer 模型主要由两个部分组成：编码器（encoder）和解码器（decoder），如图 4-5 所示。编码器是可以理解语言的“大脑”，负责读入并理解输入的语言，生成具有上下文信息的表示。解码器就像一个可以转换语言的工坊，根据编码器的输出，负责把理解的内容转换成另一种语言。

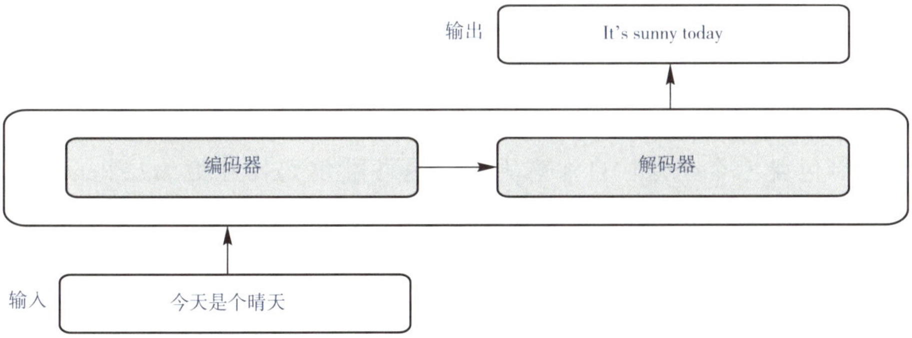

图 4-5 Transformer 模型（encoder-decoder 架构模式简化图）

在 Transformer 模型中，编码器和解码器分别由多个相同的处理模块组成。其中，编码组件由多层编码器构成，而解码组件则由相同层数的解码器组成。图 4-6 展示了包含 6 层编码器和 6 层解码器的架构。在实际应用中，也可以根据需要尝试不同的层级配置。

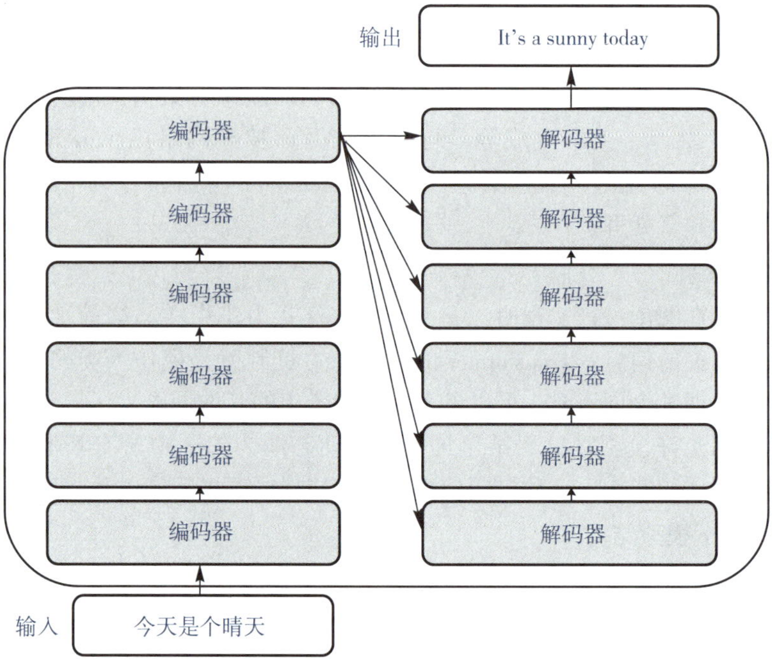

图 4-6　Transformer 模型（encoder-decoder 架构模式）

每个编码器都包含两个子层：自注意力层（self-attention）和前馈神经网络（feed forward neural network）。自注意力层通过使输入序列中的每个元素都与所有其他元素进行“交流”，为每个位置生成包含全局信息的表示向量，帮助理解它在整个序列中的意义。前馈神经网络对这些包含上下文信息的表示向量进行进一步转换，映射到另一个向量空间，以捕捉更高级别的特征和模式。想象你正在听一个故事，自注意力层的功能就像是你在听故事时，不仅会关注当前听到的部分，还会回想之前听到的内容，这样你就能更好地理解整个故事的情节。这个过程就像是在给每个故事片段（比如每个句子或词语）分配一个“重要性标签”，揭示它们在整个故事中的作用和联系。而前馈神经网络则像是你听完故事后，尝试从不同的角度去思考和分析故事。这个过程可以从故事中提取出更深层次的信息，比如故事的主题、人物性格等。这就像是把故事的每个片段（词语或句子）转换成一个新的形式，以便从中发现更多有趣的东西。

解码器的主要任务是根据编码器的理解，生成目标语言的句子。解码器由多个相同的层组成，每层包含三个子层：自注意力层、编码器-解码器注意力层（encoder-decoder attention layer）和前馈神经网络。

自注意力层：在解码器中，自注意力层持续工作，确保新句子中的每个单词都能“听到”其他单词的声音，维持句子的连贯性和流畅性。

编码器-解码器注意力层：这个层是解码器独有的，它使解码器能够回顾编码器的工作，确保新句子能够准确地反映原始句子的意思。这就像是在团队合作中，每个人都需要知道队友的进展，以便协同工作。

前馈神经网络：前馈神经网络会对新句子中的单词进行最后的润色，确保它们能够以最精确的方式表达原始信息。

编码器和解码器的结构如图 4-7 所示。通过这种结构，Transformer 模型能够高效地处理语言数据，捕捉复杂的模式和关系，这使得它在机器翻译、文本生成等 NLP 任务中表现出色。

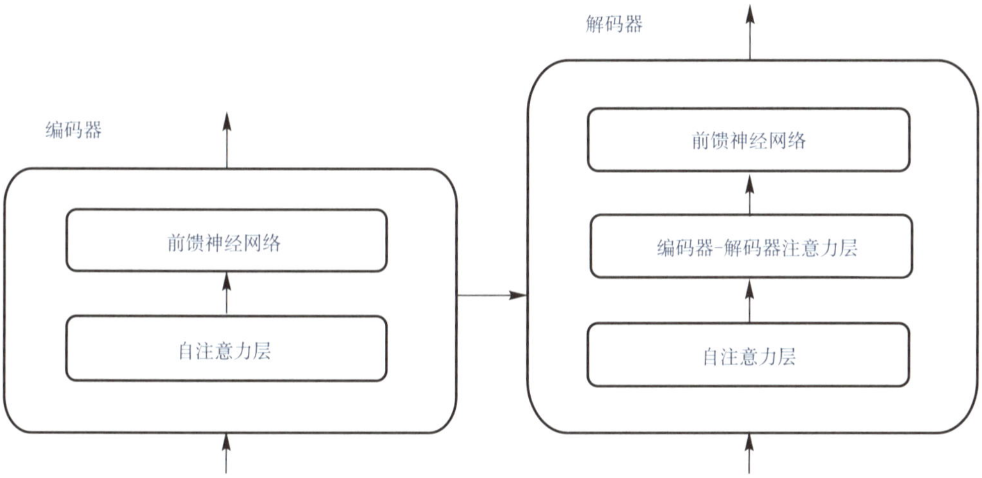

图 4-7 编码器和解码器的结构

4. 多头注意机制(multi-head attention)

Transformer 模型的一个关键特性是多头注意力机制。多头注意力机制是对自注意力机制的扩展，通过并行地执行多个自注意力计算(称为“头”)，模型可以从不同的表示空间中学习特征，进行整合、线性变换，从而得到包含更为丰富信息的特征，极大地提升了模型处理语言的能力，其结构如图 4-8 所示。这个机制类似于用多台相机同时拍摄一个场景，每台相机都能捕捉到不同的细节，最终这些细节被聚合成一个完整的画面。

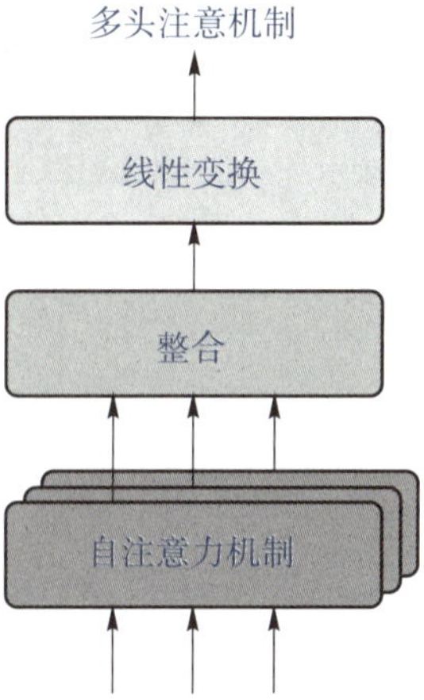

图 4-8 多头注意机制

假设你正在观看一场篮球比赛，如果你只有一台相机，那么你只能捕捉到一个角度的画面。但如果你有多台相机从不同的位置和角度拍摄，你就能获得更全面的视角。多头注意力机制也是这样工作的，它通过多个“头”(类似于多台相机)并行处理信息，每个“头”都能从不同的角度捕捉句子中的关键信息。

多角度捕捉：在多头注意力机制中，每个“头”都执行自注意力计算，但它们关注的焦点不同。这就像是每台相机都对准了球场上不同的对象，这些对象有的可能是球员，有的可能是观众，有的可能是记分板。

信息整合：这些“头”捕捉到的信息会被整合在一起，形成一个更全面的表示。这就像是将所有相机的画面拼接在一起，得到一个完整的比赛场景。

学习多样化特征：通过这种方式，模型能够从不同的角度学习句子的特征，比如语法结构和语义关联。这使得模型能够捕捉到句子中更细微的关系，增强了对语言的理解。

多头注意力机制增强了模型的表达能力，使模型能够表达更复杂的语言现象；这种机制还提高了模型的理解力，使模型能够理解更复杂的语言现象，在处理自然语言时更加精准和灵活。

通过引入多头注意力机制，Transformer 模型不仅能够更全面地理解语言，还能够更准确地处理和生成文本，这在机器翻译、文本生成等任务中尤为重要。

5. Transformer 工作流程

Transformer 模型就像是一个高级的语言翻译器，能够将一种语言转换成另一种语言。下面是它的工作流程。

1) 将单词变成向量

在 Transformer 模型中，首先需要将每个单词转换成一个特殊的代码，该代码被称为"词向量"。这就像是给每个单词一个独特的数字身份，这个身份包含了单词的特征信息。Transformer 模型使用词嵌入算法(word embedding)将句子中每个单词转换为一个词向量，在转化为词向量的过程中不仅要考虑单词本身，还要考虑它在句子中的位置。Transformer 模型将单词转化为向量的过程如图 4-9 所示。

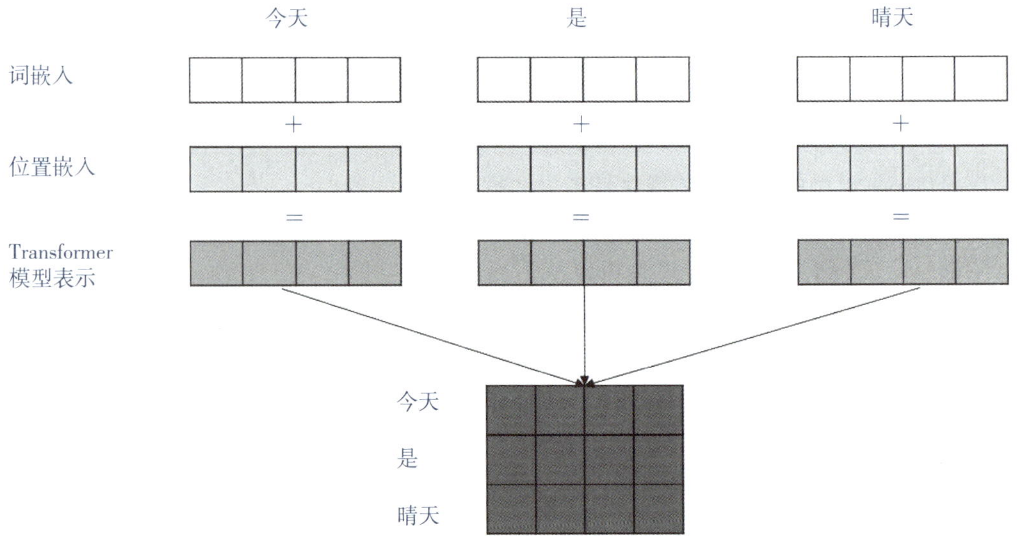

图 4-9　Transformer 模型将单词转化为向量的过程

2) 编码器对单词信息编码

接下来，将这些词向量送入编码器。编码器就像是一系列的工作站，每个工作站都会对单词进行更深入的分析，提取出更多的信息。经过这些工作站的处理，得到了一个包含所有单词信息的编码矩阵。这个矩阵就像是一张地图，上面标记了所有单词的位置和它们之间的关系。编码工作如图 4-10 所示，词向量矩阵用 $\boldsymbol{X}_{n\times d}$ 表示，每一行是一个单词的表示，n 是句子中单词的个数，d 是表示向量的维度。将其传入编码器中。经过 6 个编码器后，可以得到句子中所有单词的编码信息矩阵 $\boldsymbol{C}$。

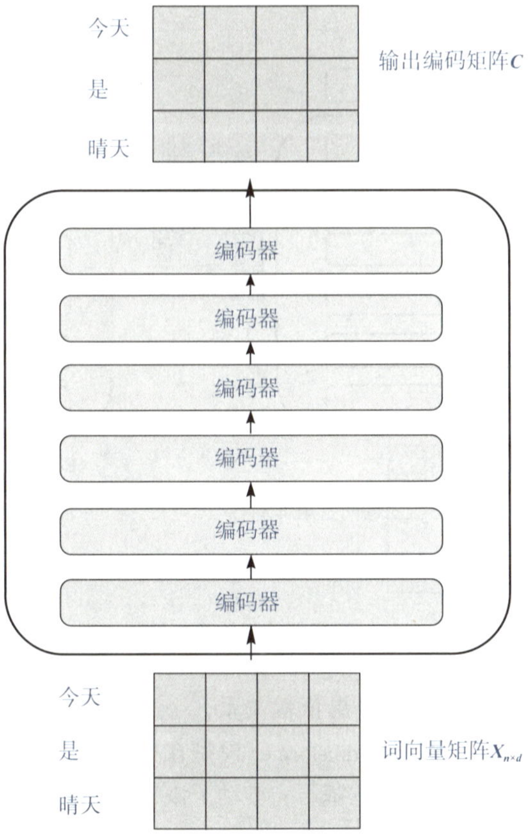

图 4-10 编码器的编码工作

3）解码器翻译编码

将编码器生成的编码矩阵传递给解码器。解码器的任务是根据这些信息，一步步地构建出目标语言的句子，就像是在进行一场无缝的对话。解码器接受编码器输出的编码信息矩阵 **C**，依次根据当前翻译过的第 1 到第 i 个单词翻译下一个单词（第 i+1 个单词）。在翻译到第 i+1 个单词时，需要通过掩码（mask）操作遮盖住第 i+1 个单词之后的单词，以确保模型在生成下一个单词时只依赖于已翻译的单词。图 4-11 展示了解码器解码编码矩阵的过程。首先，解码器输入一个翻译开始符“<Begin>”，并预测第一个单词“It”；接着，解码器输入翻译开始符“<Begin>”和单词“It”，预测下一个单词“is”，以此类推，逐步生成翻译结果。

这个过程就像是在做一个拼图，每一块都必须放在正确的位置。为了确保正确地完成拼图，Transformer 模型使用掩码操作，遮住了还没有翻译的单词，确保翻译的准确性。

Transformer 模型经过单词向量化、编码、解码一系列的处理，就能够将一种语言流畅地转换成另一种语言。

6. Transformer 的优势

Transformer 模型以其强大的并行计算能力在 NLP 领域脱颖而出，这种能力使得模型能够同时处理序列中的所有元素，显著提高训练和推理的速度。它与现代硬件（如 GPU 和 TPU）的架构完美契合，能够充分利用这些硬件的并行处理能力，从而最大化性能。此外，Transformer

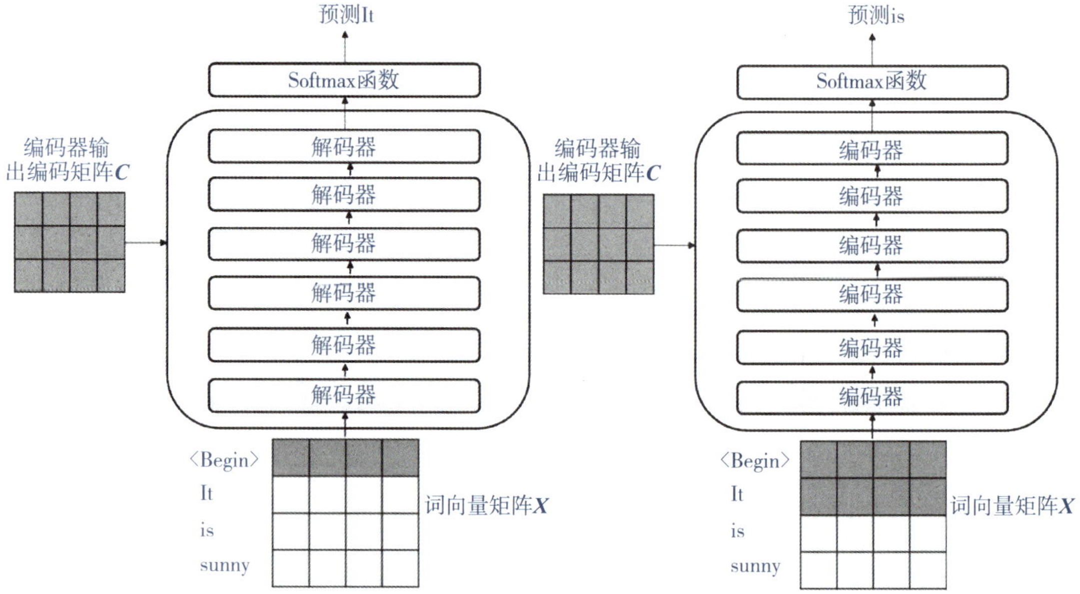

图 4-11　解码器解码编码矩阵的过程

模型能够有效处理长序列数据，捕捉全局依赖关系，一次性理解整个句子或文本，更好地理解上下文和语义。得益于这些优势，Transformer 模型在机器翻译、文本生成、问答系统等多个领域都有广泛应用，成为现代 NLP 的基石，推动了该领域的技术进步。

4.2.2　国内外其他大模型架构

国内外主要的大模型架构多种多样，这些模型大多基于 Transformer 架构，并在此基础上进行了一定的创新和优化。

1. BERT 大模型

BERT，全称为 bidirectional encoder representations from transformers，是 Google 在 2018 年推出的一种预训练语言模型。BERT 的核心理念在于其双向性，即模型在处理语言时，会同时考虑句子中每个词前面和后面的词，从而生成更准确的语言表示。这种双向编码能力使得 BERT 在理解语言的上下文和语义关系方面表现出色。BERT 模型使用了两个主要的预训练任务：masked language model（MLM）和 next sentence prediction（NSP）。MLM 任务通过随机掩盖输入序列中的一些词，然后预测这些被掩盖的词，使模型能够学习到词之间的依赖关系。NSP 任务则预测一个句子是不是另一个句子的后续句子，有助于模型理解句子之间的逻辑关系。BERT 的常见版本包括 BERT-Base 和 BERT-Large，分别包含 12 层和 24 层的 Transformer 编码器，具有不同的隐藏单元和自注意力“头”数量。

2. GPT 架构

GPT，全称为 generative pre-trained transformer，是由 OpenAI 开发的 NLP 模型。GPT 模型主要由 Transformer 模型的解码器部分构成，通过堆叠多个解码器层、引入自注意力机制和位置编码、使用残差连接和层归一化等技术手段来构建。GPT 模型的特点在于其生成式预训练方法，即首先通过无监督学习进行预训练，然后在特定任务上进行有监督的微调。这种方法使得GPT模型能够适应各种NLP任务，并表现出色。GPT模型已经发展到GPT-4，其中GPT-4在模型结构和训练方法上进行了进一步优化，提升了语言理解和生成的精度与效率。GPT-4由多个具有2 200亿个参数的模型组成，能够捕捉到更多的语言特征和知识信息，从而生成更加自然和准确的回答。此外，GPT-4还是第一个可以同时接收文本和图像作为输入的多模态模型，在处理跨模态任务时具有更高的灵活性和准确性。

3. DeepSeek架构

DeepSeek架构是由我国自主研发的语言大模型体系，其核心采用深度上下文学习机制与混合专家系统(mixture of experts，MoE)技术，通过动态路由算法优化知识检索与融合效率。该架构在训练阶段引入分阶段渐进预训练策略，将训练数据按通用语料、领域专业数据和时效性内容进行差异化学习。其混合专家系统包含超过百万级的参数动态分配通道，支持基于稀疏激活的专家节点动态调用，并可通过16位浮点精度(FP16)实现计算资源高效分配。相比传统密集型Transformer架构，DeepSeek在长文本连贯性任务中取得约2.3倍的吞吐量提升，同时将灾难性遗忘(catastrophic forgetting)发生率降低至每训练阶段0.05以下，在代码生成和多模态对齐任务中展现出更优的收敛速度与泛化能力。

4. 文心大模型

文心大模型是百度推出的一款围绕“产业级”和“知识增强”两大特性进行创新的大模型。它涵盖了基础大模型、任务大模型、行业大模型三级体系，能够全面满足产业应用需求。文心大模型采用了先进的模型架构和训练技术，使得模型能够更好地理解和处理自然语言任务，同时也能够更好地适应不同领域和行业的需求。文心大模型在模型层、工具与平台层、新增产品与社区层都进行了全面升级，进一步提升了模型的性能和可用性。文心一言云服务是基于文心大模型打造的云端服务平台，能够与人对话互动、回答问题、协助创作等，为用户提供了高效、便捷的信息获取和知识应用体验。

5. 盘古大模型

盘古大模型是华为推出的一款以“AI for industries”为核心理念的大模型。它致力于深耕行业，打造金融、政务、制造、矿山、气象、铁路等领域行业大模型和能力集。盘古大模型采用了先进的模型架构和训练技术，使得模型能够更好地理解和处理自然语言任务，同时也能够更好地适应不同领域和行业的需求。盘古大模型包括语言大模型、视觉大模型和多模态大模型等。其中，盘古语言大模型使用了编码器-解码器架构，兼顾了语言大模型的理解能力和生成能力；盘古视觉大模型则可用于分类、分割、检测等方面，实现了兼顾判别与生成的能力。盘古大模型在多个典型场景下取得了业界领先水平，为企业和行业提供了强大的人工智能技术支持。

6. 其他知名大模型

除了上述大模型外，还有许多其他知名的大模型，如Google推出的PaLM系列大模型、Anthropic开发的Claude、阿里云推出的通义千问以及科大讯飞推出的AI大模型等。这些大模型在模型架构、训练方法、应用场景等方面都各有特色，为人工智能领域的发展做出了重要贡献。

4.3 大模型的构建

大模型是深度学习模型的一种，通常基于深度神经网络。大模型的构建是指在海量数据集上进行深度学习模型的训练，以开发具有大量参数和复杂结构的模型。这些模型通常需要大量的数据和计算资源，以实现高水平的性能和准确性。以下是大模型构建的一些关键步骤和考虑因素。

1. 数据收集与准备

大模型的构建始于数据的收集。在数据收集阶段，首先根据大模型的具体需求，从广泛的数据来源中收集数据，这些来源包括互联网公开数据(如网页内容、社交媒体帖子、学术论文等)、企业内部数据(如用户行为记录、交易数据等)以及第三方数据提供商提供的数据。对收集到的原始数据往往需要进行清洗和预处理，以提高数据的质量和可用性。数据预处理包括去除重复数据、处理缺失值(如通过填充、删除或插值等方法)、纠正错误数据等步骤。同时，还需要对数据进行格式化处理，如将数据转换为适合模型分析的格式，或根据大模型的需求将数据转换为合适的格式(如文本、图像、音频等)。此外，还需要对数据进行归一化或标准化处理，以减少不同特征之间的量纲差异对模型训练的影响。

数据的收集与准备至关重要，因为数据的质量直接决定了模型训练的效果。

2. 模型架构设计

模型架构设计阶段首先要根据任务类型选择合适的模型架构，如CNN用于图像处理，Transformer模型用于文本或序列预测任务。大模型通常由多个层次组成，每个层次都负责处理不同的信息。在确定模型架构后需要设计模型的层次结构，例如，在自然语言处理中，模型可能包括输入层(处理文本输入)、嵌入层(将文本转换为向量表示)、隐藏层(进行复杂的计算)和输出层(生成结果)。设计模型架构时，需要权衡模型的复杂性和性能，确保模型既能够处理大规模数据，又能够在合理的时间内给出结果。

3. 模型训练和优化

一旦模型架构设计完成，接下来就是进行模型训练。这通常涉及使用大量的数据来“教”模型如何完成特定的任务。训练过程中，模型会不断调整其内部参数，以最小化预测误差。此外，还需要对模型进行优化，以提高其泛化能力，即模型在面对新数据时也能展现出准确预测的能力。

4. 模型评估与部署

训练完成后，需要对模型进行评估，以确保其性能符合预期。这通常涉及使用独立的测试数据集来验证模型的准确性、鲁棒性和效率。如果模型表现良好，就可以将其部署到实际应用中。在部署过程中，还需要考虑如何确保模型的安全性、隐私性和可解释性。

4.4 大模型提示词工程

提示词工程是指在使用语言大模型时，通过设计和优化输入提示词(prompt)，以获得更准确、相关度更高的输出结果的过程。提示词技术的核心思想在于，通过向模型提供一个或多个提示词或短语，引导模型生成符合预期的输出。

本节以文心一言、DeepSeek 和 Kimi 大模型为例进行提示词的案例展示。

4.4.1 大模型提示词设计

1. 提示词的基本构成

提示词的基本构成包括以下几个要素。

指令词(必备)：提示词的核心，用于指导大模型如何响应。常见的指令词包括“简述”“解释”“翻译”“总结”“润色”“撰写文章”“编写程序”等。

输入数据(必备)：提供给模型的问题或具体内容，应确保其清晰、完整，以便生成令人满意的答案。例如，在进行英汉翻译时，需要提供待翻译的文本；在数据分析任务中，需要提供要分析的数据集；在进行程序调试时，需要提供相应的代码片段。

背景信息(可选)：提供与任务相关的附加信息，帮助模型更准确地理解需求。例如，在撰写关于人工智能的科普文章时，针对小学生、中学生或计算机专业大学生的内容会有很大差异。

输出要求(可选)：明确期望模型输出的具体指标或结构，如输出格式、字数等。例如，要求模型输出与“人工智能”相关的 5 个案例，并按照应用热度排序；或者要求按照 Markdown 格式输出结果。

2. 提示词设计的原则

在设计提示词时，应遵循以下原则。

明确性：确保指令词和输入数据清晰、明确，以便模型能够准确理解任务要求。

完整性：提供充分的背景信息，以便模型能够全面理解任务的上下文。

具体性：在输出要求中明确指出期望的输出格式和结构，这有助于模型生成符合预期的内容。

适应性：根据目标受众调整提示词，以确保内容的相关性和适宜性。

遵循这些原则，可以设计出有效的提示词，从而提高人工智能大模型的响应质量和任务执行效率。

例 4-1 撰写文章。

提示词：

撰写一篇关于可再生能源最新发展的文章，针对大学生的环境科学课程，字数在 800

左右，包含至少三个引用的研究资料。

由文心一言生成的结果如图 4-12 所示①。

参考 14 条网页信息源

可再生能源的最新发展：为环境科学注入新动力

在21世纪的今天，随着全球气候变化的日益严峻和能源需求的不断增长，可再生能源的发展成为了全球关注的焦点。作为环境科学领域的重要议题，可再生能源的最新进展不仅为环境保护提供了有力支持，也为大学生的环境科学课程注入了新的活力。

近年来，可再生能源技术取得了显著进步。据国际能源署（IEA）发布的《全球能源评估》最新报告，2024年全球可再生能源新增装机容量攀升至约700吉瓦，连续第22年刷新纪录。这一数据表明，可再生能源正以前所未有的速度在全球范围内扩张，成为满足新增电力能源需求增长的主力。

在太阳能领域，技术创新不断推动成本下降和效率提升。例如，钙钛矿太阳能电池作为一种新兴技术，其光电转换效率已接近甚至超过传统硅基太阳能电池，且制备成本更低、工艺更简单。这一技术的突破为太阳能的大规模应用提供了新的可能。据《自然·能源》杂志报道，钙钛矿太阳能电池的商业化进程正在加速，预计在未来几年内将实现大规模生产。

风能作为另一种重要的可再生能源，也在不断发展壮大。随着风力发电机技术的不断进步和风电场规模的扩大，风能发电的成本持续下降，竞争力日益增强。国际可再生能源署（IRENA）的数据显示，2024年风能新增装机容量达到113吉瓦，增长主要集中在中国。这表明中国在风能领域的领先地位，同时也为全球风能发展提供了宝贵经验。

除了太阳能和风能，生物质能、地热能等可再生能源也在不断发展。生物质能作为一种可再生的碳源，通过厌氧消化、气化等技术可以转化为沼气、生物柴油等清洁能源。地热能则利用地球内部的热能进行发电和供暖，具有稳定、可靠的特点。这些可再生能源技术的多样化发展为全球能源转型提供了更多选择。

在可再生能源的发展过程中，政策支持和技术创新起到了关键作用。各国政府纷纷出台相关政策，鼓励可再生能源的投资和应用。例如，中国提出了“双碳”目标，即碳达峰和碳中和，并出台了一系列政策措施推动可再生能源的发展。同时，科研机构和企业也在不断加强技术创新，提高可再生能源的效率和降低成本。

对于大学生而言，了解可再生能源的最新发展对于环境科学课程的学习具有重要意义。可再生能源的发展不仅关乎环境保护和可持续发展，还涉及到能源安全、经济发展等多个方面。通过学习可再生能源的相关知识，大学生可以更好地理解全球能源转型的趋势和挑战，为未来的环境保护和能源发展贡献自己的力量。

综上所述，可再生能源的最新发展为环境科学领域注入了新的动力。随着技术的不断进步和政策的持续支持，可再生能源有望在未来发挥更加重要的作用，为全球环境保护和可持续发展做出更大贡献。作为大学生，我们应该密切关注可再生能源的发展动态，积极参与相关研究和实践活动，为推动全球能源转型和环境保护贡献自己的智慧和力量。

由文心 4.5 生成

重新生成

图 4-12　例 4-1 结果

例 4-1 的提示词包含了提示词公式的各个要素。指令词：撰写一篇文章。输入数据：关于可再生能源的最新发展。背景信息：针对大学生的环境科学课程。输出要求：字数在 800 左右，包含至少三个引用的研究资料。

①由于参考源的准确性不定，由 AI 给出的信息未必准确，实际中应仔细甄别。本书所展示结果均为未加工的原结果，只为展示 AI 功能，不具实际意义。

文心一言的回答按照引言、现状分析、具体案例、挑战与解决方案、结论的顺序进行组织，结构清晰，逻辑连贯。答案中包含了多个权威的研究资料和统计数据，如国际可再生能源署、国际能源署等机构的报告，以及我国风电、太阳能发电装机的具体数据，这些内容丰富了文章的内容，增强了说服力。答案中的语言准确、流畅，符合学术文章的要求。同时，也适当使用了专业术语，如“可再生能源”“温室气体排放”等，体现了文章的专业性。输出字数在800左右，符合提示词的要求。

4.4.2 大模型提示词优化技巧

1. 使用分隔符清晰地表示输入的不同部分

使用明显的分隔符(如反引号、引号、尖括号等)来清晰地标识输入的不同部分。这可以有效避免人工智能错误理解用户输入文本的情况。

例 4-2 使用分隔符的提示词案例。

提示词：

请根据以下指示生成文本。

###指示

1. 主题：人工智能的未来

2. 目标受众：对科技感兴趣的普通读者

3. 字数限制：300以内

###示例格式

-引言：简要介绍人工智能的定义和重要性

-主体：讨论人工智能在未来可能的应用领域

-结论：总结人工智能对社会的潜在影响

由文心一言生成的结果如图4-13所示。

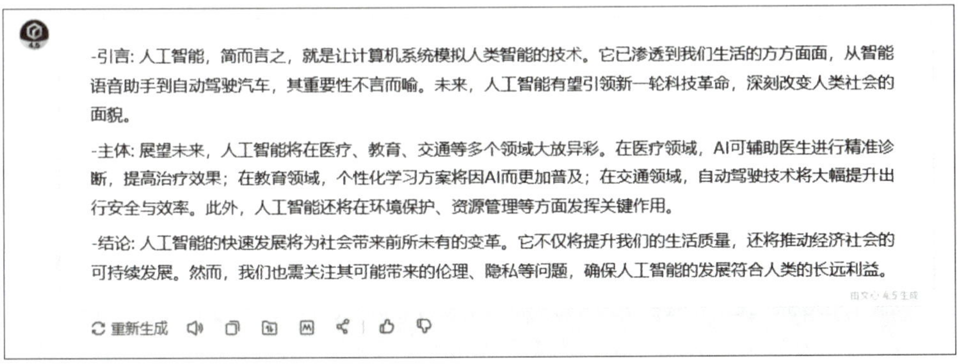
-引言: 人工智能，简而言之，就是让计算机系统模拟人类智能的技术。它已渗透到我们生活的方方面面，从智能语音助手到自动驾驶汽车，其重要性不言而喻。未来，人工智能有望引领新一轮科技革命，深刻改变人类社会的面貌。

-主体: 展望未来，人工智能将在医疗、教育、交通等多个领域大放异彩。在医疗领域，AI可辅助医生进行精准诊断，提高治疗效果；在教育领域，个性化学习方案将因AI而更加普及；在交通领域，自动驾驶技术将大幅提升出行安全与效率。此外，人工智能还将在环境保护、资源管理等方面发挥关键作用。

-结论: 人工智能的快速发展将为社会带来前所未有的变革。它不仅将提升我们的生活质量，还将推动经济社会的可持续发展。然而，我们也需关注其可能带来的伦理、隐私等问题，确保人工智能的发展符合人类的长远利益。

图 4-13 例 4-2 的结果

在例4-2的提示词中，使用了“### 指示”和“### 示例格式”作为分隔符，清晰地标识了不同的输入部分，使模型能够更好地理解任务要求并生成相关的输出。提示词设计能够有效引导模型生成符合要求的文本。文心一言生成的回答以清晰、简洁的方式概述了人工智能的未来，针对对科技感兴趣的普通读者，既介绍了人工智能的重要性，又探讨了其未来可能的应用领域，并在结论中总结了其对社会的潜在影响，符合字数限制且内容完整。通过这种方式，用户可以获得高质量的输出，提升了与模型交互的体验。

2. 要求模型结构化输出

要求模型结构化输出是指在编写提示词时，明确要求模型以特定的格式（如JSON、HTML等）返回结果。这种策略可以使模型的输出更易于解析和使用，尤其在需要将结果集成到其他系统或应用中时，结构化的输出显得更为重要。

例 4-3　要求模型结构化输出的提示词案例。

提示词：

请生成包括书名、作者和类别的三本虚构书籍清单，并以JSON格式提供，其中包含以下键：book_id、title、author、genre。

由文心一言生成的结果如下。

以下是一个包含三本虚构书籍清单的JSON格式数据，每本书籍都包含book_id、title、author和genre键：

```
json
[
    {
        "book_id": "1",
        "title": "星际迷航：未知领域",
        "author": "李晨光",
        "genre": "科幻小说"
    },
    {
        "book_id": "2",
        "title": "历史尘埃下的秘密",
        "author": "王婉如",
        "genre": "历史悬疑"
    },
    {
        "book_id": "3",
        "title": "魔法学院：元素之战",
        "author": "张浩宇",
        "genre": "奇幻冒险"
    }
]
```

在这个 JSON 数据中，每本书都有一个唯一的 book_id，以及对应的书名 title、作者 author 和类别 genre。

在例 4-3 中，用户要求模型生成一个包含三本虚构书籍的清单，并明确指定了输出格式为 JSON。这样的提示词设计确保了模型的输出是结构化的。这种结构化的输出不仅清晰、易读，而且便于程序进行进一步的数据处理和分析。

3. 要求模型检查是否满足条件

这一策略的核心在于要求模型在执行任务之前，先检查输入数据是否满足特定的条件。如果条件不满足，模型应返回错误信息或提示。这种方法可以帮助用户提前识别潜在的边界情况，从而提高交互的有效性和准确性，增强用户体验。

例 4-4 要求模型检查条件的提示词案例。

提示词如下。

您将获得由三个引号括起来的文本。

如果它包含一系列的指令，则需要按照以下格式重新编写这些指令：

第一步 – ……

第二步 – ……

……

第 N 步 – ……

如果文本中不包含一系列指令，请返回“没有指令”。

"""

做一个简单的三明治非常容易。首先，准备好两片面包。

然后，将黄油抹在其中一片面包上。

接下来，可以添加自己喜欢的食材，比如生菜、番茄和火腿。

在添加完成后，盖上另一片面包。

按照个人喜好，可以在切好三明治后再加一点调料。

这样，一个美味的三明治就完成了。

"""

由文心一言生成的结果如下。

第一步 – 准备好两片面包。

第二步 – 将黄油抹在其中一片面包上。

第三步 – 添加自己喜欢的食材，比如生菜、番茄和火腿。

第四步 – 在添加完成后，盖上另一片面包。

第五步 – 按照个人喜好，可以在切好三明治后再加一点调料。

这样，一个美味的三明治就完成了。

在例 4-4 中，模型被要求检查输入文本是否包含一系列的指令。如果文本中确实包含指令，模型将按照指定格式重新编写这些指令；如果没有，则返回“没有指令”。这种设计确保了模型在处理输入时能够进行有效的条件检查，并根据要求进行格式化输出，从而提高了输出的准确性和相关性。

4. 使用具体示例引导模型

这一策略的核心在于在提示词中提供少量示例，以帮助模型更好地理解用户的期望输出格式和内容。示例可以消除用户意图的模糊性，使模型更容易理解任务，减少歧义；同时，模型能够更好地把握输出的风格和结构，从而提高生成内容的质量；此外，示例可以引导模型在生成内容时考虑特定的上下文或格式，减少虚假知识的产生。

例 4-5 提供示例的提示词案例。

提示词：

案例：

句子：今天的天气真好，阳光明媚！

情感倾向：正面

判断依据：句子中描述了天气的好，使用了“真好”和“阳光明媚”等积极词汇。

请仿照以上案例，从网上搜索 3 条《流浪地球 2》的影评，并进行评价。

由文心一言生成的结果如下。

影评分析

影评 1

句子：整体感觉就是，特效和故事背景有 8 分以上，但感情戏太生硬，而且节奏太快，给人的感觉像是在赶场。

情感倾向：中性偏负面

判断依据：虽然对影片的特效和故事背景给予了正面评价，但指出其感情戏生硬、节奏过快，给人像是在赶场的感觉，这些都是负面评价。

影评 2

句子：整部影片充满了科技与幻想的融合，从宏观到微观，每一处的细节都值得注意，也许就像网上所说的那样，这是中国科幻电影的新高度。

情感倾向：正面

判断依据：影评中提到影片充满科技与幻想，细节值得注意，并且认为这是中国科幻电影的新高度，都是正面的评价。

影评 3

句子：不看到最后给不出五星啊！前面的节奏没后面好，后面高潮部分特别好。主要是特效和世界观的构建!! 太强大了！光影、台词、音乐音效都很好，是一场视听盛宴啊!!!

情感倾向：正面

判断依据：影评中提到虽然前面的节奏不如后面好，但高潮部分特别好，特别是特效和世界观的构建非常强大，光影、台词、音乐音效都很好，是视听盛宴，这些都是正面的评价。

总结

影评 1：整体评价中性偏负面，虽然特效和故事背景较好，但感情戏生硬、节奏过快。

影评 2：整体评价正面，认为影片充满科技幻想，细节丰富，是中国科幻电影的新高度。

影评 3：整体评价正面，特别是后半部的高潮部分、特效和世界观的构建很好，以及整体的光影、台词、音乐音效都很好，是视听盛宴。

以上三条影评分别从不同角度对《流浪地球 2》进行了评价，展示了观众对该影片的不同看法。

通过提供示例和明确的指示，用户能够更清晰地传达需求，从而获得更符合期望的结果。上述提示词通过提供一个情感分析案例，要求文心一言仿照该案例对《流浪地球 2》的影评进行情感倾向分析并附上判断依据说明。回答部分则成功地从网上搜索了三条影评，并分别进行了情感倾向分析和判断依据的阐述，使得分析结果更加有说服力和可信度。

5. 给模型时间去思考，构建思维链

在提示词设计中，给模型时间去思考，强调在模型生成响应之前允许模型进行必要的推理和分析，以提高输出的质量和准确性。通过这种方式，模型能够更全面地理解问题，从而提供更为合理和深入的回答，减少错误和虚假知识的产生，得出更准确的答案。

例 4-6 **给模型时间思考的提示词案例。**

提示词：

判断学生的解决方案是否正确，请通过如下步骤解决这个问题。

###步骤

首先，自己解决问题。

然后，将你的解决方案与学生的解决方案进行比较，并判断学生的解决方案是否正确。在自己完成问题之前，请勿判断学生的解决方案是否正确。

###使用以下格式

问题：问题文本。

学生的解决方案：学生的解决方案文本。

实际解决方案和步骤：实际解决方案和步骤文本。

学生的解决方案和实际解决方案是否相同：是或否。

学生的答案是否正确：正确或不正确。

###问题

我正在规划一个家庭园艺项目，需要计算成本。

-土壤的费用为每立方米 20 元。

-我打算种植花卉，每株成本为 5 元。

-我预计需要雇佣园丁每周进行一次维护，每次费用为 100 元。

-我打算进行 12 周的维护。

-另外，我还需要购买一些园艺工具，预算为 300 元。

由文心一言生成的结果如下。

问题：

我正在规划一个家庭园艺项目，并需要计算成本。

土壤的费用为每立方米 20 元。

我打算种植花卉，每株成本为 5 元。

我预计需要雇佣园丁每周进行一次维护，每次费用为 100 元。

我打算进行 12 周的维护。

另外，我还需要购买一些园艺工具，预算为 300 元。

我预计每立方米土壤种植 2 株花卉。

学生的解决方案：

设 x 为园艺项目所需的土壤立方米数，y 为需要种植的花卉数量。由于花卉数量是土壤体积的 2 倍，因此 $y=2x$。

费用：

土壤费用：$20x$。

花卉费用：$5\times2x=10x$。

园丁维护费用：$100\times12=1\ 200$。

园艺工具费用：300。

总费用：$20x+10x+1\ 200+300=30x+1\ 500$。

实际解决方案和步骤：

土壤费用：$20x$。

花卉费用：由于每立方米土壤种植 2 株花卉，因此费用为 $5\times2x=10x$。

园丁维护费用：$100\times12=1\ 200$（因为维护 12 周，每周 100 元）。

园艺工具费用：300。

总费用计算：$20x+10x+1\ 200+300=30x+1\ 500$。

学生的解决方案和实际解决方案是否相同：是。

学生的答案是否正确：正确。

在例4-6中，模型被要求在得出结论之前，首先解决问题并进行比较。这种设计不仅提高了模型的思考深度，还能有效减少错误输出的可能性。通过这种方式，用户能够获得更为准确和可靠的结果。

该提示词的设计旨在引导模型判断学生的解决方案是否正确。提示词清晰地列出了模型需要遵循的步骤，确保模型在得出结论之前先独立解决问题。要求模型使用特定格式输出结果，包括问题、学生的解决方案、实际解决方案和步骤、比较结果以及关于学生的答案是否正确的结论，这种结构化的要求有助于模型生成清晰且易于理解的输出。通过指示模型在完成自己的解决方案之前不要判断学生的解决方案，减少了模型可能的偏见和错误判断。

6. 提示词的优化迭代

在使用语言大模型创建应用时，提示词的设计和优化是一个动态的过程，通常需要多次迭代才能达到理想的效果。

以下是优化迭代的关键步骤和策略。

在开始之前，明确任务目标和期望的输出。这一阶段涉及对所需结果的初步构思，确保对任务有清晰的理解。

根据初步构思编写提示词。这一阶段需要将想法转化为具体的指令，确保提示词能够有效引导模型生成所需的输出。

运行模型并分析生成的输出。检查输出是否符合预期，并识别任何不准确或不相关的内容。这一阶段是迭代的关键，因为它提供了反馈，帮助模型识别需要改进的地方。

根据分析结果对提示词进行调整和优化。可能需要多次迭代，逐步改进提示词的结构、内容和指令，以提高输出的质量和相关性。

4.4.3 大模型的实践应用

1. 大模型赋能生活

大模型在赋能生活方面展现出广泛的应用潜力，深刻改变了人们的日常生活和工作方式。首先，作为智能助手，大模型能够帮助用户管理日常事务，例如安排日程、设置提醒和处理电子邮件。通过 NLP 技术，用户可以用简单的语言与助手进行互动，从而提高工作和生活的效率。此外，大模型在信息获取与知识普及方面的能力，使得用户能够快速获取所需的知识和数据，无论是学术研究、行业动态还是日常生活中的问题，用户都可以通过与大模型的对话获得准确的信息和建议。

在教育和学习领域，大模型为学生提供个性化的学习支持，解答问题，提供学习资源和建议，甚至进行语言学习和编程等方面的辅导。这种个性化的学习体验能够提高学生的学习效率和兴趣。同时，大模型在创意与内容生成方面表现出色，能够撰写文章、生成故事、创作诗歌，甚至设计广告文案，帮助用户实现他们的创作目标。在客户服务与支持方面，许多企业利用大模型提升客户体验，通过聊天机器人和自动回复系统，快速响应客户的咨询和问题，提供 24/7 的支持，提升客户满意度。

大模型在健康与心理支持方面的应用也日益受到关注，它可以提供健康信息、饮食建议和心理支持，虽然不能替代专业医生，但它能够帮助用户获取基本的健康知识，维护心理健康。在决策支持方面，大模型能够分析复杂的数据和信息，帮助用户做出更明智的决策，无论是在商业、金融还是个人生活中，用户都可以利用大模型提供的分析和建议，优化决策过程。此外，大模型在语言翻译与沟通方面的能力，使得跨语言沟通变得更加容易，用户可以通过大模型进行实时翻译，促进不同语言背景的人之间的交流与理解。

大模型在社交媒体和娱乐应用中可以提供个性化的内容推荐、游戏互动和社交聊天，丰富用户的娱乐体验。大模型通过提升效率、收集信息、提供个性化支持、促进创意和改善沟通等多方面，深刻地赋能了人们的生活，未来将发挥越来越重要的作用。

例 4-7 **大模型赋能生活。**

提示词：

假如你是一个资深心理专家，我是一名大一新生，刚进入一个全新的环境，有点不适应。请问我如何更快地适应大学生活？

由 DeepSeek-R1 生成的结果如下。

作为一名心理咨询师，我完全理解你进入大学这个新环境后感到不适应的心情，这是非常正常的。大学是一个全新的阶段，它充满了机遇和挑战，但初期感到不安是人之常情。以下是一些建议，帮助你更快地适应大学生活：

1. 接纳自己的情绪

离开熟悉的环境，进入陌生的地方，难免感到不安或孤独。因此要允许自己花时间去适应。记住，不仅仅是你，许多大一新生都可能有和你类似的感受。要学会接纳这些情绪，而不是急于消除它们。

2. 建立规律的生活方式

● 早睡早起+运动：规律的生物钟和适量的运动可以帮助你减少焦虑感。

● 饮食健康：充足的营养会让你更有精力应对新生活中的变化。

● 时间管理：提前规划学习、娱乐和锻炼时间，有助于让你的生活少一些混乱感。

3. 主动社交，扩大支持系统

● 尝试与室友或同学沟通交流：你可以先从一些简单的问题开始，比如请教课程信息、一起去食堂吃饭等。大多数同学和你一样，都在寻找新朋友，所以主动迈出第一步是快速融入的好方法。

● 加入社团或学生组织：根据你的兴趣爱好（如运动、艺术、公益等）选择社团活动，这是认识志趣相投朋友的好机会，也能有效缓解孤独感。

4. 熟悉校园资源

● 辅导员+学长学姐：多和辅导员联系，他们通常是你大学生活中的重要支持者；学长学姐通常也愿意提供经验和建议。

● 心理健康支持：如果你感到压力较大，可以咨询学校的心理服务机构，那里有专门的人帮助学生应对心理问题。

5. 寻找目标和意义

● 明确你想在大学学到什么，不仅仅是课本知识，还有个人成长。

● 设立一些小目标，比如“第一月认识5个朋友”“第一学期通过某门难点课程的考试”。

● 通过逐步实现目标的过程，你会获得自信，同时逐渐找到对大学环境的归属感。

6. 学会给自己解压

大学生活虽然丰富多彩，但也带来了更多压力，比如课业压力、社交压力、未来规划压力等。如果可能，可以写写日记，把自己的想法记录下来，这是一种有效的情绪调整方式。

此外，还可以听喜欢的音乐、阅读放松的书籍、做冥想、短暂的散步，甚至给自己留出发呆的时间，以达到自我放松的效果。

7. 适应的心理小提示、适当的心理暗示

● 适应新环境是一个较长的过程，通常需要数周到数月的时间，给自己一些耐心。

● 每周找一个让你觉得开心的瞬间，哪怕是小事情，比如和新朋友聊天、成功参加了一次活动等，这些会逐渐积累成对新生活的信心。

8. 记住你的初心

● 回想一下进入大学的初心：你为什么选择了这所学校？想成为什么样的人？这种目标会带给你动力。

● 不要给自己太大压力，生活在于发现、适应，而不是过于追求完美。

最后，送你一句话：

“与未知环境相处，可能会经历从不适到熟悉、从孤独到归属的过程，正是这个过程使你成为更强大的自己。”

如果你在执行这些建议后仍感到困惑，随时可以找人倾诉，从辅导员、同学，到家人、心理咨询师，都可以成为你的支持者。希望你的大学生活越来越愉快！

2. 大模型赋能学习

大模型通过多种方式全面赋能学生的学习体验，具体体现在以下几个方面。

首先，它提供个性化学习支持，能够根据学生的学习进度和兴趣，量身定制学习方案和建议，帮助学生在各个学科中找到适合自己的学习路径。

其次，大模型能够提供即时反馈，学生在学习过程中遇到问题时，可以随时向其提问，获得快速而准确的解答，这种即时性大大增强了学习的连贯性和有效性。

最后，大模型还能够推荐多样化的学习资源，包括文章、视频、练习题和在线课程，帮助学生从不同角度理解和掌握知识。对于学习外语的学生，大模型可以与其进行对话练习，提供语法和词汇的解释，帮助他们提高语言能力和口语表达能力。在编程和技术学习方面，大模型能够帮助学生解决编程问题，提供代码示例和技术指导，促进他们在计算机科学和相关领域的深入学习。

此外，通过与大模型的互动，学生不仅能锻炼批判性思维和创造力，还能在讨论中探索不同的观点和解决方案，从而培养独立思考的能力。大模型可以帮助学生制订学习计划，提供时间管理的建议，帮助他们更有效地安排学习时间，避免拖延。在学习过程中，学生可能会面临压力和焦虑，大模型能够提供情感支持和应对策略，帮助他们保持积极的学习态度和心理健康。大模型通过多维度的支持和资源，显著提升了学生的学习效率和成果，促进了他们的全面发展。

例 4-8　大模型辅助背单词的案例。

提示词：

我是小学生，我希望您能够帮助我复习英文单词，请您每次随机抽 3 个中文词语，不要给出英文，让我来翻译成英文单词。如果我翻译得正确，咱们就继续，如果我的翻译有错误，就请您帮我指出错误，并给出例句说明，然后我们再继续。最后如果我发一条信息“结束”，咱们就结束本次练习，同时请您将我这次翻译错的单词的英文和中文逐个列出。

DeepSeek-R1：

好的，我们来开始单词复习！准备好了吗？以下是三个中文词语，请将它们翻译成英文：

1. 苹果
2. 椅子
3. 狗

您可以将翻译的答案依次发给我，我会根据您的回答给予反馈！

输入：

1. apple
2. chair
3. dog

DeepSeek-R1：

非常棒！你全部都答对了！

让我们继续下一组单词：

1. 桌子

2. 老师

3. 猫

请将它们翻译成英文，我会检查你的答案！

输入：

1. zhuozi

2. teacher

3. cat

DeepSeek-R1：

这次有一个小小的错误：

- 第 1 个单词：桌子的英文是 table，而不是“zhuozi”。

例句说明：

- 桌子（table）：The books are on the table.（书本在桌子上。）

其他两个单词完全正确！

- 老师 = teacher
- 猫 = cat

接下来我们继续练习吧！这次是：

1. 橙子

2. 学校

3. 河流

请翻译成英文吧！

输入：

结束

DeepSeek-R1：

好的！这是本次复习中您翻译错误的单词列表，逐个给出中英文对照以及例句说明：

桌子 - table

- 例句：The vase is on the table.（花瓶在桌子上。）

看得出来，您的单词基础很好，只是偶尔会混淆不常练习的单词。如果有时间，可以多看看单词相关的例句，这样记忆效果会更好！希望下次我们还能一起练习！再见！

例 4-8 展示了大模型在教育辅助方面的表现，特别是在支持小学生学习英语时的有效性。首先，模型通过随机抽取中文词语并请求用户将其翻译为英语，成功地创建了一个互动学习环境，从而增强了用户的参与感，这种方式使得学习变得更具趣味性。其次，当用户提供的翻译有错误时，模型能够及时进行纠正，同时用例句帮助用户更好地理解。这种即时反馈机制可以帮助学生识别他们的错误，这对于巩固记忆至关重要。模型使用了友好而鼓励的语气，这对于小学生而言尤为重要，能够有效地降低他们在犯错时的紧张感，并激励他们继续尝试增进语言能力。

3. 大模型赋能科研

▲大模型赋能科研中的数据分析

大模型在科研领域的赋能作用日益显著，主要体现在多个方面。首先，大模型能够快速处理和分析大量科研文献，帮助研究人员高效地检索相关资料，节省时间和精力。在数据密集型的科研领域，大模型还可以辅助研究人员进行数据分析和处理，识别数据中的模式、趋势和异常，提供数据可视化和统计分析的支持，从而帮助研究人员更好地理解和解释数据。此外，大模型能够为研究人员提供实验设计方面的建议，帮助他们制订合理的实验方案，并提出优化建议，提高实验的有效性和可靠性。在科研论文的撰写过程中，大模型可以提供语言支持，帮助研究人员撰写清晰、准确的论文初稿，提供结构建议并检查语法和拼写错误，提升论文的质量和可读性。

大模型的广泛知识库还促进了跨学科的研究合作，研究人员可以通过与大模型的互动获取不同领域的知识和视角，推动创新以及多学科交叉的研究。同时，大模型能够构建知识图谱，将不同领域的知识进行整合，帮助研究人员快速获取相关信息，找到复杂研究问题的解决方案。在科研过程中，大模型还可以提供关于伦理和合规性的指导，确保研究的合法性和道德性。此外，大模型可以用于科研人员的培训和教育，提供个性化的学习资源和指导，帮助他们掌握新技术和新方法，提升科研能力。大模型通过文献检索、数据分析、实验设计和论文撰写等多方面的支持，显著提升了科研的效率和质量，推动了科研的创新与发展。

例 4-9 **大模型赋能科研的案例。**

提示词：

我是一名计算机硕士研究生，专业是计算机视觉，研究方向是生物信息学，你将扮演我的导师角色。我目前正在准备撰写一篇学术论文，需要你的指导。我对 AI 辅助医学影像诊断感兴趣，但是我还没有形成具体、明确的研究问题。请帮我推荐 5 个参考选题。

由 DeepSeek-R1 生成的结果如下。

当然，很高兴能扮演导师的角色来协助你！基于你的计算机视觉和生物信息学的专业背景，以及你对 AI 辅助医学影像诊断的兴趣，我为你推荐以下 5 个研究方向或选题。这些选题兼具前沿性和可行性，并与生物信息学和计算机视觉相结合：

1. 基于多模态医学影像与基因特征的肿瘤分型预测

动机：肿瘤的分型对治疗方案的选择至关重要。例如，某些癌症的基因表型与影像特征之间可能存在潜在关联，结合基因组数据和医学影像，可以提升分型的准确性。

研究问题：如何有效融合多模态数据（如 MRI 影像与基因组数据），通过深度学习实现精准的肿瘤分型？

关键挑战：

- 多模态数据的融合策略与表示学习。
- 稀疏基因特征的大规模筛选与降维处理。

2. AI 驱动的医学影像异常区域自动标注与基因关联分析

动机：医学影像中的异常（如肿块、病灶等）可能与特定基因突变存在联系，建立基因特征与影像异常区域之间的联系对疾病研究具有重要意义。

研究问题：如何开发一个从影像中定位异常区域并自动挖掘其与基因突变之间潜在关联的框架？

关键挑战：

- 高效异常区域分割与定位（如基于 U-Net 或 Transformer 模型）。
- 异常区域特征与基因特征的联合分析模型。

3. 基于对抗学习的医学影像去噪和增强技术

动机：医学影像（如 MRI、CT）的质量受到噪声、分辨率等限制，影响诊断效果。通过生成对抗网络（GAN）或扩散模型可增强图像质量，并结合生物信息学数据，提升诊断工具的鲁棒性和可靠性。

研究问题：如何设计一个生成对抗学习模型，使医学影像在得到增强的同时保留相关基因信息的病理完整性？

关键挑战：

- GAN 模型生成的图像与真实病灶的关联性评估。
- 去噪、增强后的图像在生物医学分析中的适用性验证。

4. 结合医学影像与蛋白质动力学的疾病预测模型

动机：某些疾病（如神经退行性病变）在医学影像中有显著特征，并且与分子层面的蛋白质折叠或动力学变化密切相关。这种多尺度分析可能揭示疾病机制的深层联系。

研究问题：如何结合医学影像特征与蛋白质结构、动力学数据，通过深度学习模型进行疾病预测或亚型分类？

关键挑战：

- 跨尺度特征的统一表示与协同训练。
- 蛋白质、动力学数据的时间维度解读与对影像的贡献分析。

5. 可解释 AI 辅助医学诊断：探索模型决策与生物特征的因果关系

动机：在应用 AI 辅助诊断时，模型的可解释性至关重要。通过影像和基因生物特征的因果推断验证诊断模型的决策合理性，可以提升 AI 模型的医学领域的可信度。

研究问题：如何设计一个具有因果解释性（causal explainability）的诊断模型，并揭示生物特征（如基因变异）与医学影像特征之间的因果关系？

关键挑战：

- 可解释 AI 算法（如 SHAP、LIME）与因果推断的结合。
- 从医学影像和基因数据中挖掘可靠的因果关系。

选题扩展与建议：

1. 选题的深度方向：从上面的选题中，你可以根据自己的兴趣进一步聚焦，比如选择某类疾病（如神经系统疾病、肿瘤等）作为具体研究对象。

2. 工具与方法：建议多关注现有的成熟的深度学习模型（如 Transformer 与多模态模型），同时可结合医学影像特定领域工具（如 PyRadiomics 和 SimpleITK 等）。

3. 数据来源：可尝试从公开的医学影像数据库（e. g. ，TCIA，UK Biobank）以及基因数据集（如 GEO，TCGA）获取实验样本。

如果你对某个选题感兴趣或需要进一步细化研究方案，我很乐意继续协助！

4. 大模型赋能教学

大模型在教育领域的赋能作用日益显著，改变了传统的教学方式和学习体验。首先，大模型能够提供个性化学习支持，针对不同学生的需求和学习进度，提供量身定制的学习资源和建议。学生可以通过与大模型的互动，获得即时的解答和指导，帮助他们在学习过程中克服困难，增强学习的主动性和积极性。此外，大模型可以根据学生的兴趣和能力，推荐适合的学习材料和课程，促进个性化学习的实现。

大模型在教育内容的生成和优化方面也发挥着重要作用。教师可以利用大模型生成教学材料、课件和练习题，节省备课时间，提高教学效率。同时，大模型能够帮助教师设计更具吸引力和互动性的课程内容，增强学生的学习兴趣和参与感。在语言学习方面，大模型可以提供实时的语言翻译和语法纠正，帮助学生提高语言能力，促进跨文化交流。

大模型还可以在教育评估中发挥作用，通过分析学生的学习数据，提供个性化的反馈和评估，帮助教师了解学生的学习情况和进展。这种数据驱动的评估方式能够更准确地反映学生的学习效果，促进针对性的教学调整。此外，大模型可以为教师提供专业发展支持，帮助他们获取最新的教育研究成果和教学方法，提升教学能力和专业素养。

在远程教育和在线学习日益普及的背景下，大模型的应用更是为教育的普及和公平提供了新的可能性。偏远地区的学生和在职人员，都可以通过大模型获得高质量的教育资源和支持，打破了传统教育的时空限制。大模型通过个性化学习支持、教育内容生成、评估反馈和教师专业发展等多方面的赋能，显著提升了教育的质量和效率，推动了教育的创新与变革。

例 4-10 大模型赋能教学的案例。

提示词：

作业原文：

7.（15 分）为了比较两种检测方法对乳酸饮料中脂肪测定结果是否存在差异，随机抽取 10 份乳酸饮料，同时用脂肪酸水解法（A）与哥特里测定法（B）进行测量，结果如下：

A 法	0.580	0.509	0.500	0.316	0.337	0.517	0.454	0.512	0.997	0.506
B 法	0.840	0.591	0.674	0.632	0.687	0.978	0.750	0.730	1.200	0.870

请检验两种测定方法的结果是否有差异。（$\alpha = 0.05$）

1）假设数据满足参数检验方法的前提条件，请给出参数检验的前提条件，并完成检验。

2）假设数据不满足参数检验方法的前提条件，请完成检验。

1) A.B作差，B-A值全为正

设 H_0: $Md=0$ H_1: $Md\neq 0$

$\bar{d}=0.2724$, $n=10$, $S_d^2=0.0118$

$t=\frac{\bar{d}-0}{S_d/\sqrt{n}}=7.295>t_{\frac{0.05}{2}}=2.262$

拒绝 H_0 有差异

(2) 符号test: $n=10$, $m=0$

对 $\alpha=0.05$, P CI为(0.587, 0.998)

P=0.5 不在 CI 内，reject H_0 → 有差异 B>A

符号秩(和) test $T_+=55$ $T_-=0$

$E(T_+|H_0)=770$ $E(T_-|H_0)=0$

$n=10$: $T_+=55$, $T_-=0$ ∉ (8,47)

对 $\alpha=0.05$，拒绝 H_0，有差异

附件是学生作业，请帮忙批改，并给出评分。

要求：

1. 请确保作业内容完整，符合教学要求。
2. 请仔细阅读作业，理解学生意图后给出合理的评分。
3. 评分标准请根据作业难度、内容、结构等方面进行综合考虑。
4. 请在批改时，注明修改意见和评分，以便学生了解自己的表现。
5. 请在批改后，将作业发送至指定邮箱或提供下载链接。

由 Kimi 生成的结果如下。

在批改学生的作业之前，让我们先理解题目要求和学生的解答过程。题目要求检验两种测定方法(A 法和 B 法)的结果是否有显著差异，给定显著性水平 $\alpha=0.05$。学生需要完成两个检验：参数检验和非参数检验。

作业批改

1. 参数检验

学生首先进行了参数检验，假设数据满足参数检验方法的前提条件。学生进行了以下计算步骤：

- 计算了 A 法和 B 法的差值，并假设 H_0：$M_d=0$(即两种方法没有差异)和 H_1：$M_d\neq 0$(即两种方法有差异)。
- 计算了差值的置信区间 PCI 为(0.587，0.998)。
- 根据 $p=0.5$ 不在置信区间内，拒绝了 H_0，得出两种方法有差异的结论。

批改意见：

- 学生没有明确说明如何计算 p 值和置信区间，这需要进一步的解释和数据支持。
- 学生没有提供具体的 t 检验统计量和自由度，这是参数检验中的关键步骤。

2. 非参数检验

学生接着进行了非参数检验，假设数据不满足参数检验方法的前提条件。学生进行了以下步骤：

- 使用了符号秩检验(Wilcoxon signed-rank test)。
- 计算了 $T_+=55$ 和 $T_-=0$。
- 根据 T_+和 T_-的值，得出了拒绝 H_0 的结论。

批改意见：

- 学生没有提供符号秩检验的详细计算过程，包括如何确定 T_+和 T_-的值。
- 学生没有提供非参数检验的 p 值，这是判断是否拒绝 H_0 的关键。

3. 作业内容和结构

- 学生在作业中提供了一些计算结果，但没有完整的计算过程和解释。
- 作业的结构需要改进，以清晰地展示参数检验和非参数检验的步骤。

评分

考虑到作业的难度、内容和结构，我会给这份作业评分如下。

- 理解题目要求：3/5 分。学生理解了题目要求，但未能完全按照要求完成作业。
- 参数检验：2/5 分。学生进行了参数检验，但缺乏详细的计算过程和解释。

- 非参数检验：2/5 分。学生进行了非参数检验，但同样缺乏详细的计算过程和解释。
- 作业结构和完整性：2/5 分。作业结构需要改进，内容不完整。

总分：9/20 分。

修改建议

- 学生需要提供参数检验和非参数检验的详细计算过程，包括所有必要的统计量和 p 值。
- 学生应该改进作业的结构，清晰地展示每个检验步骤和结果。
- 学生应该在作业中提供对结果的解释，说明为什么拒绝或不拒绝 H_0。

由于我无法发送电子邮件或提供下载链接，我建议学生根据上述批改意见和评分，重新整理和完善作业。

大模型在处理基于图片的作业批改和评价任务中，上述案例已经证明了其出色的理解力、分析力和评估力。它不仅能够解读图片中的表格和手写笔记，还能精确地发现作业中的关键问题，并提供恰当的评分及富有成效的反馈。虽然在特定情况下仍有提升空间，但总体而言，大模型在批改效率和适应性方面表现卓越，能够迅速应对多样化的作业类型。作为教学辅助工具，大模型有助于提升教育工作的效率，为教师分担工作量。

4.5 大模型的局限性和挑战

随着大模型在自然语言处理、计算机视觉等领域的广泛应用，其潜力和影响力日益显著。然而，这些模型在实际应用中也面临着诸多局限性和挑战。

4.5.1 大模型的局限性

大模型需要大量计算资源进行训练，使得训练过程耗时且昂贵，还需要极高的计算能力。这意味着要使用大量的 GPU 和 TPU 集群来处理大规模数据集，导致能耗和成本显著增加，通常只有大公司或资源丰富的研究机构才能承担。此外，大模型在部署和推理时同样要求较高的计算资源，这限制了它们在低功耗设备或资源有限环境中的应用。庞大的模型参数和数据需求使得存储成本加大，特别是在多次迭代和版本控制的情况下。这些资源需求不仅提高了进入门槛，也对可持续发展和绿色计算提出挑战，迫切需要在保证性能的前提下探索更高效和低耗的计算和存储解决方案。

大模型的高计算需求和高存储需求确实带来了诸多局限性，影响了其在实际应用中的推广和普及。然而，通过技术创新和合理的资源管理，这些挑战是可以克服的。未来，随着技术的不断进步和社会对可持续发展的重视，大模型的计算和存储需求将得到有效缓解，从而更好地服务于各个领域的发展。

大模型在训练和使用过程中涉及大量数据，这带来了数据泄露、滥用和隐私侵犯的风险。特别是在云端训练时，数据在传输和存储过程中的安全性成为一大隐患。

此外，模型流转和部署过程中的对抗攻击、后门攻击等也威胁着数据安全。

4.5.2 大模型的挑战

随着技术的快速发展，大模型需要不断迭代以适应新的应用场景和需求。然而，现有的架构和算法在面临大规模数据和复杂任务时仍显不足，需要进一步优化和创新。例如，Transformer 模型架构虽然在大模型领域取得了广泛应用，但仍存在架构的局限性，如参数冗余、计算效率低下等问题。

▲数据隐私和安全

同时，大模型在集成现有系统、探索新应用场景等方面也面临经验不足的挑战。如何有效地将大模型应用于实际业务中，提高模型的稳定性和可靠性，是当前亟待解决的问题。

如何平衡大模型的高成本投入与其带来的效益，是当前企业和研究机构关注的焦点。由于大模型的复杂性和不确定性，成本效益评估变得尤为困难。

大模型的发展需要跨学科的专业人才支持，包括计算机科学、数学、统计学等多个领域的知识。然而，目前市场上具备这些技能的人才相对稀缺，限制了大模型的进一步发展。

在自动驾驶、高频交易等实时性要求高的应用场景中，大模型需要迅速响应环境变化，毫秒级的延迟都可能影响安全性和准确性。然而，由于计算复杂性、硬件限制、网络延迟和数据传输速度等因素的影响，大模型在实时处理方面仍面临挑战。

4.5.3 大模型应用中的伦理问题

随着大模型在自然语言处理、计算机视觉和其他领域的广泛应用，大模型应用中的伦理问题逐渐成为一个不可忽视的重要话题。这些问题不仅影响着技术的开发和应用，还对社会、文化和法律产生了深远的影响。本节将详细探讨大模型在实际应用中可能面临的伦理问题，包括偏见与歧视、隐私问题、不实信息传播、透明性与可解释性等。

1. 偏见与歧视

大模型的训练数据通常来自互联网和其他大规模数据集，这些数据集可能包含历史偏见和歧视性内容。当模型在这些数据上进行训练时，它们可能会学习到这些偏见，从而在生成内容时表现出歧视性。例如，某些语言模型在生成文本时可能会强化对性别、种族或某个社会群体的刻板印象。这种偏见不仅会影响模型的输出质量，还可能在社会中造成更广泛的负面影响，进一步加剧社会不平等。

2. 隐私问题

大模型的训练通常需要大量的数据，这些数据可能包含个人信息。在收集和使用这些数据时，隐私问题不可避免。在许多用户不知情的情况下，其个人数据被用于训练模型，这可能侵犯他们的隐私权。此外，模型生成的内容有时可能会无意中泄露训练数据中的敏感信息，导致对个人隐私的进一步侵犯。因此，如何在使用数据时保护用户隐私，成为一个亟待解决的伦理问题。

3. 不实信息传播

大模型在生成文本、图像或其他内容时，可能会产生误导性或虚假的信息。由于大模型生成的内容往往具有较高的流畅性和可信度，用户可能会误以为这些信息是准确的，从而导致错误的决策，甚至导致社会混乱。这种情况在社交媒体和新闻平台上尤为严重，模型生成的内容可能被用来传播虚假信息、阴谋论或其他不实信息。因此，如何确保模型生成内容的真实性和可靠性，是一个重要的伦理挑战。

4. 透明性与可解释性

大模型的复杂性使得其决策过程往往不透明，用户和开发者难以理解模型是如何得出某一结论或生成某一内容的。这种缺乏透明性的问题在医疗、法律等高风险领域尤为突出。在这些领域，模型的决策可能直接影响到人们的生命和财产安全，因此，确保模型的可解释性至关重要。用户需要能够理解模型的工作原理，以便在必要时对其决策进行质疑和审查。

5. 法律与责任

随着大模型的应用日益广泛，相关的法律和责任问题也逐渐浮出水面。例如，当模型生成的内容引发法律纠纷时，责任应由谁承担？是开发者、用户还是模型本身？此外，现有的法律框架可能无法有效应对大模型带来的新挑战，例如知识产权、数据保护和责任归属等问题。因此，亟须制定新的法律法规，以适应大模型的快速发展。

大模型的应用潜力巨大，但同时也伴随着一系列复杂的伦理问题。开发者、研究者和政策制定者需要共同努力，确保在推动技术进步的同时，充分考虑和应对这些伦理挑战。只有在建立起良好的伦理框架和社会共识的基础上，大模型才能真正为社会带来积极的影响。

4.5.4 大模型的未来展望

随着人工智能技术的迅猛发展，大模型在各个领域的应用潜力不断被挖掘。未来，大模型将如何演变、应用以及其会对社会产生什么影响，成了学术界、产业界和公众关注的焦点。

1. 技术迭代与多模态融合

大模型技术正处于快速发展和变革时期，不断有新模型、新技术涌现。随着算法的不断优化和算力的持续提升，大模型的技术会快速迭代，性能将进一步提高，应用领域也将更加广泛。

当前，大模型已经开始向原生多模态时代迈进。例如，OpenAI 的 GPT-4 和谷歌的 Project Astra 都展示了强大的多模态能力。未来，更多的大模型将具备跨文本、图像、音频等多种模态的感知和理解能力，从而能够更好地适应复杂多变的应用场景。

2. 端侧大模型与交互新入口

随着芯片技术的不断进步和终端设备的智能化升级，端侧大模型的应用将越来越广泛。AI 手机、AI 计算机、人形机器人等智能终端设备将搭载大模型，实现更加智能、高效的交互体验。端侧大模型的普及将推动新的交互入口的形成。用户可以通过语音、图像等多种方式与智能设备进行交互，从而获得更加便捷、个性化的服务体验。

3. 垂直领域深化应用与商业化进程

垂直领域深化应用：大模型将在各行各业中深化应用，成为推动行业智能化转型的重要力量。例如，在医疗、教育、金融等领域，大模型将提供精准的医疗诊断、个性化的教学方案、智能风控等解决方案，助力行业提升效率和竞争力。

随着大模型技术的不断成熟和应用场景的拓展，其商业化进程将加速推进。更多的企业将开始探索大模型技术的应用和商业模式创新，从而实现业务增长和转型升级。

4. 开源与协同创新的推动

开源大模型的普及将推动技术的交流和传播，加速人工智能技术的发展和普及。未来，更多的开源大模型将涌现出来，为中小企业和个人开发者提供低成本、高效率的解决方案。

开源社区将推动全球知识分享与技术协同，促进大模型技术的创新和突破。通过汇聚全球的智慧和力量，共同解决大模型技术面临的挑战和问题，推动人工智能技术的持续进步和发展。

综上所述，大模型的未来发展将呈现出技术迭代加速、多模态融合、端侧大模型普及、垂直领域深化应用与商业化进程加速，以及开源与协同创新推动等趋势。这些趋势将共同推动大模型向更高水平、更广领域迈进，为人类社会带来更加智能、便捷和高效的服务体验。

习　题　4

一、选择题

1. 大模型的“GPT”代表(　　)。

A. generative pre-trained transformer　　B. general purpose transformer

C. generative predictive text　　D. generalized pre-trained text

2. 在训练大模型时，通常使用(　　)。

A. 监督学习　　B. 无监督学习　　C. 强化学习　　D. 半监督学习

3. 以下技术中可以帮助大模型处理长文本依赖关系的是(　　)。

A. CNN　　B. 自注意力机制　　C. 递归神经网络　　D. SVM

4. 在大模型中，参数的数量通常是(　　)级别的。

A. 几百　　B. 几千　　C. 几百万　　D. 几十亿

5. (　　)是GPT系列模型的基础。

A. CNN　　B. RNN　　C. Transformer　　D. GAN

二、判断题

1. 大模型只能用于文本生成任务。　(　　)

2. 自注意力机制允许模型在处理输入时关注不同部分的相关性。　(　　)

3. 大模型的训练通常需要大量的标注数据。　(　　)

4. 迁移学习可以提高大模型在特定任务上的表现。 ( )

三、填空题

1. 大模型的训练过程通常需要使用大量的________和计算资源。
2. 在 Transformer 模型架构中，_______机制用于捕捉输入序列中不同位置之间的关系。
3. GPT-3 模型的参数数量约为________亿。
4. 大模型的一个主要挑战是________，即在推理时需要消耗大量的内存和计算能力。
5. 通过________，大模型可以应用于多个任务，以适应特定的应用场景。

四、简答题

1. 请简要解释自注意力机制的工作原理及其在大模型中的重要性。
2. 大模型在 NLP 中的应用有哪些？请列举至少三个例子。
3. 请描述大模型在实际应用中可能面临的伦理问题。

▲习题答案

第5章
AI在办公软件中的应用

5.1 AI文本生成

AI文本生成是一种利用AI技术，特别是NLP(自然语言处理)技术的深度学习算法，来模拟人类写作过程的技术。这种技术能够根据给定的指令或上下文，生成连贯、逻辑性强且符合特定主题的文本，在诸多领域都有广泛应用。在办公领域，AI文本生成技术不仅加速了文本创作流程，降低了人力成本，还促进了知识的快速自动化整合与传播，为日常办公、商务报告、合同撰写等提供了高效、精准的支持。这种技术的广泛应用提升了办公效率与专业性，更为现代办公体系注入了智能化、自动化的新动力。

5.1.1 文本自动撰写

应用于文本生成的AI工具有很多种，例如ChatGPT、文心一言、讯飞智文等。Kimi是其中的一种智能助手产品，它具备强大的信息处理能力，可以进行长文总结和生成、联网搜索、数据处理、编写代码、用户交互和翻译等工作 。Kimi的应用场景极为广泛，其影响已深入多个专业领域，可以进行专业学术论文的翻译和理解、辅助分析法律问题、快速理解API开发文档等。本节将以Kimi为例，介绍不同场景下的应用实践。

在浏览器中输入Kimi的网址https：//kimi. moonshot. cn/，按Enter键，进入Kimi网站首页，如图5-1所示。

单击左侧功能栏中的“登录”选项，登录(若是第一次使用Kimi，会被要求注册账号)并进入Kimi操作页面，如图5-2所示。左侧图标栏为功能栏，中间输入框为对话窗口，可通过此窗口与Kimi对话，以完成任务。

图 5-1 **Kimi 网站首页**

图 5-2 **Kimi 操作页面**

1. 办公文档编写

借助先进的 NLP 技术，AI 能够迅速生成各类办公文档，包括但不限于报告、电子邮件、会议记录等。此举不仅节约了大量人力和时间资源，还确保了文档的精确性和一致性。

例 5-1 利用 Kimi 撰写社团招新活动新闻稿。

近日我校顺利完成年度社团招新，招新活动包括筹备、宣传、现场报名、面试选拔和成果展示等环节，吸引了众多学生参与。接下来，利用 Kimi 撰写新闻稿，记录招新全过程，展示社团文化的多样性和活力，激发学生对社团活动的热情。具体步骤如下。

(1) 单击对话窗口，在输入区域输入提示词，详细描述需要 AI 生成招新活动报告的具体要求，例如行文风格、文章内容、文章目的等，如图 5-3 所示。

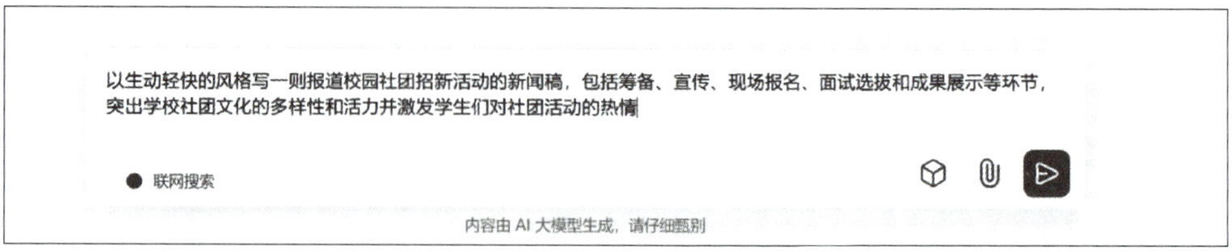

图 5-3　Kimi 对话窗口及提示词

(2) 单击“发送”按钮，得到文本。若对生成的文本满意，可单击页面底部的“复制”或“分享”按钮，复制或分享文本；若不满意，可单击“再试一次”按钮以重新生成文本。此外，也可以单击 AI 自动生成的问题的深入分析文本，如图 5-4 所示。

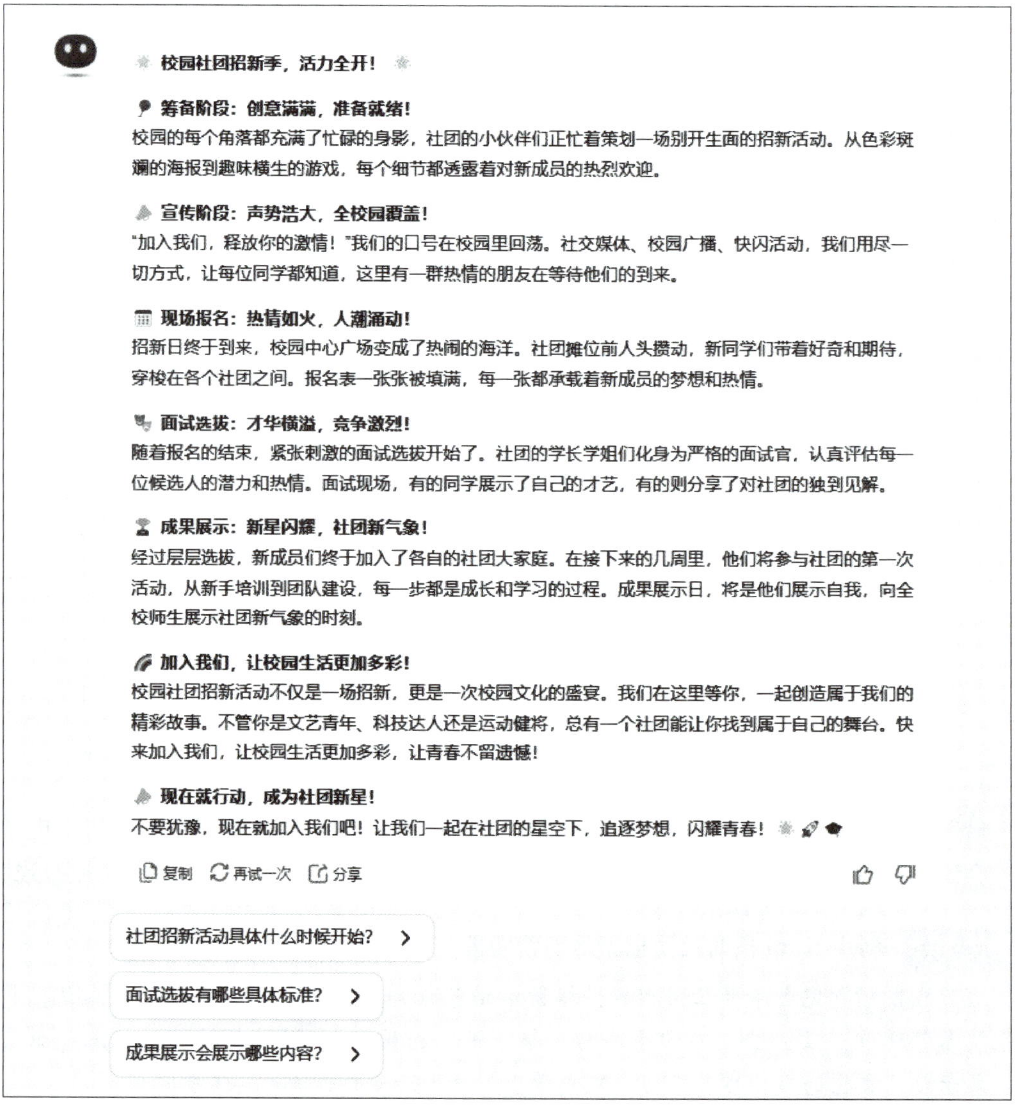

图 5-4　Kimi 生成的文本结果

2. 表格

AI 技术具备迅速构建结构化、格式化表格的能力，可以有效地整理和呈现数据。该技术的应用范围广泛，包括商业报告、学术研究以及日常管理等，能够显著提升工作效率和精确度。用户仅需提供基础数据和相关要求，AI 即可自动执行表格设计、数据填充及优化工作，确保输出结果既具有审美价值又具备实用性。

例 5-2 利用 Kimi 制作记录日常开销的收支表格。

以下是某大学生近日的开支明细。

周一：收到生活费 1 000 元，食堂就餐花费 80 元。

周二：食堂就餐花费 50 元。

周三：兼职收入 200 元，食堂就餐花费 60 元，购买学习用品花费 60 元。

周四：食堂就餐花费 30 元。

周五：食堂就餐花费 40 元，购买零食花费 50 元。

为了更高效地管理和规划个人财务，下面使用 Kimi 创建一个收支表格。

在对话窗口中输入提示词“请根据以下描述创建一个记录收支的表格”，并把上述信息填写到对话窗口中，单击“发送”按钮，生成的表格结果如图 5-5 所示。

以下是根据您提供的描述创建的收支记录表格：

日期	收入	支出	备注
周一	1000元	80元	生活费，食堂就餐
周二	0元	50元	食堂就餐
周三	200元	120元	兼职收入，食堂就餐和购买学习用品
周四	0元	30元	食堂就餐
周五	0元	90元	食堂就餐和购买零食
总计	**1200元**	**370元**	

图 5-5 Kimi 生成的表格结果

3. 模板驱动的文档生成

AI 技术具备生成特定模板下文本内容的能力。例如，在撰写求职信、请假条、演讲稿等场景中，AI 能够迅速提供高质量的文本。该技术不仅能够准确理解用户需求，还能根据不同的场合和要求，生成符合语境和风格的文本内容，极大地提高了工作和学习的效率。

例 5-3　利用 Kimi 的文本模板生成面试自我介绍。

以下是某同学的个人资料：张伟，22 岁，毕业于北京大学，专攻数据结构和算法。他拥有英语 CET-6 和计算机二级证书，精通 C++和 Java，还获得了 Oracle 数据库认证。他具备优秀的团队合作能力，对互联网和软件开发行业感兴趣，能快速学习新技术，对软件开发充满热情。他的求职目标是成为软件工程师，希望在北京找到工作。该同学即将面临职业面试的关键环节。

下面依据 Kimi 提供的模板，结合其个人背景和技能，为他生成一份面试自我介绍，具体步骤如下。

在对话窗口输入提示词“请根据以下信息生成面试自我介绍，并强调个人优势”，并填写相关信息，然后单击“发送”按钮，生成的文本如图 5-6 所示。

尊敬的面试官，

您好！我叫张伟，今年22岁，毕业于中国顶尖学府北京大学。在大学期间，我专注于数据结构和算法设计等核心课程的学习，这为我打下了坚实的计算机科学基础。我不仅在学术上追求卓越，还通过实践不断提升自己的专业技能。

我持有英语CET-6证书，这证明了我具备良好的英语沟通能力，能够无障碍地阅读和理解英文技术文档。此外，我还获得了计算机二级证书，这进一步证明了我在计算机领域的专业水平。在编程语言方面，我精通C++和Java，这两种语言的强大功能和广泛应用让我能够高效地解决各种编程问题。

我对数据库技术也有着深入的了解，持有Oracle数据库认证，这使我能够熟练地管理和优化数据库系统，为软件开发提供强有力的数据支持。

在团队合作方面，我有着出色的协作精神和沟通能力。我相信，团队的力量是实现项目成功的关键。我能够迅速融入团队，与队友有效沟通，共同推动项目向前发展。

我热衷于学习新技术，这让我能够不断适应快速变化的技术环境。我对软件开发领域充满热情，渴望在这个充满活力的行业中不断成长和进步。

我的求职目标是成为一名软件工程师，我希望能够在北京这个充满机遇的城市找到合适的工作机会，将我的专业知识和热情投入到软件开发的实践中，为公司的发展贡献自己的力量。

感谢您给我这次面试的机会，我期待能够加入贵公司，与团队一起创造更多的价值。

谢谢！

图 5-6　Kimi 生成的文本结果

5.1.2　文档翻译与校对

1. 实时翻译

AI 具备强大的文本翻译能力，能够实时联网检索各种信息，这对于办公和学习来说尤为有益。无论是在处理跨国业务时需要快速、准确地翻译文件，还是在学术研究中需要查阅和理解外文资料，AI 都能提供极大的帮助。它不仅能够提高工作效率，还能帮助用户更好地获取和利用全球范围内的信息资源。

例 5-4 利用 Kimi 进行英文文本翻译。

以下是某同学阅读文献时理解存在障碍的英文文献选段：

Artificial intelligence (AI) helps companies offer important benefits to consumers, such as health monitoring with wearable devices, advice with recommender systems, peace of mind with smart household products, and convenience with voice-activated virtual assistants. However, although AI can be seen as a neutral tool to be evaluated on efficiency and accuracy, this approach does not consider the social and individual challenges that can occur when AI is deployed. This research aims to bridge these two perspectives: on one side, the authors acknowledge the value that embedding AI technology into products and services can provide to consumers.

下面利用 Kimi 进行翻译，具体步骤如下。

在对话窗口中输入提示词“将以下英文翻译成中文”，并填写文本内容，单击“发送”按钮，生成的翻译结果如图 5-7 所示。

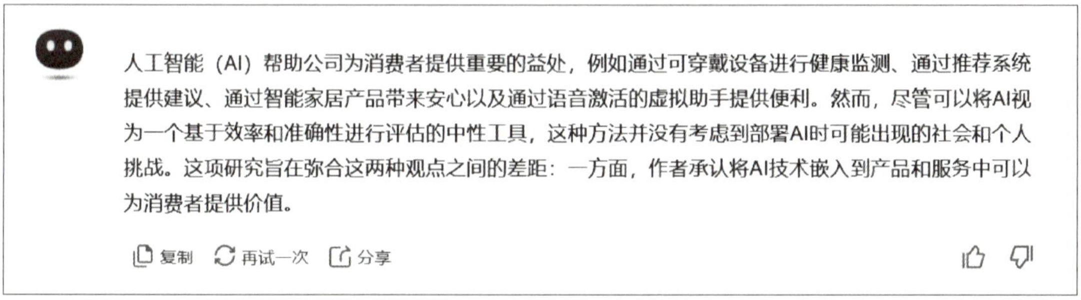

图 5-7 Kimi 生成的翻译结果

2. 语法错误检测与修正

AI 技术在文本处理方面表现出色，无论是英语还是中文文本，AI 都能提供精确的校对服务，并有效地帮助检测和修改文本中的错误。利用 AI 技术能显著减少语言错误，提高文本质量，优化学习和工作流程，确保信息准确传递。

例 5-5 利用 Kimi 修正和优化英文学术作文。

With the swift advancement of artificial intelligence technology, its applications in education field are becoming more extensive day by day. This paper aim to investigate the current status of artificial intelligence in education, analyze the advantages it brings and challenges it face, and forecast the future development trend. Through literature review and case analysis, this paper reveal how artificial intelligence alter teaching patterns, evaluation methods, and learning experiences, while also point out potential risks such as data privacy, ethical issues, and technology gap.

以上是某位同学撰写的一段英语作文，其中包含了一些语法和用词上的错误，下面通过 Kimi 进行文本的语法审查和错误修正，具体步骤如下。

在对话窗口中输入提示词“检查并改正以下文字的语法错误，调整不当用词”，并填写文本内容，单击“发送”按钮，生成的修改结果如图 5-8 所示。

Here's a revised version of the passage with corrected grammar, improved word choice, and optimized sentence structure:

With the rapid advancement of artificial intelligence technology, its applications in the field of education are becoming increasingly widespread. This paper aims to investigate the current status of artificial intelligence in education, analyze the benefits it brings and the challenges it faces, and predict future development trends. Through a literature review and case analysis, this paper reveals how artificial intelligence is transforming teaching patterns, evaluation methods, and learning experiences. It also highlights potential risks, such as data privacy concerns, ethical issues, and the digital divide.

Changes made:

1. Changed "swift" to "rapid" for a more formal tone.
2. Added "the field of" to "education" for better specificity.
3. Changed "aim to" to "aims to" to correct the subject-verb agreement.
4. Changed "analyze the advantages it brings and challenges it face" to "analyze the benefits it brings and the challenges it faces" for grammatical correctness and clarity.
5. Changed "forecast" to "predict" for a more formal tone.
6. Changed "reveal" to "reveals" to maintain subject-verb agreement.
7. Changed "alter" to "transforming" for a more dynamic and positive connotation.
8. Changed "point out" to "highlights" for a more formal tone.
9. Changed "such as" to "such as" for consistency in the list.
10. Added "concerns" after "data privacy" for clarity.
11. Removed "technology" before "gap" as "digital divide" is commonly used to refer to the disparity in access to technology.

复制　再试一次　分享

图 5-8　Kimi 文本修正结果

5.1.3　内容优化与重写

1. 内容优化

AI 技术在文本处理和润色领域为用户提供了巨大的帮助。该技术能够依据用户的个性化需求，调整文本的风格、语气和表达方式等，以更好地适应目标受众的阅读偏好。借助 AI 的先进功能，用户能够迅速提升其撰写的文本的质量，确保其满足特定标准。AI 不仅协助用户优化语言表达，还能显著提高工作效率和文本处理的效率。

例 5-6　利用 Kimi 润色宣传文案内容。

学校将于下周五举办校园文化节，宣传部门的一位成员负责撰写活动宣传文案。以下是该成员撰写的初稿：

尊敬的各位同学，本校定于下周五举办一场盛大的校园文化节。此次活动旨在全面展示我校的独特魅力以及校园生活的丰富多彩。在文化节期间，你将有机会欣赏到众多精彩的表演，品尝各种美食，并参与众多有趣的游戏及互动活动。这将是一个增进相互了解、深化友谊的绝佳机会。此外，你还将有机会亲身体验传统文化的深厚魅力，感受我校的文化底蕴。因此，一定不要错失这一难得的机会！下周五，让我们齐聚校园，共同享受这场文化盛宴。期待你的参与，使我们的校园文化节更加精彩。

下面使用 Kimi 润色文案，使之更有感染力。在对话窗口中输入提示词“润色以下文字，使之内容更加丰富生动”，并填写文本内容，单击“发送”按钮，Kimi 文本润色的结果如图 5-9 所示。

亲爱的同学们，

在这个充满活力的学期里，我们有一个令人兴奋的消息要与你们分享！下周五，我们的校园将变身为一个充满欢笑和色彩的庆典现场，因为我们即将迎来一场无与伦比的校园文化节。

想象一下，一个充满创意和才华的舞台，等待着你们的到来。在这里，你们将目睹一系列令人目不暇接的表演，从激情四射的舞蹈到悠扬动听的音乐，每一场演出都将是一次心灵的触动。不仅如此，你们的味蕾也将得到极大的满足，因为我们准备了各式各样的美食摊位，让你们在品尝中环游世界。

但文化节的乐趣远不止于此。我们精心策划了一系列互动游戏和活动，让你们在欢笑中结交新朋友，加深旧友谊。这不仅是一场视觉和味觉的盛宴，更是一次心灵的交流和文化的碰撞。

更重要的是，我们将揭开传统文化的神秘面纱，让你们亲身体验那些历经岁月洗礼却依然璀璨的文化瑰宝。这将是一次穿越时空的旅行，让你们感受到我们学校深厚的文化底蕴和独特的教育魅力。

所以，亲爱的同学们，不要犹豫，不要错过这个千载难逢的机会。下周五，让我们在校园中相聚，共同编织这场文化盛宴的每一个精彩瞬间。我们期待着你们的参与，因为有了你们，我们的校园文化节将变得更加生动、更加难忘。

让我们共同期待那一刻的到来，让这场文化节成为我们记忆中最闪亮的篇章！

复制 再试一次 分享

图 5-9　Kimi 文本润色结果

2. 内容重写

AI 技术可以被广泛应用于对现有文本内容进行重新编写和优化，提高其质量和可读性，同时保留核心信息。重写过程包括语法、词汇调整和句子、段落布局改进等，避免重复和冗余，确保文本的简洁性和精确性。

例 5-7　利用 Kimi 重写和优化学术论文。

在撰写学术论文时，学生可能因总结他人研究成果不当而被查重软件标记为抄袭。利用 AI 技术改写或重构文本，可以有效提升可读性，确保表达更精确、清晰。

以下是某学生在其论文中引用不当被查重软件标记为抄袭的段落示例。

随着人工智能技术的飞速发展，自然语言处理(NLP)作为其核心分支之一，在教育领域展现出巨大的应用潜力。本研究旨在探讨基于深度学习的 NLP 技术在教育领域的应用现状、挑战与未来发展趋势。通过分析当前主流的深度学习模型，如循环神经网络(RNN)、长短期记忆网络(LSTM)和变换器(Transformer)，本文评估了这些模型在语言翻译、自动摘要、情感分析等教育相关任务中的表现。此外，本文还讨论了数据隐私、模型透明度和伦理问题等挑战，并提出了相应的解决策略。最后，本文预测了 NLP 技术在未来教育领域的发展趋势，包括个性化学习、智能辅导系统和自动化评估等方向。

下面使用 Kimi 来重新撰写这段文本，以期降低其在查重软件中的标记率，具体步骤如下。

在对话窗口中输入提示词“重新组织以下句子，通过调整句子逻辑，利用主动被动替换，还有同义词、近义词替换来改写句子，同时减少长句，避免重复”，并填写文本内容，单击“发送”按钮，生成的重写结果如图 5-10 所示。

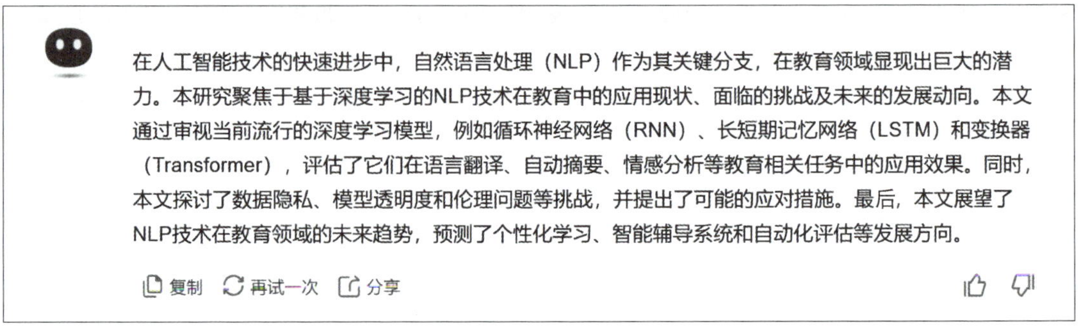

图 5-10　Kimi 文本重写结果

5.1.4　WPS AI 文档处理

WPS Office 是一款由金山软件开发的办公软件，与 Microsoft Office 类似。它支持多种操作系统，提供文档编辑、表格计算、演示制作、PDF 工具、云服务、模板库和协作编辑等功能。WPS Office 以轻量级、兼容性强、免费和付费版本并存、本地化服务好、支持插件扩展等特点，在全球范围内拥有广泛的用户基础。WPS AI 是对 WPS Office 的智能升级，融合了 AI 技术，能提供智能化建议与优化，丰富了用户的使用体验，使办公更高效、便捷与个性化。

以下是安装 WPS Office 并在 WPS Office 中启动 WPS AI 功能的操作流程。

(1) 在浏览器输入网址 https：//www.wps.com/，按 Enter 键进入 WPS 软件下载页面，如图 5-11 所示，单击“免费下载”按钮下载 WPS Office 安装包。下载完成后按步骤安装。

图 5-11　WPS Office 下载页面

（2）新建文档，选择合适的方式进行登录。登录成功后，可以在功能区上方单击“WPS AI”选项（见图 5-12），出现 WPS AI 功能页面栏，如图 5-13 所示，或者连续按下两次 Ctrl 键激活 WPS AI 功能，如图 5-14 所示。

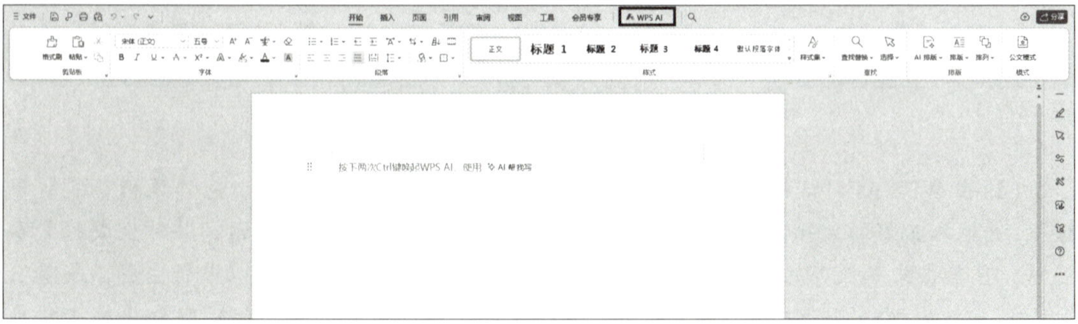

图 5-12 “WPS AI”选项

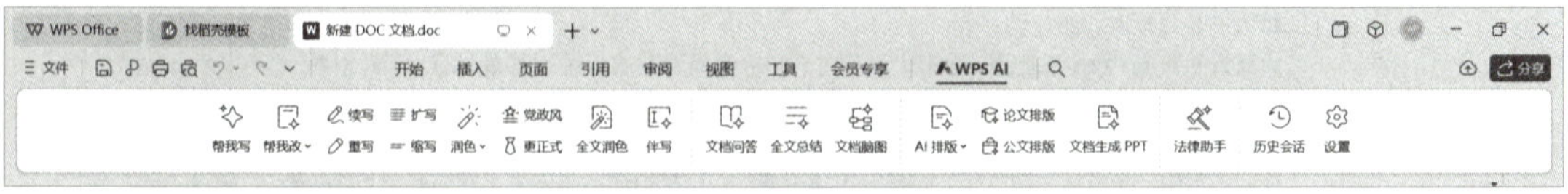

图 5-13 WPS AI 功能页面

（3）根据要求选择 WPS AI 功能页面栏上的功能，出现 WPS AI 对话框。在 WPS AI 对话框中输入需求或问题，即可使用 WPS AI 功能。或根据提示，单击相应选项，如单击“通知”选项使用 AI 写通知；单击 AI“帮我改”选项使用 AI 润色文字。

图 5-14 连续按下两次 Ctrl 键激活 WPS AI 功能

1. 文本生成与润色

WPS AI 能根据大纲或提纲生成连贯文本，适用于撰写报告、文案等场景。它还能润色和转换文本风格，确保内容丰富、逻辑清晰且语言流畅。

例 5-8 **利用 WPS AI 撰写社会实践活动报告。**

小李同学最近要参加一场演讲比赛，主题是“尊重知识，崇尚创新”，已经拟好了大纲（具体内容见教材素材包）。下面利用 WPS AI 撰写这份演讲稿，具体操作步骤如下。

(1)单击顶部的“WPS AI”选项，出现 WPS AI 功能页面栏，单击“帮我写”按钮，如图 5-15 所示。

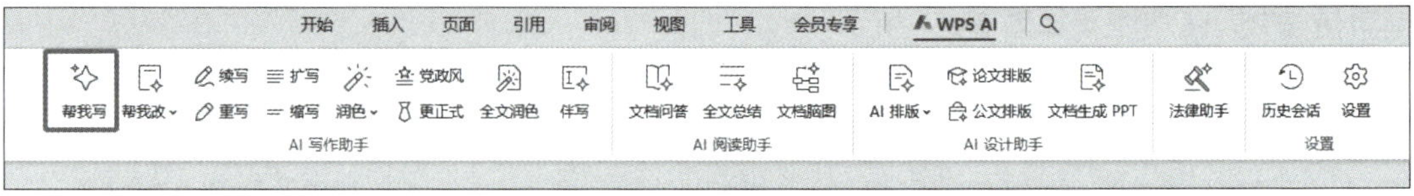

图 5-15 “帮我写”按钮

(2)在 WPS AI 对话框中输入提示词“依据如下大纲写一份演讲稿，写作风格正式、严谨”，并输入拟好的大纲，单击“发送”按钮，生成的结果如图 5-16 所示。若对生成的文本满意，可单击文本底部的“保留”按钮；若不满意，可选择“重写”按钮以重新生成，或单击“弃用”按钮以删除当前文本。若需对文本进行修改，可利用底部的“调整”按钮更改文章风格，或在 WPS AI 对话框中填写修改要求，让 AI 自动进行调整。

图 5-16 WPS AI 文本生成结果

2. 音频与文字的转换

WPS AI 的音频转换功能能将多人讨论的音频准确转为文字，支持区分发言人并实时转写，用户可编辑校对文本，确保信息准确。该功能还支持多语言，适用于多种场景。其文本朗读功能可提供多种音色，支持调节语速、语调，适应不同的听众需求，适用于多种用途。其用户界面简洁，支持多种文件格式的导入、导出，转换后的文本可进行智能编辑和优化，实现音频与文本的无缝转换，提供全面、统一的办公体验。

3. 固定形式发言稿生成

WPS AI 可以非常轻松和便捷地生成各种固定形式的文档文本，例如请假条、通知函等。通过使用这个功能，用户只需简单地输入一些基本信息，系统就会自动生成格式规范、内容完整的文档，极大地提高了工作效率和准确性。此外，利用 WPS AI 智能排版功能，系统会自动进行字体、字号、行距等格式的调整。这样，无须手动设置即可获得美观、规范的文档排版效果。

例 5-9 利用 WPS AI 模板撰写请假条。

王小明因近日感染流感，出现高烧、恶心及呕吐等症状，希望向领导申请休假一天，在家休息，请假日期为 2024 年 8 月 22 日。下面利用 WPS AI 撰写一则请假条。具体操作步骤如下。

（1）单击 WPS AI 对话框，在功能列表里单击所需要撰写的文本类型“申请”，再单击“申请”子列表中符合要求的“请假条”选项，如图 5-17 所示。

图 5-17 WPS AI 的“申请”子列表

(2)根据实际情况填写信息，单击“发送”按钮，如图 5-18 所示。

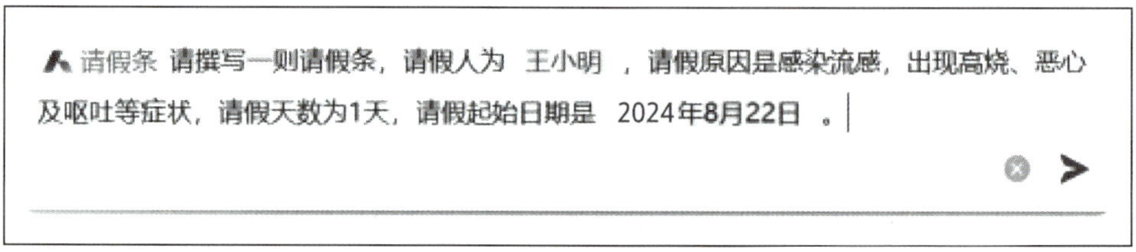

图 5-18　WPS AI 请假条模板

(3)AI 开始生成，得到文本，如图 5-19 所示。

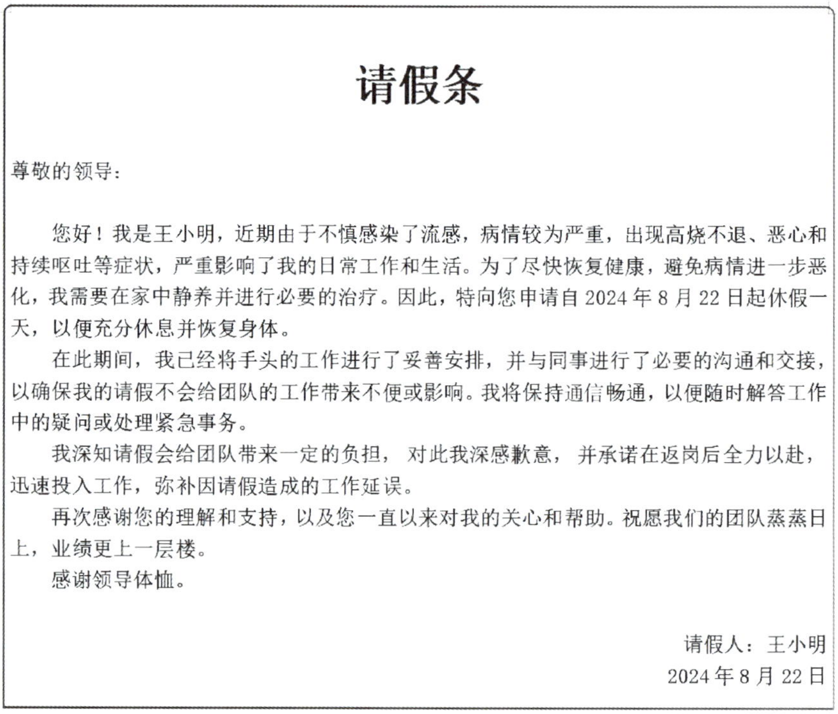

请假条

尊敬的领导：

您好！我是王小明，近期由于不慎感染了流感，病情较为严重，出现高烧不退、恶心和持续呕吐等症状，严重影响了我的日常工作和生活。为了尽快恢复健康，避免病情进一步恶化，我需要在家中静养并进行必要的治疗。因此，特向您申请自 2024 年 8 月 22 日起休假一天，以便充分休息并恢复身体。

在此期间，我已经将手头的工作进行了妥善安排，并与同事进行了必要的沟通和交接，以确保我的请假不会给团队的工作带来不便或影响。我将保持通信畅通，以便随时解答工作中的疑问或处理紧急事务。

我深知请假会给团队带来一定的负担，对此我深感歉意，并承诺在返岗后全力以赴，迅速投入工作，弥补因请假造成的工作延误。

再次感谢您的理解和支持，以及您一直以来对我的关心和帮助。祝愿我们的团队蒸蒸日上，业绩更上一层楼。

感谢领导体恤。

请假人：王小明
2024 年 8 月 22 日

图 5-19　WPS AI 生成文本结果

4. 智能文档库与政务版

WPS AI 不仅提供了智能文档库，还推出了政务版等定制化应用，满足特定办公场景的需求。例如，在企业文档管理方面，WPS AI 能够帮助企业高效地整理、存储和检索各类文档，从而提高工作效率和信息利用率；而在政务办公领域，WPS AI 的定制化应用能够满足政府部门在文件处理、数据管理等方面的特殊需求，提升政务办公的智能化和自动化水平。

例 5-10　利用 WPS AI 撰写工作报告。

在职场办公中，员工需撰写工作周报，以汇报本周完成的任务、进行反思总结并规划下一周的工作计划。以下是某金融公司的员工一周的工作内容。

①完成股市趋势分析报告，包括主要指数波动性分析预测。②深入研究亚洲市场投资

机会，构建财务模型以评估投资项目现金流回报率，测试验证确保其准确性。③参加培训，学习金融分析工具技术，分析投资组合表现，并编写详细报告。

下面借助 WPS AI 来辅助撰写报告，具体操作步骤如下。

(1)单击 WPS AI 对话框，在功能列表中单击“去灵感市集探索”选项，如图 5-20 所示。

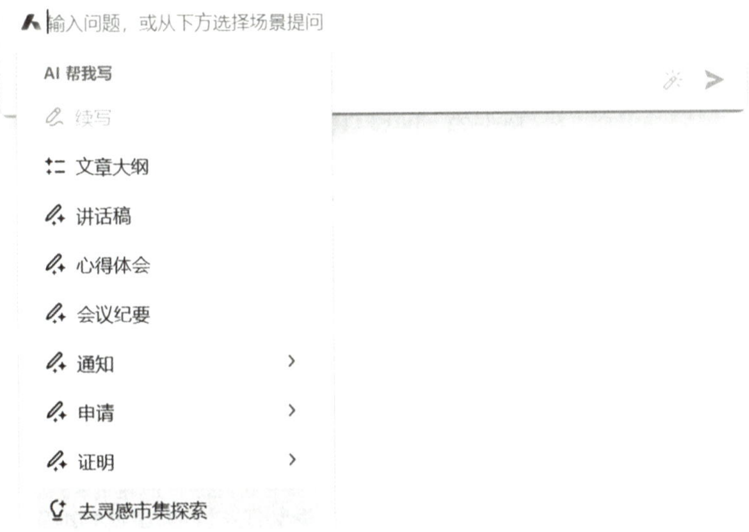

图 5-20　单击“去灵感市集探索”选项

(2)在模板库中选择“工作周报”模板，如图 5-21 所示。

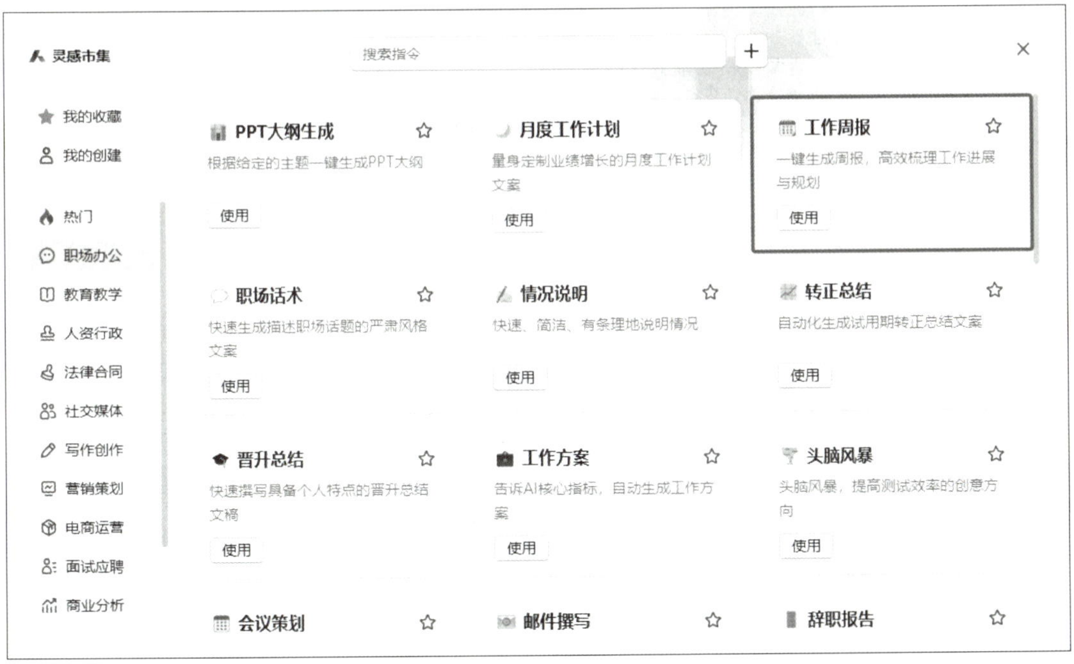

图 5-21　选择“工作周报”模板

（3）按实际情况填写具体信息，单击“发送”按钮，如图5-22所示。

工作周报　现在你扮演一位金融公司员工，帮我撰写一份周报。本周完成的工作事项有①完成股市趋势分析报告，包括主要指数波动性分析预测。②深入研究亚洲市场投资机会，构建财务模型以评估投资项目现金流回报率，测试验证确保其准确性。③参加培训，学习金融分析工具技术，分析投资组合表现，并编写详细报告。请根据以下要点生成周报：①本周工作进展；②下周工作安排，基于本周的结果，规划下周要推进的事项；③思考总结，如本周的收获和反思。我希望周报的风格是专业严谨。

图5-22　WPS AI工作报告模板

（4）生成完毕，得到文本，如图5-23所示。

周报
##1. 本周工作进展
###1.1 完成股市趋势分析报告
本周，我完成了股市趋势分析报告，内容涵盖主要指数的波动性分析以及未来趋势预测。通过对历史数据的分析，结合当前宏观经济形势，对沪深300、上证综合指数等主要指数进行了详细解读，并预测了未来一周的走势。报告详细阐述了市场趋势、风险因素和潜在机会，为公司决策提供了有力的数据支持。
###1.2 亚洲市场投资机会研究
针对亚洲市场，我进行了深入研究，并构建了财务模型评估多个潜在投资项目的现金流回报率。通过对项目的市场分析、财务数据及风险评估，筛选出了多个具有投资潜力的项目，并进行了测试验证，确保模型数据的准确性和可靠性。研究结果为公司的投资决策提供了数据支撑和参考。
###1.3 参加金融分析工具技术培训
本周，我参加了金融分析工具技术培训，学习了先进的金融分析工具和技术，包括投资组合分析工具、风险评估模型等。通过对实际案例的分析，掌握了如何更好地分析投资组合表现，并编写了详细的培训报告，总结了学习成果和应用建议。
##2. 下周工作安排
###2.1 进一步优化股市趋势分析报告
基于本周完成的股市趋势分析报告，下周我将继续收集市场数据，结合最新经济形势和政策变化，对报告进行进一步优化和完善，确保分析的准确性和前瞻性。
###2.2 推进亚洲市场投资项目落地
针对本周筛选出的亚洲市场投资项目，下周我将与相关部门沟通，推动项目落地实施。同时，将继续跟踪市场动态，评估项目的风险和回报，确保投资决策的科学性和合理性。
###2.3 应用金融分析工具提升投资效率
结合本周学习的金融分析工具和技术，下周我将尝试将其应用于实际投资决策中，提升投资效率和分析准确性。同时，将继续学习新的金融分析工具，不断提升自己的专业能力。
##3. 思考总结
###3.1 本周收获
本周，我通过完成股市趋势分析报告和亚洲市场投资机会研究，加深了对市场趋势和投资项目的理解。同时，通过参加金融分析工具技术培训，掌握了更多先进的金融分析工具和技术，提升了专业素养。
###3.2 本周反思
在本周的工作中，我认识到数据分析的准确性和及时性对于投资决策至关重要。因此，在未来的工作中，我将更加注重数据的收集和分析，确保报告的准确性和时效性。同时，我也意识到团队协作的重要性，将加强与相关部门的沟通和合作，共同推动公司投资决策的科学性和合理性。

AI生成的内容仅供参考，请注意甄别信息准确性

图5-23　WPS AI生成工作报告结果

5.2 AI 数据处理

AI 在数据处理领域的应用，依托于先进的机器学习、深度学习和 NLP 等尖端技术，实现了对大量数据的自动化搜集、高效净化、深度分析和智能解读。AI 数据处理在多个关键领域展现了其显著的优势：它能自动识别并修正数据中的错误、缺失值和异常值，确保数据的准确性(即数据清洗与预处理功能)；能够根据分析结果自动生成可视化报告，提升信息传递的效率(即自动化报告生成功能)；还能基于用户行为数据提供精准的个性化建议(即个性化推荐系统)。这些功能极大地增强了 AI 的数据洞察力，优化了决策过程的科学性和准确性，为各行各业带来了前所未有的变革与提升。

5.2.1 数据表格创建与计算

1. 快速创建 Excel 表格

AI 数据处理技术具备强大的能力，能够迅速地将大量的文字信息转换成结构化的表格形式，使文字数据变得更加直观、易于分析。通过这种转换，用户可以轻松地查看和比较各项数据，从而更快地做出决策、得出结论，极大地提升了数据的可视化程度和可用性。

例 5-11 利用 Kimi 创建 Excel 表格并辅助计算。

以下是关于大学生 AI 创新项目的报名统计情况。

(1)项目编号为 AI202401，项目名称是智能语音助手，由张伟负责，项目从 2024 年 3 月 1 日开始，到 2024 年 12 月 31 日结束，项目经费为 5 000 元。

(2)项目编号为 AI202402，项目名称是人脸识别系统，由李娜负责，项目从 2024 年 4 月 1 日开始，到 2025 年 1 月 31 日结束，项目经费为 8 000 元。

(3)项目编号为 AI202403，项目名称是自动驾驶技术研究，由王强负责，项目从 2024 年 2 月 1 日开始，到 2024 年 11 月 30 日结束，项目经费为 10 000 元。

(4)项目编号为 AI202404，项目名称是智能医疗诊断，由赵敏负责，项目从 2024 年 5 月 1 日开始，到 2025 年 2 月 28 日结束，项目经费为 7 000 元。

下面利用 Kimi 根据上述描述创建 Excel 表格，并辅助计算每个项目的每月平均经费支出，来进行项目经费使用效率的分析，具体操作步骤如下。

(1)单击对话窗口，输入提示词“根据以下描述生成表格”，并提供用于填充表格的具体数据，单击“发送”按钮，Kimi 生成的表格结果如图 5-24 所示。

以下是根据您提供的描述生成的表格：

项目编号	项目名称	负责人	开始日期	结束日期	项目经费（千元）
AI202401	智能语音助手	张伟	2024-03-01	2024-12-31	5
AI202402	人脸识别系统	李娜	2024-04-01	2025-01-31	8
AI202403	自动驾驶技术研究	王强	2024-02-01	2024-11-30	10
AI202404	智能医疗诊断	赵敏	2024-05-01	2025-02-28	7

图 5-24　Kimi 生成表格结果

(2)将表格复制、粘贴到 Excel 中，得到 Excel 表格，如图 5-25 所示，保存此文件。

F5　fx　7

	A	B	C	D	E	F	G
1	项目编号	项目名称	负责人	开始日期	结束日期	项目经费（千元）	
2	AI202401	智能语音助手	张伟	2024/3/1	2024/12/31	5	
3	AI202402	人脸识别系统	李娜	2024/4/1	2025/1/31	8	
4	AI202403	自动驾驶技术研究	王强	2024/2/1	2024/11/30	10	
5	AI202404	智能医疗诊断	赵敏	2024/5/1	2025/2/28	7	
6							

图 5-25　Excel 表格

(3)单击“发送”按钮左侧的“上传文件”按钮，选择刚才保存的 Excel 表格文件，单击“打开”按钮，如图 5-26 所示。

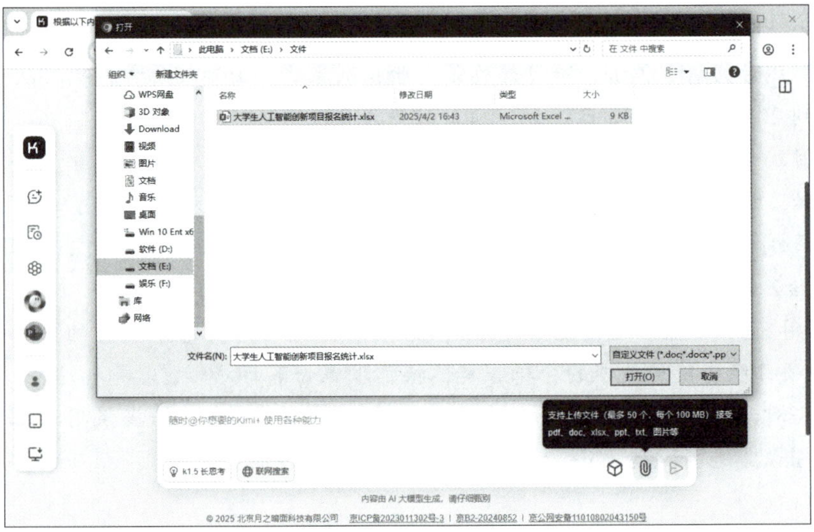

图 5-26　上传文件

（4）在对话窗口输入问题“如何在 Excel 计算每个项目的每月平均经费支出”，单击“发送”按钮，得到 AI 生成的操作流程，如图 5-27 所示。接下来可据此在 Excel 表格中进行数据处理。

在Excel中计算每个项目的每月平均经费支出，你可以按照以下步骤操作：

1. **打开Excel表格**：首先，打开包含项目数据的Excel表格。
2. **确定日期列**：找到包含项目开始时间和结束时间的列。
3. **计算持续月数**：
    - 在新的列中，你可以使用公式来计算每个项目的持续月数。假设开始时间在D列，结束时间在E列，你可以在F列（或任何空列）使用以下公式：

    ```
    =(EOMONTH(E2,0)-D2)/365*12
    ```

    这个公式计算两个日期之间的完整月数。EOMONTH函数返回给定日期的月份的最后一天，然后减去开始日期，除以一年的天数（365），再乘以12得到月数。
4. **计算每月平均经费支出**：
    - 在另一个新的列中，你可以计算每月的平均经费支出。假设项目经费在G列，你可以在H列（或任何空列）使用以下公式：

    ```
    =G2/F2
    ```

    这个公式将项目经费除以持续月数，得到每月的平均经费支出。
5. **拖动填充柄**：
    - 将这些公式应用到第一行后，选中包含公式的单元格，然后将鼠标指针移动到单元格的右下角，直到它变成一个十字形。单击并拖动填充柄向下，以将公式应用到所有行。
6. **格式化结果**：
    - 你可能需要格式化结果，以便更容易阅读。选择包含计算结果的列，然后右键单击并选择“格式化单元格”，选择适当的数字格式，如“货币”或“小数”。
7. **保存工作表**：
    - 完成计算后，记得保存你的Excel表格。

这样，你就可以在Excel中计算每个项目的每月平均经费支出了。如果你需要进一步的帮助或有其他问题，请随时告诉我！

图 5-27 Kimi 辅助计算结果及处理页面

2. 在 Excel 表格中计算

AI 技术能够有效地协助用户在表格中执行各类计算任务。借助 AI 的强大力量，用户能够轻松地在电子表格中进行复杂的数学运算、数据分析以及统计计算。此外，AI 还能辅助进行条件格式化、数据验证和错误检查，确保表格数据的精确性和可信度，从而显著提升工作效率。

例 5-12 **利用 Kimi 计算成绩表总分。**

某班级英语成绩记录表如图 5-28 所示，老师需要根据这些数据，按照考勤占 20%、期中成绩占 30%、期末成绩占 40%、作业占 10%的规则加权，计算出每位同学的总分。

	A	B	C	D	E	F
1	学号	姓名	考勤 (20%)	期中 (30%)	期末 (40%)	作业 (10%)
2	2024011001	陈大龙	90	85	75	80
3	2024011002	李小风	88	78	82	85
4	2024011003	张小强	92	80	88	90
5	2024011004	刘小丽	85	82	79	83
6	2024011005	孙小刚	87	83	85	87
7	2024011006	周小芳	90	88	00	92
8	2024011007	吴小华	86	80	84	85
9	2024011008	郑小梅	89	87	92	88
10	2024011009	王小龙	92	90	95	93
11	2024011010	赵小燕	88	85	80	82
12	2024011011	钱小虎	85	78	82	84
13	2024011012	徐小丽	87	83	85	87
14	2024011013	郭小鹏	90	88	90	92
15	2024011014	黄小凤	86	80	84	85
16	2024011015	曹小刚	89	87	92	88
17	2024011016	许小梅	92	90	95	93
18	2024011017	蒋小龙	88	85	80	82
19	2024011018	韩小虎	85	78	82	84
20	2024011019	朱小丽	87	83	85	87
21	2024011020	高小鹏	90	88	90	92

图 5-28　英语成绩记录表

下面利用 Kimi 辅助计算，具体操作步骤如下。

单击“发送”按钮左侧的“上传文件”按钮，选择所需要的 Excel 表格文件，单击“打开”选项。在对话窗口输入提示词“依据考勤(占 20%)、期中考试(占 30%)、期末考试(占 40%)以及作业(占 10%)的权重计算总成绩，将结果以表格形式展现”。单击“发送”按钮，Kimi 生成的表格结果如图 5-29 所示。

好的，我将根据你提供的英语成绩登记表，按照考勤20%、期中30%、期末40%、作业10%的比例计算出总分，并以表格的形式呈现。以下是计算后的表格内容：

学号	姓名	考勤(20%)	期中(30%)	期末(40%)	作业(10%)	总分
2024011001	陈大龙	90	85	75	80	82.5
2024011002	李小凤	88	78	82	85	82.8
2024011003	张小强	92	80	88	90	87.0
2024011004	刘小丽	85	82	79	83	82.8
2024011005	孙小刚	87	83	85	87	85.0
2024011006	周小芳	90	88	90	92	89.5
2024011007	吴小华	86	80	84	85	84.0
2024011008	郑小梅	89	87	92	88	88.5
2024011009	王小龙	92	90	95	93	92.8
2024011010	赵小燕	88	85	80	82	84.5
2024011011	钱小虎	85	78	82	84	82.5
2024011012	徐小丽	87	83	85	87	85.0
2024011013	郭小鹏	90	88	90	92	89.5
2024011014	黄小凤	86	80	84	85	84.0
2024011015	曹小刚	89	87	92	88	88.5

图 5-29　Kimi 生成表格结果

5.2.2 WPS AI 数据处理

1. 生成计算公式

WPS AI 具备根据用户的数据和需求自动生成相应公式的功能，包括但不限于求和、计算平均值以及条件求和。对于不精通公式的用户来说，这一特性显著简化了数据处理的流程。

例 5-13 利用 WPS AI 计算体测指标方差。

某班级体测成绩登记表如图 5-30 所示，该班级的体育老师计划计算班内学生在体测各项指标上的方差，以全面评估学生的体育表现。

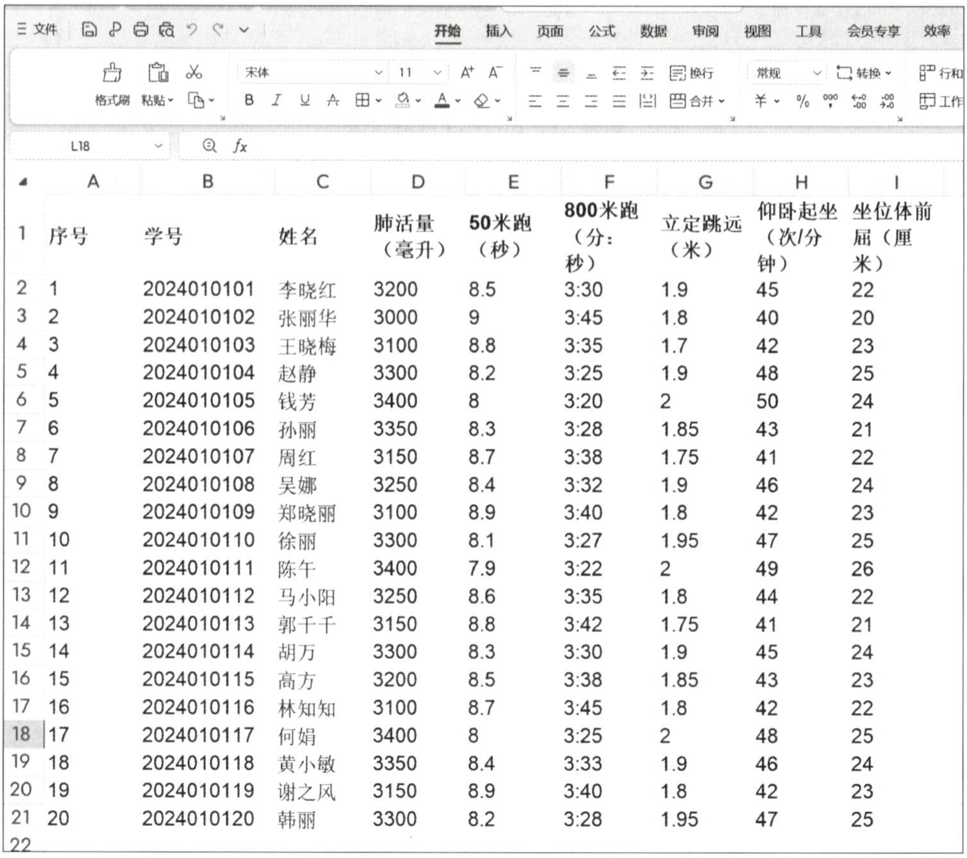

序号	学号	姓名	肺活量（毫升）	50米跑（秒）	800米跑（分：秒）	立定跳远（米）	仰卧起坐（次/分钟）	坐位体前屈（厘米）
1	2024010101	李晓红	3200	8.5	3:30	1.9	45	22
2	2024010102	张丽华	3000	9	3:45	1.8	40	20
3	2024010103	王晓梅	3100	8.8	3:35	1.7	42	23
4	2024010104	赵静	3300	8.2	3:25	1.9	48	25
5	2024010105	钱芳	3400	8	3:20	2	50	24
6	2024010106	孙丽	3350	8.3	3:28	1.85	43	21
7	2024010107	周红	3150	8.7	3:38	1.75	41	22
8	2024010108	吴娜	3250	8.4	3:32	1.9	46	24
9	2024010109	郑晓丽	3100	8.9	3:40	1.8	42	23
10	2024010110	徐丽	3300	8.1	3:27	1.95	47	25
11	2024010111	陈午	3400	7.9	3:22	2	49	26
12	2024010112	马小阳	3250	8.6	3:35	1.8	44	22
13	2024010113	郭千千	3150	8.8	3:42	1.75	41	21
14	2024010114	胡万	3300	8.3	3:30	1.9	45	24
15	2024010115	高方	3200	8.5	3:38	1.85	43	23
16	2024010116	林知知	3100	8.7	3:45	1.8	42	22
17	2024010117	何娟	3400	8	3:25	2	48	25
18	2024010118	黄小敏	3350	8.4	3:33	1.9	46	24
19	2024010119	谢之风	3150	8.9	3:40	1.8	42	23
20	2024010120	韩丽	3300	8.2	3:28	1.95	47	25

图 5-30 体测成绩登记表

下面利用 WPS AI 进行操作(以计算肺活量项目的方差为例)。

(1)选定预期计算结果所在的单元格，单击功能区上方的“WPS AI”选项，在下方任务窗格选择“AI 写公式”选项，如图 5-31 所示。

(2)在对话窗口中输入提示词“计算 D 列的方差”，单击“发送”按钮，如图 5-32 所示。

(3)AI 生成公式结果，如图 5-33 所示，单击“完成”选项以确认。

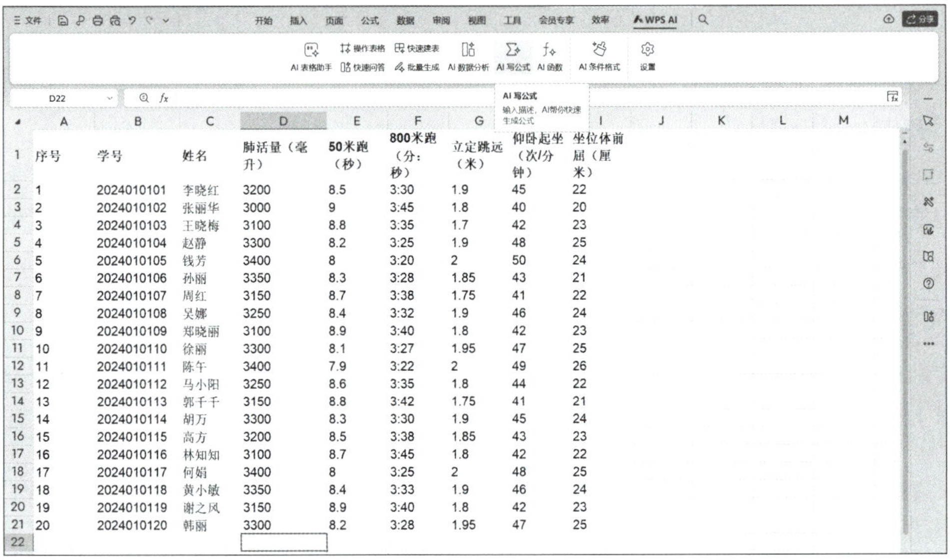

序号	学号	姓名	肺活量（毫升）	50米跑（秒）	800米跑（分：秒）	立定跳远（米）	仰卧起坐（次/分钟）	坐位体前屈（厘米）
1	2024010101	李晓红	3200	8.5	3:30	1.9	45	22
2	2024010102	张丽华	3000	9	3:45	1.8	40	20
3	2024010103	王晓梅	3100	8.8	3:35	1.7	42	23
4	2024010104	赵静	3300	8.2	3:25	1.9	48	25
5	2024010105	钱芳	3400	8	3:20	2	50	24
6	2024010106	孙丽	3350	8.3	3:28	1.85	43	21
7	2024010107	周红	3150	8.7	3:38	1.75	41	22
8	2024010108	吴娜	3250	8.4	3:32	1.9	46	24
9	2024010109	郑晓丽	3100	8.9	3:40	1.8	42	23
10	2024010110	徐丽	3300	8.1	3:27	1.95	47	25
11	2024010111	陈午	3400	7.9	3:22	2	49	26
12	2024010112	马小阳	3250	8.6	3:35	1.8	44	22
13	2024010113	郭千千	3150	8.8	3:42	1.75	41	21
14	2024010114	胡万	3300	8.3	3:30	1.9	45	24
15	2024010115	高方	3200	8.5	3:38	1.85	43	23
16	2024010116	林知知	3100	8.7	3:45	1.8	42	22
17	2024010117	何娟	3400	8	3:25	2	48	25
18	2024010118	黄小敏	3350	8.4	3:33	1.9	46	24
19	2024010119	谢之风	3150	8.9	3:40	1.8	42	23
20	2024010120	韩丽	3300	8.2	3:28	1.95	47	25

图 5-31　WPS AI 功能页面

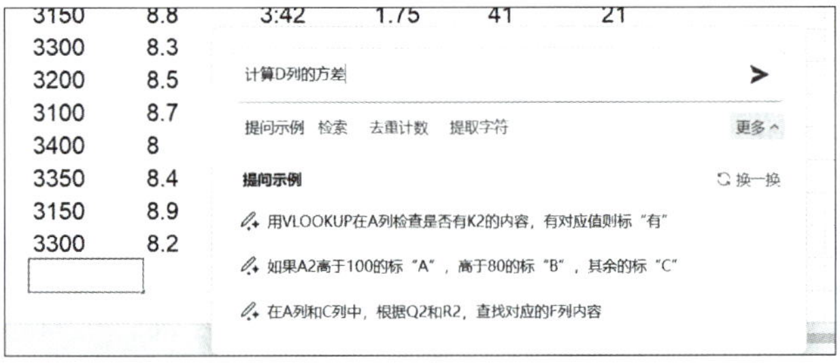

图 5-32　WPS AI 对话窗口及输入的提示词

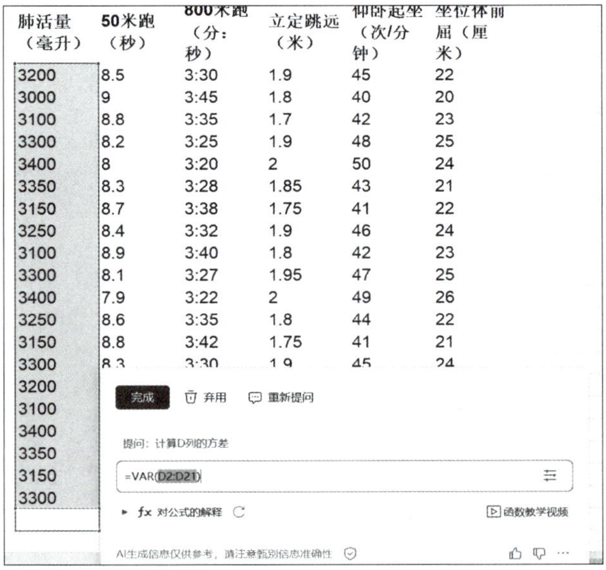

图 5-33　WPS AI 生成公式结果

(4) AI 计算得到预期结果值，如图 5-34 所示。

A	B	C	D	E	F	G	H	I
序号	学号	姓名	肺活量（毫升）	50米跑（秒）	800米跑（分：秒）	立定跳远（米）	仰卧起坐（次/分钟）	坐位体前屈（厘米）
1	2024010101	李晓红	3200	8.5	3:30	1.9	45	22
2	2024010102	张丽华	3000	9	3:45	1.8	40	20
3	2024010103	王晓梅	3100	8.8	3:35	1.7	42	23
4	2024010104	赵静	3300	8.2	3:25	1.9	48	25
5	2024010105	钱芳	3400	8	3:20	2	50	24
6	2024010106	孙丽	3350	8.3	3:28	1.85	43	21
7	2024010107	周红	3150	8.7	3:38	1.75	41	22
8	2024010108	吴娜	3250	8.4	3:32	1.9	46	24
9	2024010109	郑晓丽	3100	8.9	3:40	1.8	42	23
10	2024010110	徐丽	3300	8.1	3:27	1.95	47	25
11	2024010111	陈午	3400	7.9	3:22	2	49	26
12	2024010112	马小阳	3250	8.6	3:35	1.8	44	22
13	2024010113	郭千千	3150	8.8	3:42	1.75	41	21
14	2024010114	胡万	3300	8.3	3:30	1.9	45	24
15	2024010115	高方	3200	8.5	3:38	1.85	43	23
16	2024010116	林知知	3100	8.7	3:45	1.8	42	22
17	2024010117	何娟	3400	8	3:25	2	48	25
18	2024010118	黄小敏	3350	8.4	3:33	1.9	46	24
19	2024010119	谢之风	3150	8.9	3:40	1.8	42	23
20	2024010120	韩丽	3300	8.2	3:28	1.95	47	25
			13651.31579					

图 5-34　WPS AI 计算结果

2. 生成图表

WPS AI 支持用户根据需求生成各种类型的图表，如柱状图、折线图、饼图等。用户在 WPS AI 对话框中输入提示语，即可根据表格数据一键生成所需的图表。此外，用户可将 WPS AI 生成的图表插入到 WPS 表格文档中，继续进行编辑和修改。

例 5-14　利用 WPS AI 生成图表。

某班级的体育老师计划用柱状图展现学生体育成绩，以更直观地反映学生的体育表现。下面使用 WPS AI 进行操作，具体步骤如下。

(1) 在 WPS 表格中打开体育成绩表，单击“WPS AI”选项，在功能区中单击“AI 表格助手”按钮，如图 5-35 所示。

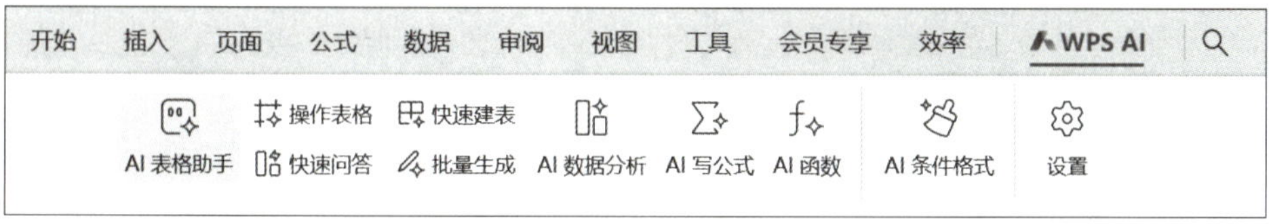

图 5-35　单击“AI 表格助手”按钮

(2) 在“AI 表格助手”对话框内输入提示词，包括图表的类型以及其他相关要求，如图 5-36 所示，然后单击“发送”按钮。

图 5-36 “AI 表格助手”对话框

(3)得到 AI 生成的图表后，可在打开的对话框中继续下达指令，指示 AI 对图表进行修改，如图 5-37 所示。

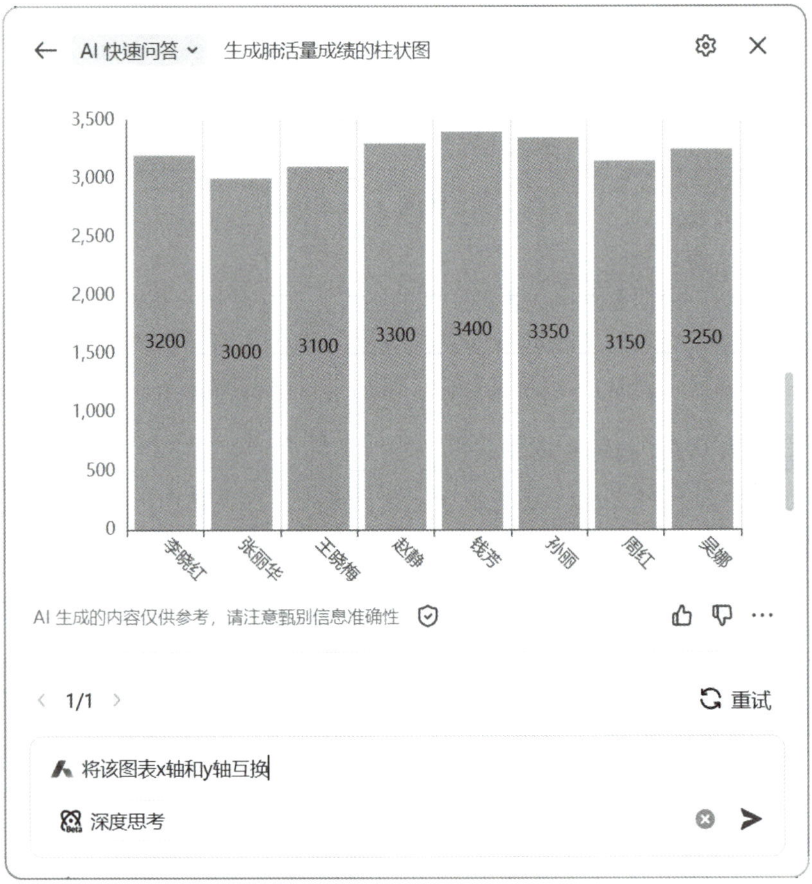

图 5-37 AI 生成柱状图结果与打开的对话框

(4)得到修改后的图表结果，如图5-38所示。可单击图表左上方的“插入至工作表并编辑”按钮将图表插入工作表并进行编辑，以便进一步调整图表的标题、样式等。

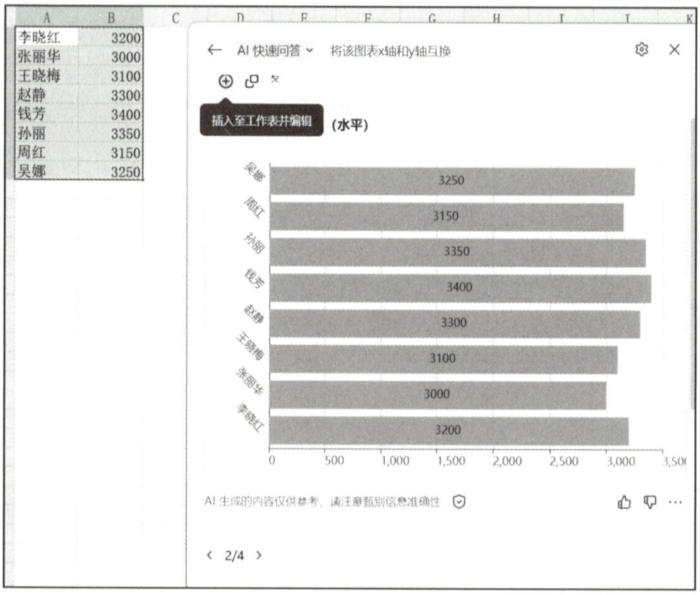

图 5-38 单击“插入至工作表并编辑”按钮

(5)调整完毕，得到最终AI生成图表结果，如图5-39所示。

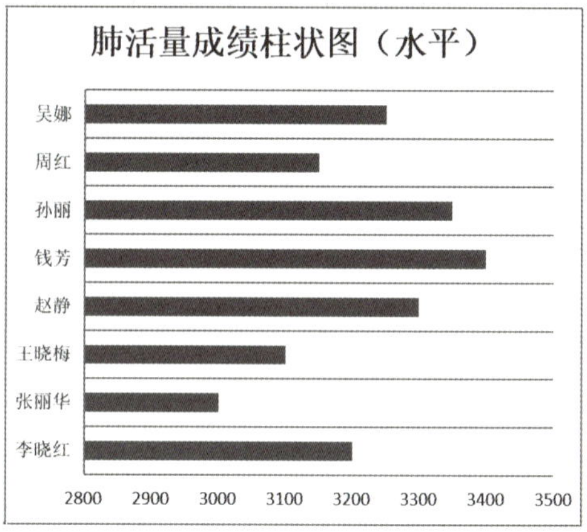

图 5-39 AI 生成柱状图最终结果

3. 条件标记与筛选

WPS AI具备迅速执行条件标记与筛选的能力，它协助用户迅速锁定满足特定条件的数据行或列。WPS AI的条件标记与筛选功能不仅适用于简单的数值比较，还能够扩展至文本、日期等多种数据类型。此外，WPS AI还支持条件格式化的应用，用户能够依据预设条件自动调整单元格的视觉样式，例如文字颜色、背景色等。这不仅增强了数据的视觉呈现效果，还提升了数据的可读性和分析效率。借助这些强大的功能，WPS AI使得数据处理过程更加智能化和便捷化，显著提高了用户在日常办公中的工作效率。

例 5-15 **利用 WPS AI 对成绩表进行分级标记处理。**

某英语老师希望能够更加直观地掌握班级的英语成绩情况，以便更好地了解每个学生的成绩水平。该老师决定采用可视化的方法，将不同等级的成绩用不同的颜色进行标识。下面利用 WPS AI 进行操作。

(1) 单击功能区上方的“WPS AI”选项，在功能区中单击“AI 条件格式”按钮，如图 5-40 所示。

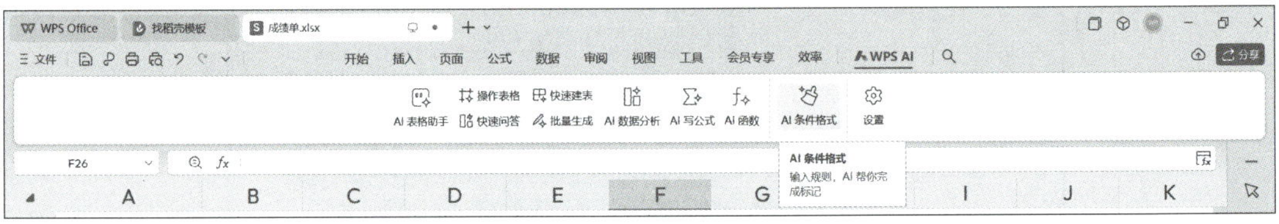

图 5-40 “AI 条件格式”按钮

(2) 在“AI 条件格式”对话框中输入提示词“将 E 列数字小于 120 的单元格标记为红色，大于等于 120 且小于 130 的标记为绿色，其余标记为黄色”，如图 5-41 所示，单击“发送”按钮。

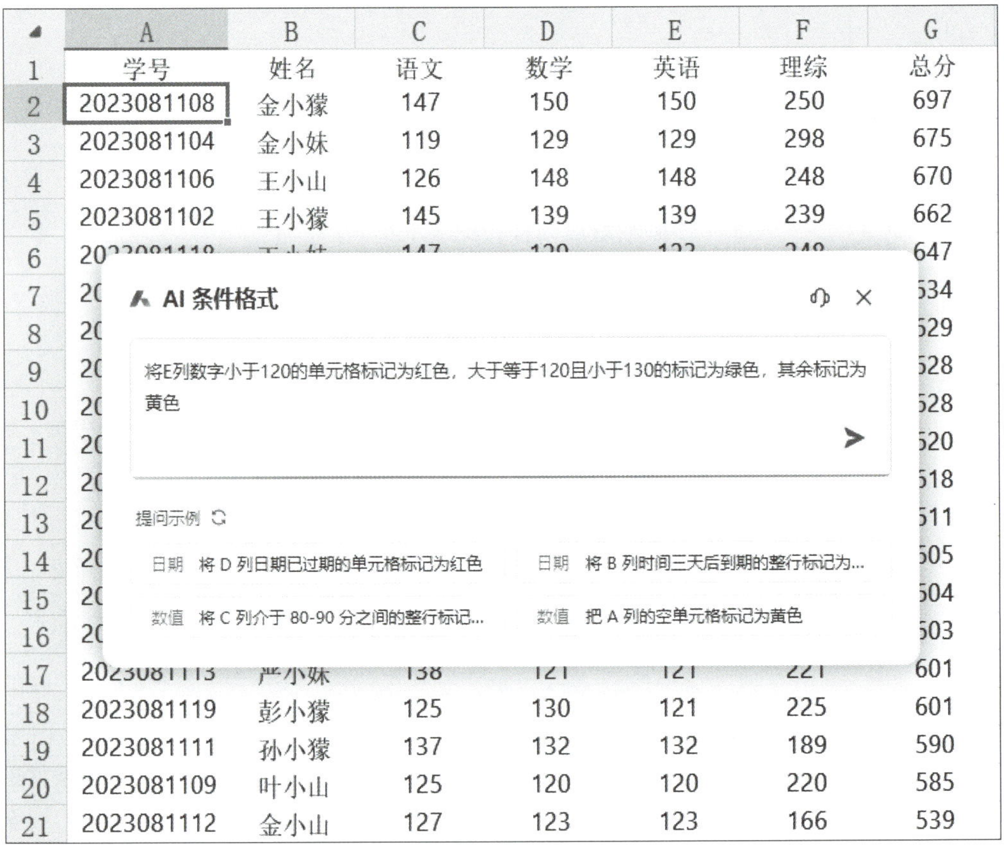

图 5-41 “AI 条件格式”对话框及提示词

(3) 出现 WPS AI 处理页面(见图 5-42)，可以单击公式输入框等进行调整，确认无误后，单击“完成”按钮，得到标记处理后的数据，如图 5-43 所示。

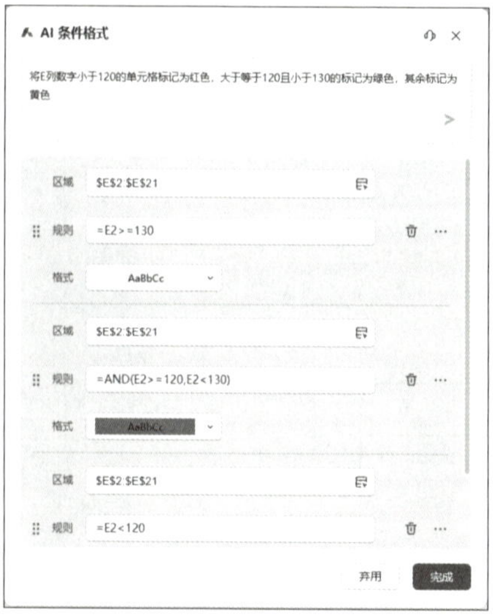

图 5-42　WPS AI 处理页面

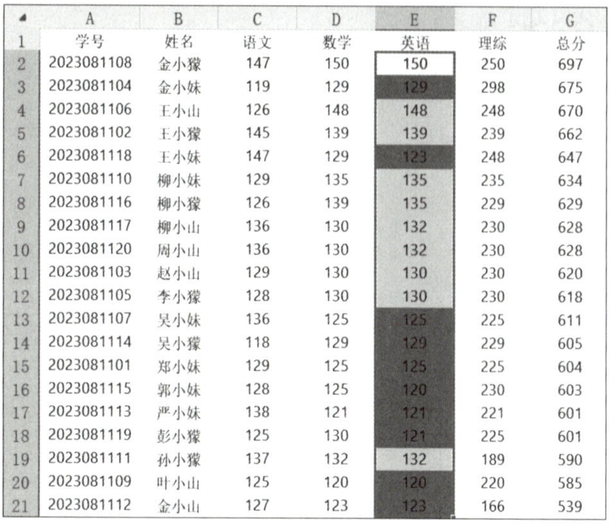

	A	B	C	D	E	F	G
1	学号	姓名	语文	数学	英语	理综	总分
2	2023081108	金小獴	147	150	150	250	697
3	2023081104	金小妹	119	129	129	298	675
4	2023081106	王小山	126	148	148	248	670
5	2023081102	王小獴	145	139	139	239	662
6	2023081118	王小妹	147	129	123	248	647
7	2023081110	柳小妹	129	135	135	235	634
8	2023081116	柳小獴	126	139	135	229	629
9	2023081117	柳小山	136	130	132	230	628
10	2023081120	周小山	136	130	132	230	628
11	2023081103	赵小山	129	130	130	230	620
12	2023081105	李小獴	128	130	130	230	618
13	2023081107	吴小妹	136	125	125	225	611
14	2023081114	吴小獴	118	129	129	229	605
15	2023081101	郑小妹	129	125	125	225	604
16	2023081115	郭小妹	128	125	120	230	603
17	2023081113	严小妹	138	121	121	221	601
18	2023081119	彭小獴	125	130	121	225	601
19	2023081111	孙小獴	137	132	132	189	590
20	2023081109	叶小山	125	120	120	220	585
21	2023081112	金小山	127	123	123	166	539

图 5-43　WPS AI 标记处理结果

4. 生成数据分析报告

WPS AI 能够利用所提供的数据，生成详尽的分析报告，并提供相应的建议。此外，WPS AI 的分析报告将采用直观易懂的可视化方式呈现，使复杂的数据变得易于理解和解释，有助于快速把握关键信息。通过这种方式，WPS AI 可以帮助企业和个人做出更加明智的决策，提高工作效率。

例 5-16　利用 WPS AI 分析成绩单。

一位计算机系学生在 2022—2023 学年的成绩单如表 5-1 所示。

表 5-1 学生成绩单

序号	课程名称	学分	成绩	绩点	班级排名
1	高等数学	4	92	3. 88	16/300
2	计算机概论 A	3	88	3. 73	56/300
3	思想政治	2	96	3. 97	3/300
4	英语	3	90	3. 81	25/300
5	线性代数	3	88	3. 73	21/300
6	程序设计基础	4	92	3. 88	13/300
7	体育	1	84	3. 52	158/300
8	计算机文化基础	2	90	3. 81	30/300

下面利用 WPS AI，对这份成绩单进行分析解读，并为该学生提供关于未来学习方向和提升策略的建议，具体操作步骤如下。

(1) 用 WPS 打开成绩单文件，单击“WPS AI”选项，在功能区中单击“文档问答”按钮，如图 5-44 所示。

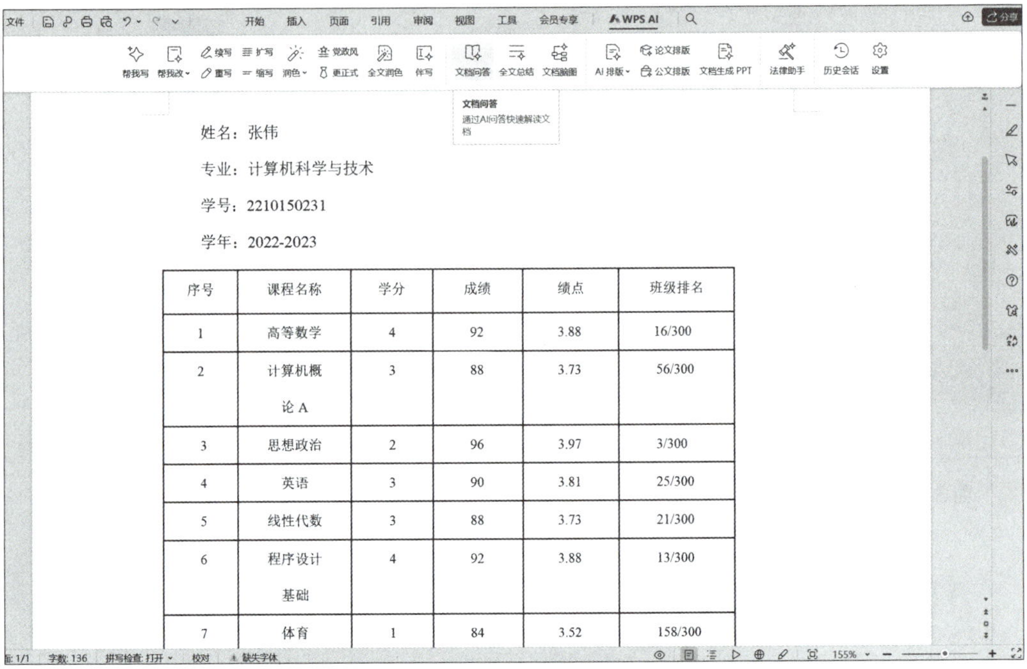

图 5-44　单击“文档问答”按钮

（2）选择需要分析的文本部分，在 WPS AI 对话框中输入提示词“分析该同学各科成绩数据，生成分析报告并给出学业建议”，单击“发送”按钮，如图 5-45 所示。

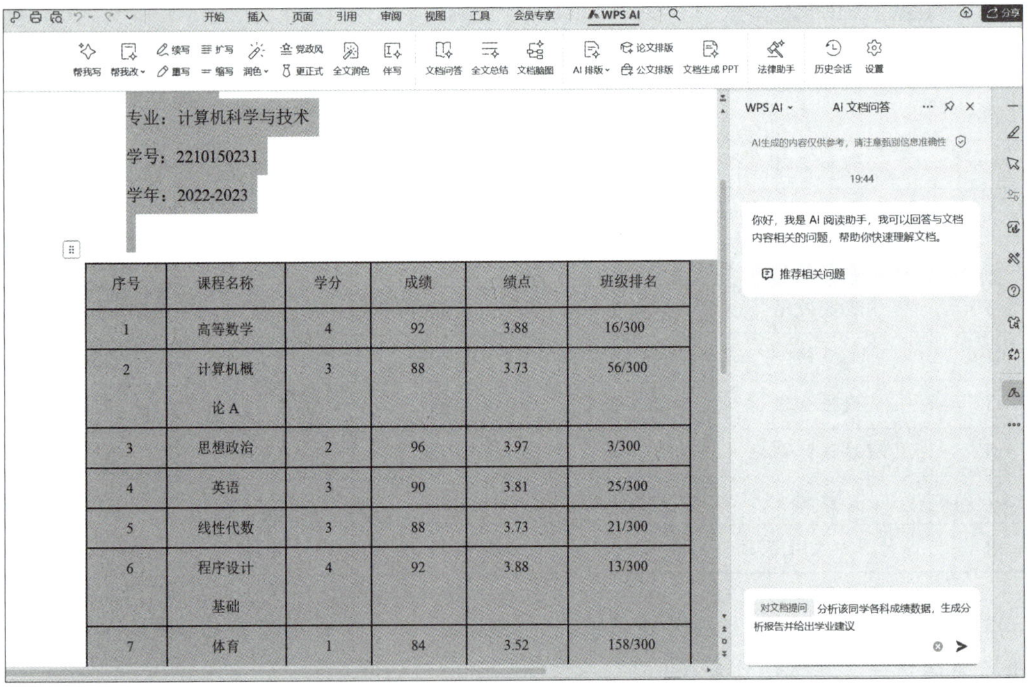

图 5-45　WPS AI 对话框及提示词

(3) AI 生成结果，单击“完成”选项确认，得到如下分析报告。

分析报告：

张伟同学在 2022—2023 学年的学业表现总体上非常优秀。在所修读的 8 门课程中，张伟同学的平均绩点为 3.77，这表明他在大多数课程中都取得了较高的成绩。具体来看：

①张伟同学在高等数学、计算机概论 A、思想政治、英语、线性代数、程序设计基础和计算机文化基础等课程中，成绩均在 88 分以上，显示出他在这些课程上具有扎实的基础和良好的学习能力。

②在思想政治课程中，张伟同学取得了 96 分的高分，绩点为 3.97，班级排名为第 3 名，这表明他在该课程上表现出色，具有较强的理论知识掌握和分析能力。

③在体育课程中，张伟同学的成绩为 84 分，绩点为 3.52，班级排名为 158 名。虽然成绩相对较低，但考虑到体育课程的特殊性，这并不影响他在其他课程上的优秀表现。

④张伟同学的总学分为 22 分，平均绩点为 3.77，班级排名为第 15 名，这说明他在班级中的学业表现处于领先地位。

学业建议：

①继续保持在专业课程上的优势，尤其是在高等数学、程序设计基础等核心课程上的优势，为后续更高级的课程打下坚实的基础。

②考虑到体育课程的成绩相对较低，建议张伟同学加强体育锻炼，提高身体素质的同时还可以缓解学习压力，保持身心健康。

③张伟同学可以考虑参与一些课外学术活动或项目，如参加学术竞赛、科研项目等，以进一步提升自己的实践能力和创新思维。

④在保持优秀成绩的同时，注意合理安排时间，平衡学习与休息，避免过度疲劳，确保长期的学习效率和身心健康。

总体而言，张伟同学在学业上已经取得了非常出色的成绩，希望他能够继续保持并进一步提升自己的学术水平。

5.3 AI 幻灯片制作

AI 幻灯片制作是一种利用人工智能技术辅助创建演示文稿的过程。它通过分析用户的需求和内容，自动设计幻灯片布局、选择合适的视觉元素和动画效果，极大地提高了办公环境中的工作效率和演示的专业度。

5.3.1 创建幻灯片

人工智能技术的发展为用户带来了诸多便利，尤其是在制作幻灯片这一方面。通过 AI 的辅助，用户可以实现个性化生成幻灯片，从而显著提升工作效率。目前市场上存在多种

AI 工具，如天工 AI、讯飞智文、万知、iSlide AI 和 AiPPT 等，这些工具各有特色，能够满足不同用户的需求。

几款 AI 幻灯片生成工具的简要对比情况如表 5-2 所示。

表 5-2　几款 AI 幻灯片生成工具的简要对比情况

工具	内容生成能力	操作方式	特色功能	额外优势
天工 AI	高效的内容生成能力，丰富的模板资源	提供主题或大纲，自动生成幻灯片	快速生成逻辑清晰、设计精美的幻灯片	适合短时间内准备大量演示材料
讯飞智文	语音识别和 NLP 技术	文本输入和语音指令操作	语音指令操作	提供全新的幻灯片制作体验
万知	强大的内容生成引擎	自动生成幻灯片，支持微调和优化	自动根据主题生成幻灯片	满足不同场景的需求
iSlide AI	集成大量设计模板和素材	智能算法辅助设计和排版	个性化幻灯片制作	设计新手也能制作专业文稿
AiPPT	强大的自定义功能和丰富的模板库	在线编辑和文档导入生成	将文档资料转化为演示文稿	轻松转化文档资料为演示文稿

科大讯飞推出的讯飞智文是一款 AI 幻灯片生成工具，利用星火认知大模型，为用户提供便捷体验。它能分析文本，自动选择模板和布局，制作美观实用的幻灯片。即使没有设计技能，用户也能制作专业演示文稿。讯飞智文还支持个性化设置，如调整字体、颜色、动画等，以适应个人风格和演讲需求。

下面介绍讯飞智文的使用方法。

（1）在浏览器中输入讯飞智文的网址 https://zhiwen.xfyun.cn，按 Enter 键进入讯飞智文网站首页，如图 5-46 所示，单击右上方“登录”按钮，选择合适的方式登录。

图 5-46　讯飞智文网站首页

（2）登录完成后，进入操作页面，如图 5-47 所示。

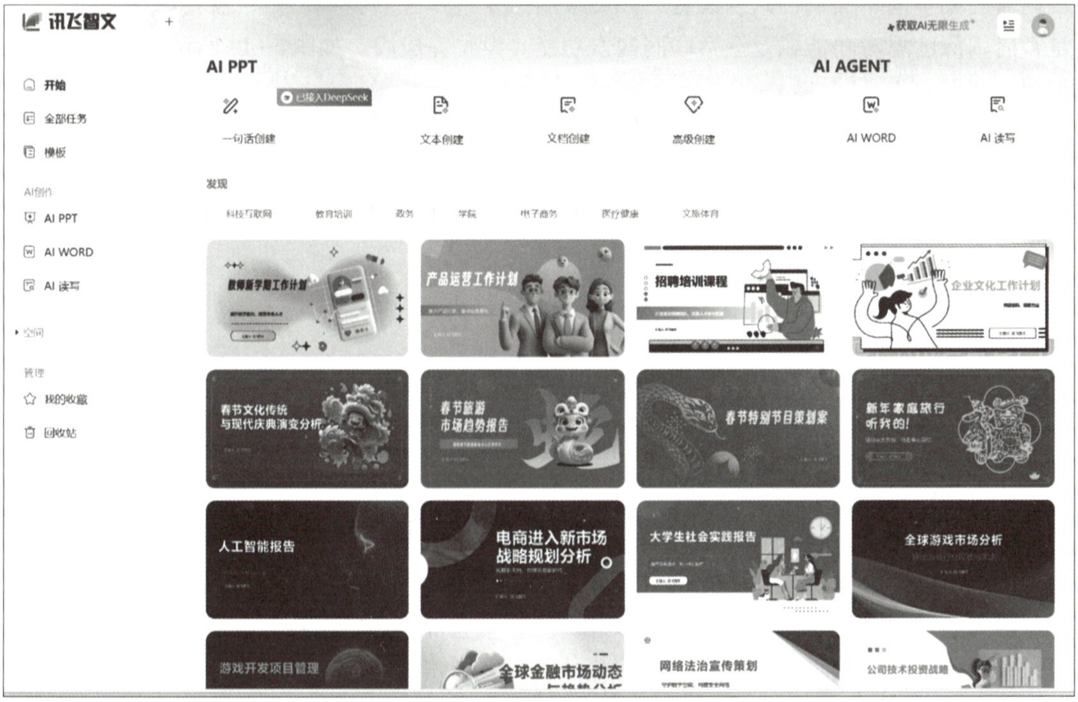

图 5-47 讯飞智文操作页面

1. 主题创建

如果对演示文稿制作没有具体思路或想法，只需输入一个主题或关键词，AI 会根据主题快速生成演示文稿的大纲和内容。操作步骤如下。

（1）单击页面左上角“一句话创建”按钮，如图 5-48 所示，再选择功能栏的“主题创建”选项。

图 5-48 操作功能页面

（2）在输入栏填写主题关键词，如“年度工作总结”。可以在输入栏下方的语言选项中根据需要调整演示文稿的语言设置，并可根据需要选择配图类型、是否需要添加演讲备注、是否启用深度思考功能以及激活联网搜索功能。设置完成后，如图 5-49 所示，单击“发送”按钮。

图 5-49　讯飞智文输入栏及主题关键词

（3）AI 自动生成演示文稿大纲，如图 5-50 所示。若对某些部分不满意，可双击进入相应的输入栏进行修改。完成修改后，单击“确定”按钮即可更新内容。若希望重新生成大纲，可以单击下方“重新生成”按钮。若满意生成结果，单击“下一步”按钮，继续操作。

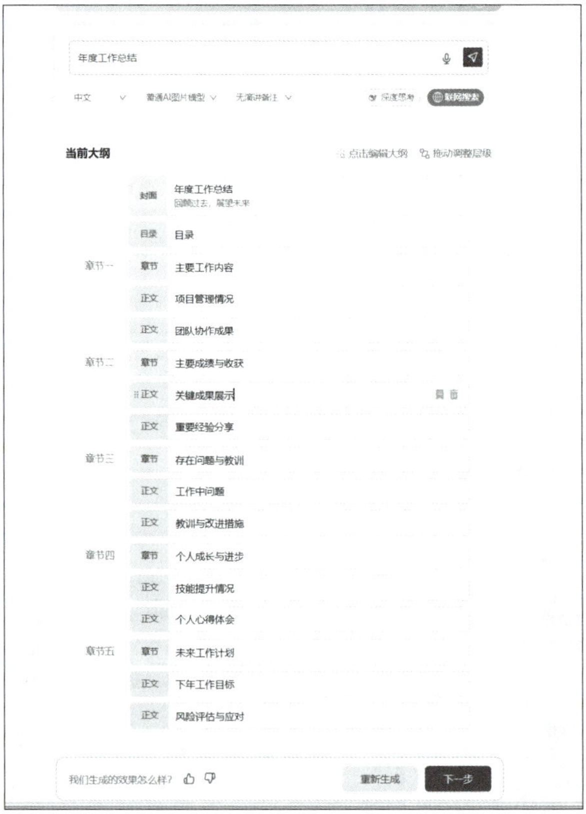

图 5-50　AI 生成演示文稿大纲

(4) 在系统智能推荐的模板库中，用户可以根据自己的需求设置行业、风格、颜色等多种选项来进行筛选，如图 5-51 所示。选择模板后，单击右上角的“开始生成”按钮，AI 将自动生成初始的演示文稿框架，如图 5-52 所示。

图 5-51 演示文稿模板库

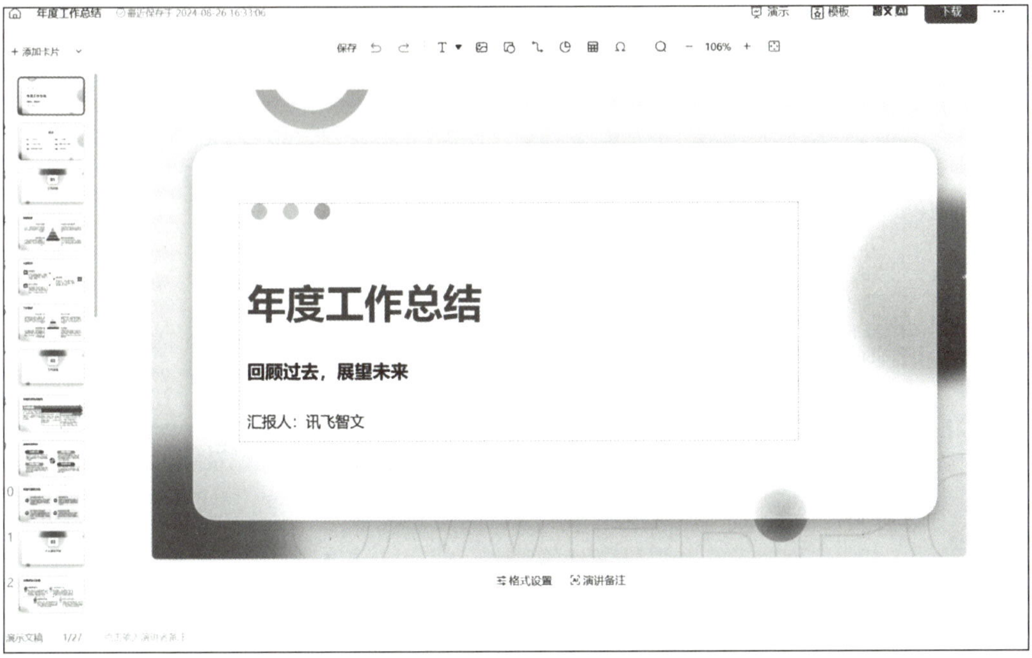

图 5-52 AI 生成演示文稿框架

2. 文本创建

在已有具体文稿或想法时，可以输入长文本(最高可达 8 000 字)，由 AI 总结拆分文本内容，生成高度相关的演示文稿。操作步骤如下：

(1)先单击首页左上角“文本创建”按钮，如图 5-53 所示。然后在输入框填写需要生成演示文稿的文本内容，单击“下一步”按钮，如图 5-54 所示。

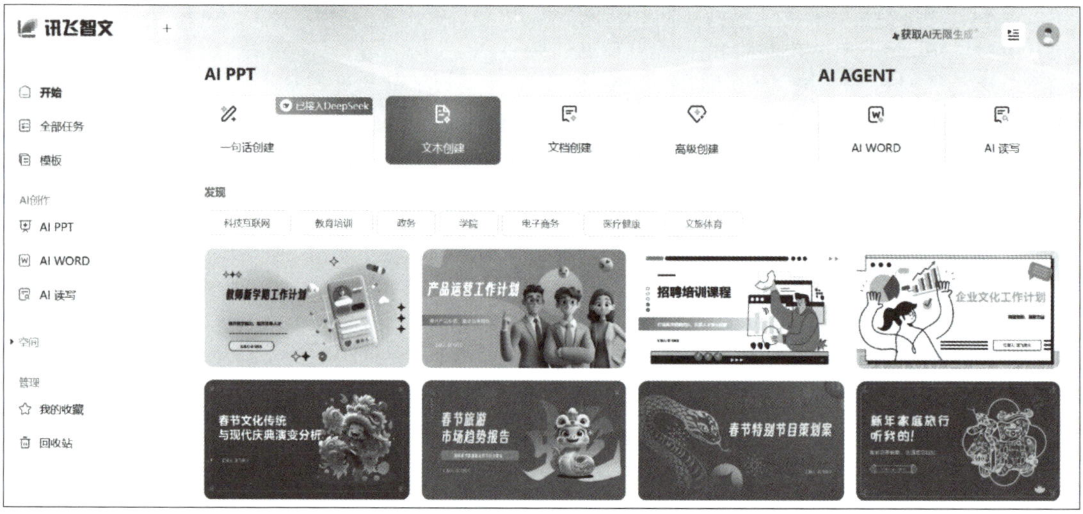

图 5-53　操作功能页面

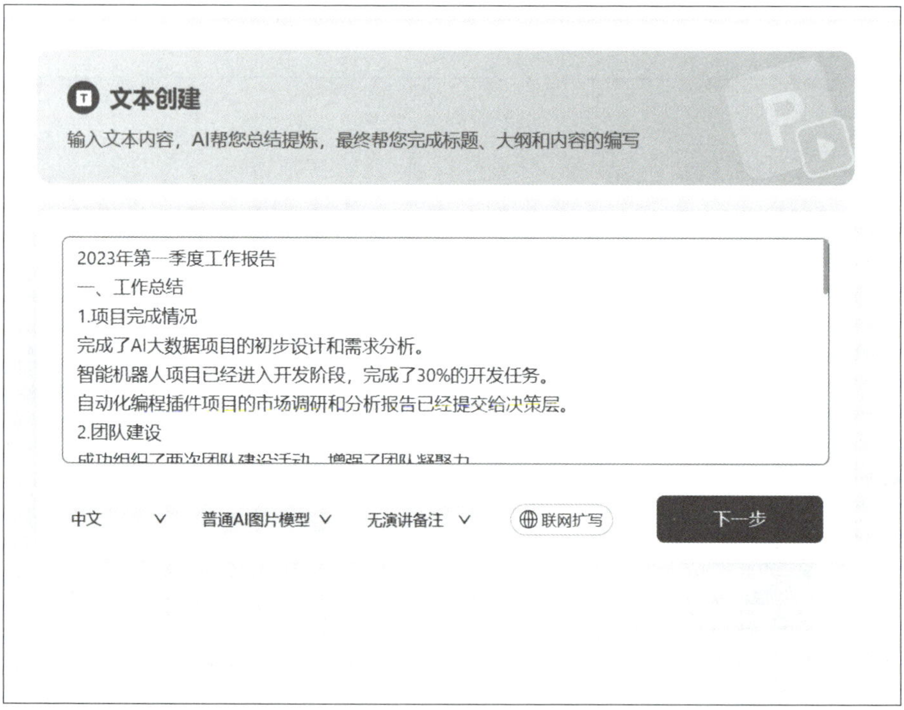

图 5-54　文本输入框及输入文本

(2) AI 自动分析文本，生成演示文稿大纲和内容，如图 5-55 所示。根据需要调整后，单击“下一步”按钮。

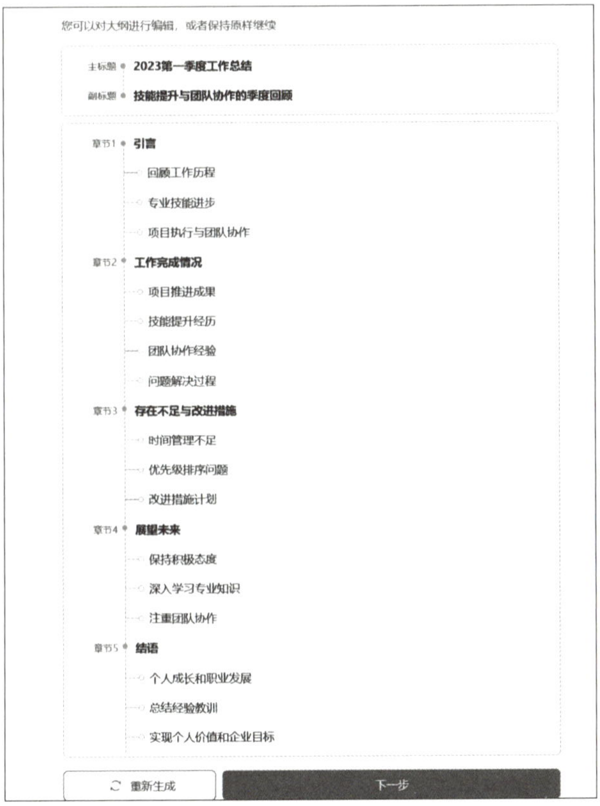

图 5-55 AI 生成演示文稿大纲

(3) 得到 AI 初步生成的演示文稿框架，如图 5-56 所示。

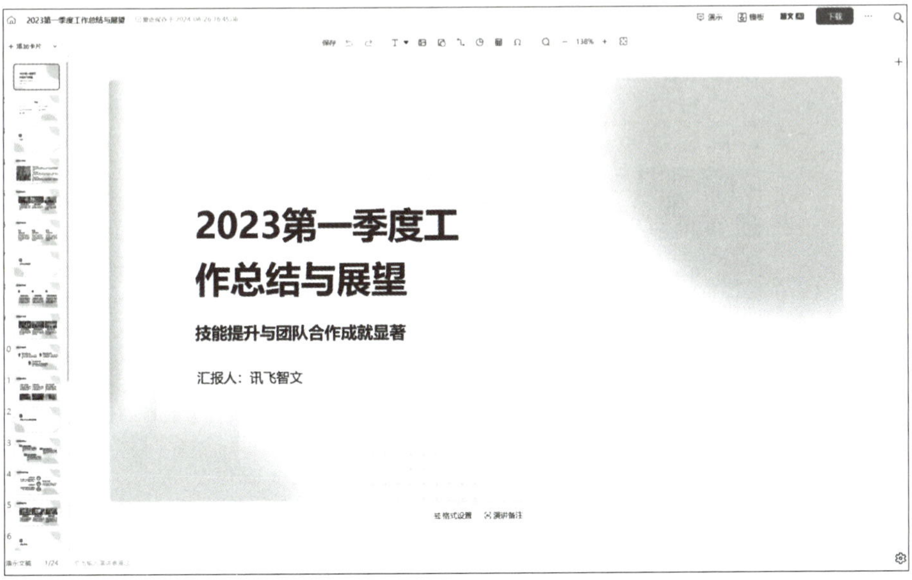

图 5-56 AI 生成演示文稿框架

5.3.2 个性化调整

1. 内容调整

生成的演示文稿初稿可能需要根据实际需求进行调整。通过双击进入相应文本框，可以对内容文字进行修改，并调整字体、字号、颜色等，如图 5-57 所示。

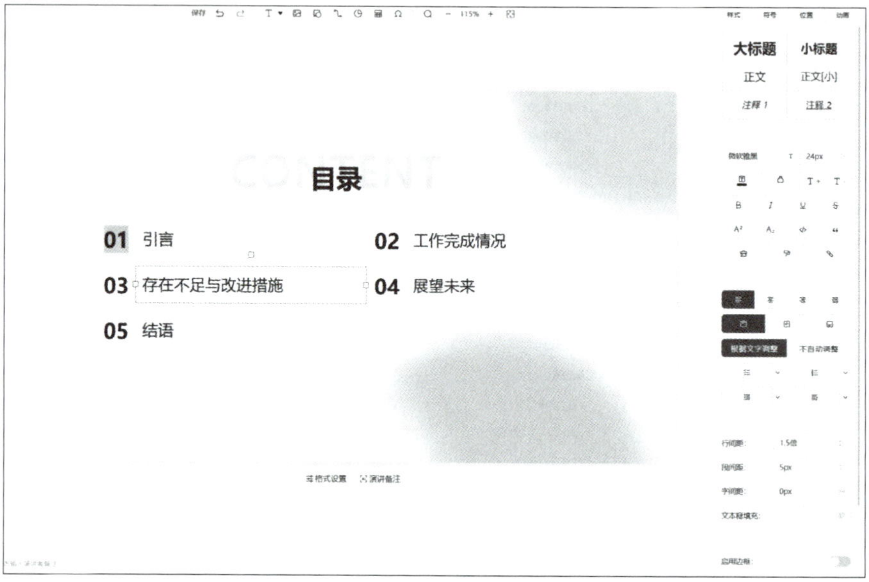

图 5-57 演示文稿内容调整页面

2. 模板选择

讯飞智文提供了丰富的模板，用户可以根据个人喜好和需求选择合适的模板。模板库还会定期更新，保持前沿的设计风格，如图 5-58 所示。

图 5-58 演示文稿模板库

5.3.3 一键动效

讯飞智文支持一键添加动画效果，提升演示文稿的趣味性和观赏性。单击需要添加动画的文本框，再单击右上角的“动画”按钮，然后单击“添加动画”按钮，选择相应的动画效果，系统会自动将其应用到幻灯片中，如图 5-59 所示。

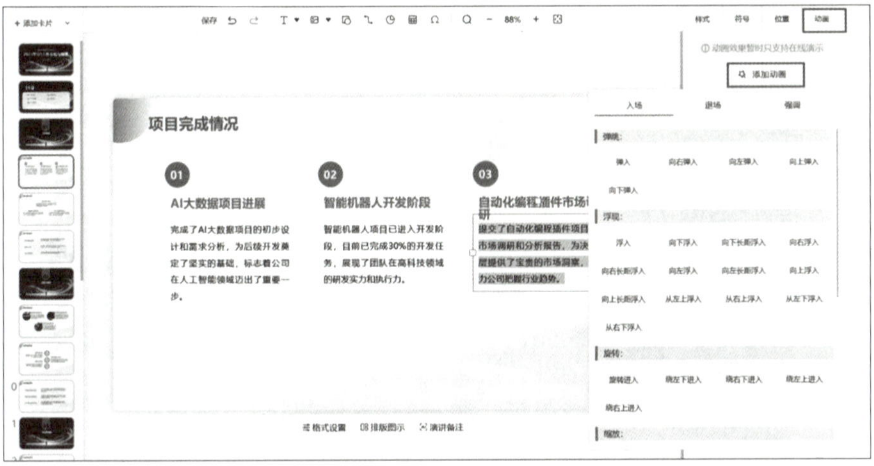

图 5-59 添加动画

5.3.4 配图添加

讯飞智文还内置了 AI 文生图功能，可以根据选定或输入的文字生成多张参考配图。此外，用户还可以根据需要自行插入准备好的图片。操作步骤如下。

（1）单击希望更改配图的幻灯片。

（2）选择右上角的“全局设置”按钮，如图 5-60 所示。

（3）单击下方的加号按钮，即可导入所需的图片。

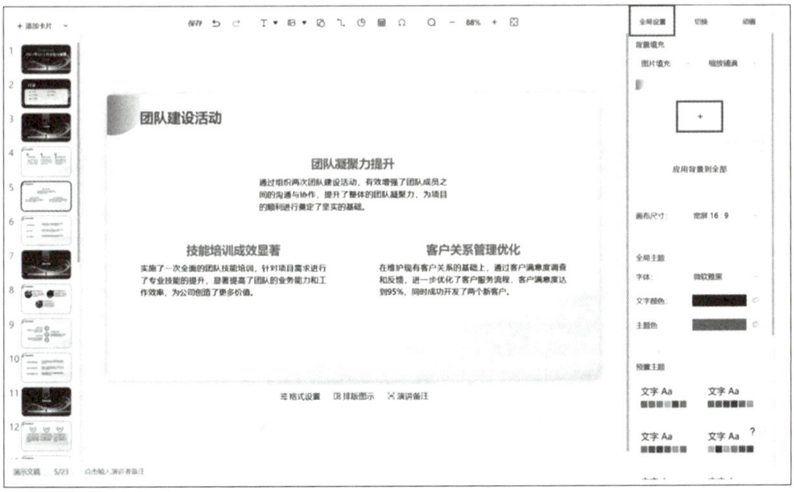

图 5-60 配图添加

5.3.5 导出与分享

完成所有编辑和调整后，单击右上角“下载”按钮，如图 5-61 所示。

图 5-61 单击“下载”按钮

在“下载到本地”对话框中选择所需的文件类型(如 PPT 文件、PDF 文件等)，如图 5-62 所示，再单击“确定”按钮，即可将演示文稿导出保存。

图 5-62 选择文件类型

5.3.6 WPS AI 幻灯片制作

1. 一键生成幻灯片

用户只需输入主题或已有大纲，即可利用 WPS AI 一键生成幻灯片内容。这大大节省了用户手动制作幻灯片的时间，提高了工作效率。操作步骤如下。

(1)打开新建的演示文稿，单击功能区中“WPS AI”选项，单击“AI 生成 PPT”下拉按钮，出现下拉菜单，选择“主题生成 PPT”选项(见图 5-63)，出现 WPS AI 对话框，在对话框中输入演示文稿主题，如图 5-64 所示，确认无误后单击“开始生成”按钮。

图 5-63 选择“主题生成 PPT”选项

图 5-64 WPS AI 对话框及提示词

(2)获取由 AI 生成的演示文稿大纲(见图 5-65)后，双击待修改区域即可进入编辑框进行调整。如若对大纲内容感到满意，单击“挑选模板”按钮，进入后续操作。

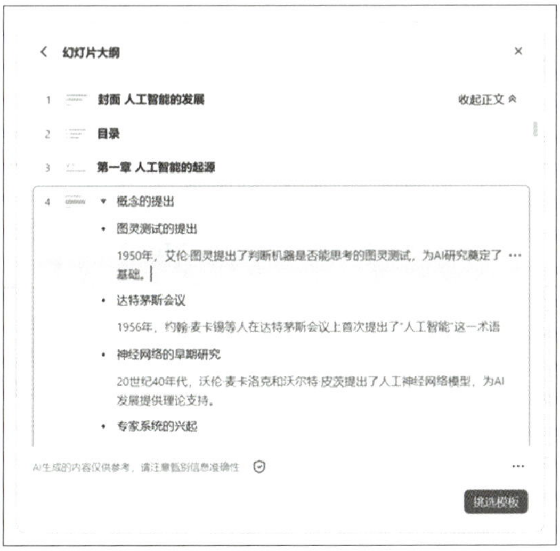

图 5-65 AI 生成演示文稿大纲

(3)在幻灯片模板库中根据需要选择模板，如图 5-66 所示，再单击“创建幻灯片”按钮。

图 5-66　幻灯片模板库

(4)得到 AI 生成的演示文稿框架，如图 5-67 所示。

图 5-67　AI 生成的演示文稿框架

2. 排版美化

WPS AI 为用户提供了丰富的模板，用户可以根据需要快速切换主题、配色和字体，大大提升了排版效率。此外，除了预设的配色方案外，WPS AI 还能根据幻灯片内容智能推荐配色方案，使幻灯片更加美观、专业，如图 5-68 所示。

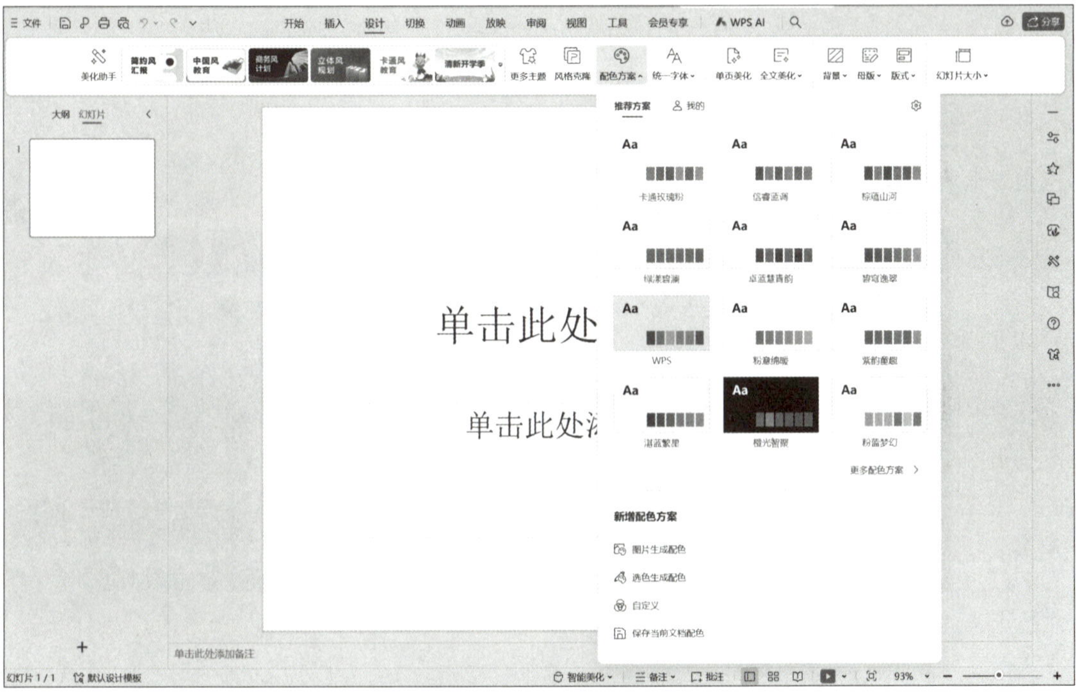

图 5-68 选择配色方案

3. 内容处理

WPS AI 还能根据幻灯片内容推荐合适的图片，用户只需单击图片即可使用，以方便快捷地提升幻灯片的视觉效果。

此外，对于单页幻灯片中的内容，WPS AI 提供了扩写和改写功能。用户可以根据需要丰富内容或精简描述，使幻灯片内容更加精准、生动。操作步骤如下。

双击需要修改的文字框，选择需要修改的文字，单击功能区上方的“WPS AI”选项，再单击“帮我改”下拉按钮，出现下拉菜单，直接选择所需的相应功能如“润色”“扩写”“缩写”等，如图 5-69 所示。

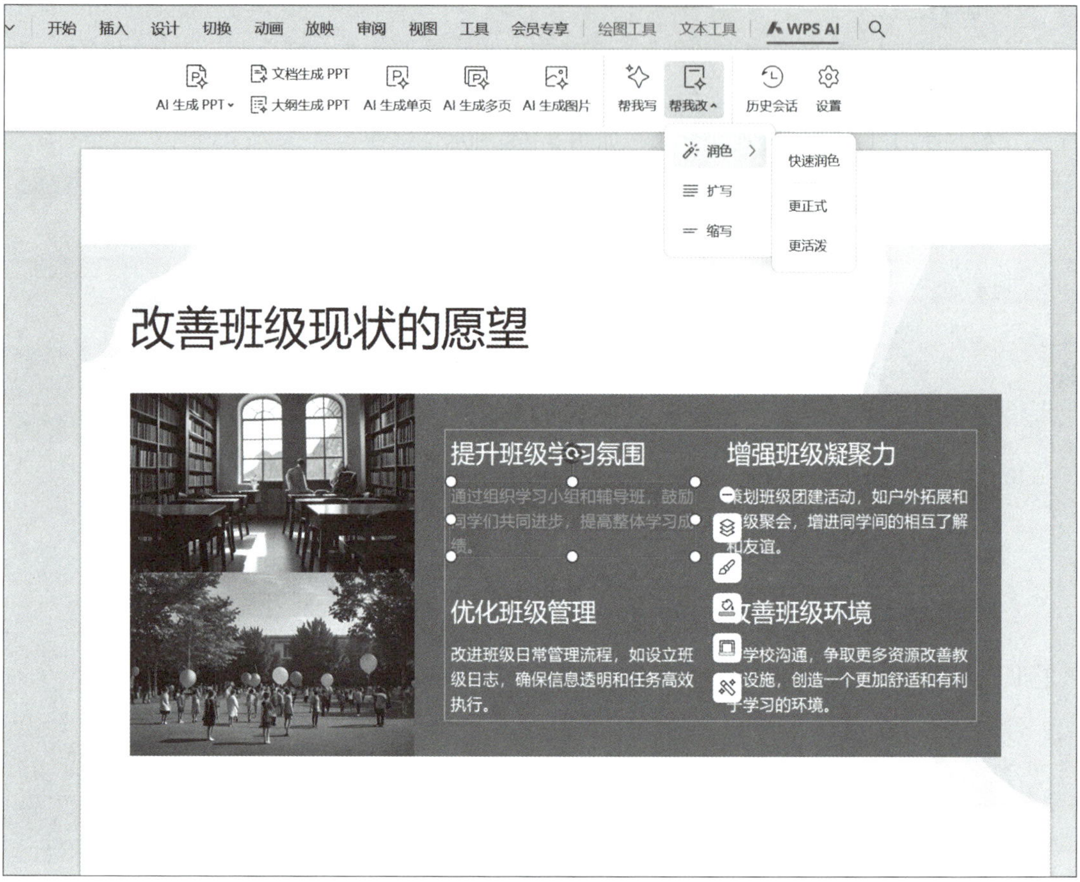

图 5-69　内容处理

5.4 AI 图像处理

5.4.1　AI 绘图工具介绍

随着 AI 技术的发展，AI 绘画热潮在全球蔓延，并在社会各界引起了广泛讨论。AI 绘画工具成为全新的艺术创作工具和媒介，为广大创作者提供了前所未有的创作可能性和便利。目前几款较为主流的 AI 绘画工具有以下几种。

（1）Midjourney：这是一款功能强大的人工智能绘画工具，也是目前被认为最强的 AI 绘画工具。它可根据自然语言描述生成图像，创建的图像具有逼真的视觉效果和高度的艺术表现力。

（2）GitMind AI 绘画：这是一款在线 AI 绘画工具，提供了多种语言界面及多种可供选择的艺术风格，支持用户以文字描述生成精美图片。该工具界面简单易上手，无须安装即可在线使用，同时支持手机和电脑端操作。

(3)Stable Diffusion：这是一款免费开源的深度学习文本到图像生成模型，主要用于根据文本的描述产生多样化的图像，还可以完成图像修复、文本生成、音频生成等任务。

(4)通义万相：这是阿里巴巴集团阿里云推出的一款 AI 绘画创作模型，于 2023 年 7 月 7 日正式上线。该工具也具备多类图像生成能力，能够实现对配色、布局、风格等图像设计元素的精细拆解与智能重组，从而生成高度可控且具有极大自由度的图像。

(5)文心一格：这是一款由百度公司推出的基于人工智能技术的绘画产品，通过深度学习技术，它能够根据用户输入的文字描述快速生成具有高度艺术感的绘画作品，支持中文输入。

(6)6penArt：这是一款由北京毛线球科技有限公司开发的 AI 绘画平台，特点是生成图像迅速、提供多种 AI 绘画模型、支持中文输入、不保留用户生成的图片版权。

以上几款 AI 绘画工具各具特色，用户可根据实际需求与偏好进行选择。本节将以“通义万相”为例，详细介绍如何使用 AI 绘画工具实现多种类型的 AI 绘画。

5.4.2 AI 实现文生图

用户输入一段描述性的文本，通义万相会基于这段文本生成相应的图像。这种功能允许用户通过文字来“绘制”出想象中的场景、人物或物体。值得一提的是，对于这种方式，选择准确、清晰的描述十分重要。

例 5-17 **AI 实现文生图。**

(1)进入“通义万相”首页(https://tongyi.aliyun.com/wanxiang)，如图 5-70 所示。

图 5-70　“通义万相”首页

（2）单击页面左侧“文字作画”选项，在对话框中输入指令，如“小狗在草地上奔跑”，单击“咒语书”选项，可在弹出的选项卡中添加图片风格、光线、材质、渲染、色彩、构图等设置，如图5-71所示。

图5-71 “咒语书”选项卡

（3）通过“创意模板”选择“厚涂原画”“黏土世界”等模板，在“文字作画”选项卡下端“比例”处选择所想要生成图片的比例。

（4）添加风格“彩铅”及光线“暖光”，选择模板“厚涂原画”，并在“创意模板”处已选模板下方的拖动条处调整强度，单击底部“生成画作”按钮，即可生成四张不同的符合描述的图像，如图5-72所示。

图5-72 生成图像

(5)图像生成后，若不满意，可单击右上方“再次生成”选项，直至生成满意的图像。得到满意的图片后，单击图像放大，可进行“收藏”“下载”“高清放大”“局部重绘”等操作，如图 5-73 所示。

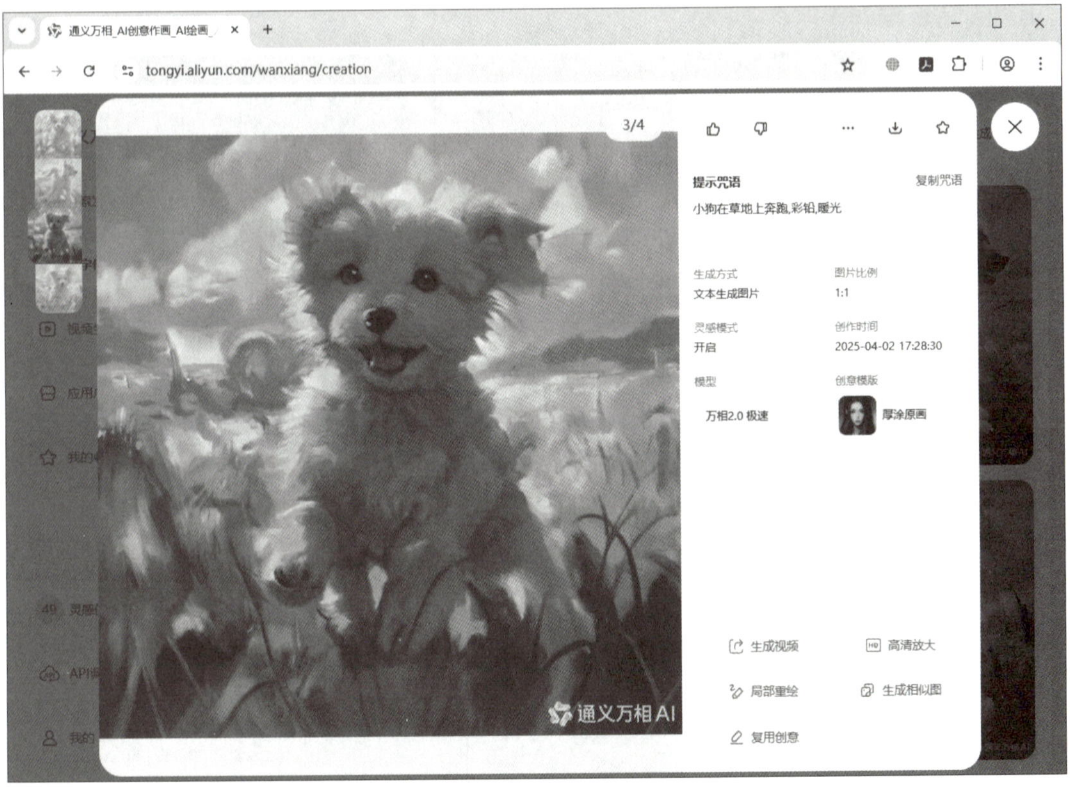

图 5-73　图像放大页面

5.4.3　AI 实现图生图

通义万相的图生图功能，即相似图片生成功能。用户上传参考图片后，Composer 模型能够分析用户上传的图片，提取其关键特征，并基于这些特征生成新的、风格相似的图片。这一功能在艺术创作、设计灵感激发等领域具有广泛的应用前景。

例 5-18　AI 实现图生图。

(1)在“通义万相”首页(见图 5-70)单击“文字作画”选项，单击左上方“万相 2.0 极速”选项，弹出“创作模型”选项卡，切换至“万相 1.0 通用”(当前 2.0 版本暂不支持上传参考图)，如图 5-74 所示。

(2)在“参考图”区域可单击或拖动上传参考图。此处以图 5-75 所示的参考图为例。

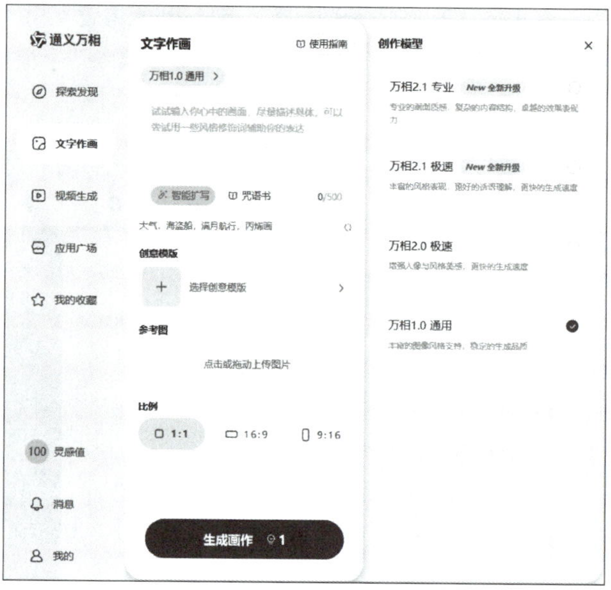

图 5-74　通义万相 1.0

图 5-75　参考图

（3）在对话框中输入指令，并在“参考图”底部选择参考方式和参考强度。例如，输入“油画，氛围光照，柔和色彩”，并选择参考方式为“内容”，调整参考强度，最后单击“生成画作”按钮，通义万相将会创作出新的图片，如图 5-76 所示。

图 5-76　用图生图方式生成新图片

5.4.4 其他 AI 绘图功能

1）图像风格迁移（style transfer）

用户上传一张原图像和一张风格参考图像，通义万相会将风格参考图像的风格迁移到原图像上，生成一张具有新风格的图像。这种功能非常适合艺术家和设计师进行创意探索。

例 5-19 图像风格迁移。

（1）在“通义万相”首页单击“应用广场”选项，再单击“风格迁移”选项，进入“风格迁移”页面（见图 5-77），在左侧分别上传风格图和原图。

（2）单击“生成画作”按钮，即可生成与风格参考图具有相似风格的新图像。

图 5-77 “风格迁移”页面

2）相似图像生成（image-to-image translation）

用户上传一张图像，通义万相可以生成与之相似但又不完全相同的图像。这种功能可以用于图像增强、图像修复或生成多样化的图像样本。

例 5-20 相似图像生成。

（1）在“通义万相”首页单击“应用广场”选项，再单击“相似图生成”选项，上传参考图，此处以图 5-78 为参考图。

图 5-78　参考图

（2）单击“生成画作”按钮，即可生成相似图像，如图 5-79 所示。

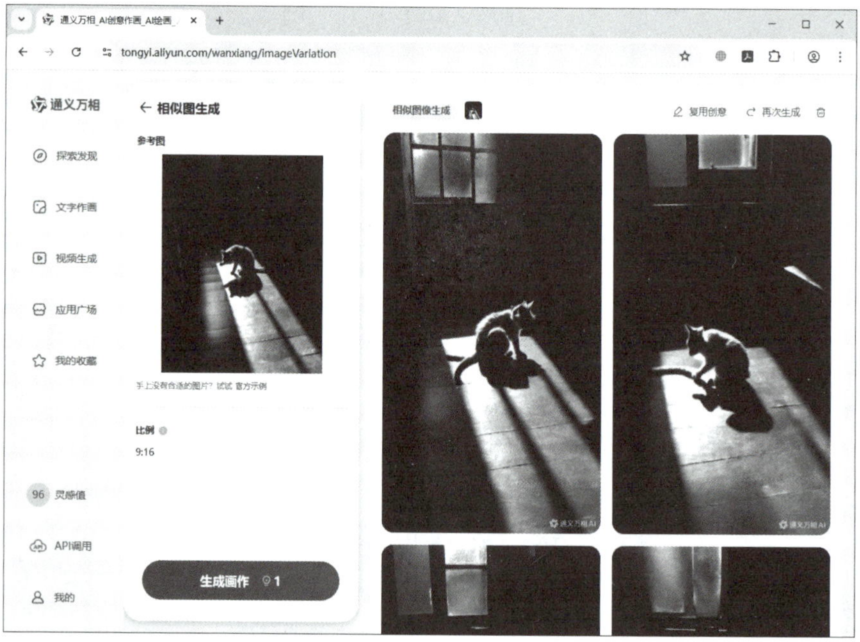

图 5-79　生成相似图像

3）涂鸦作画（sketch-to-image）

用户可以在平台上进行涂鸦或绘制简笔画，然后输入与涂鸦相匹配的文字描述。通义万相会基于涂鸦和文字描述生成完整的画作。这种功能结合了手绘的趣味性和 AI 的创造力。

例 5-21 涂鸦作画。

(1)在“应用广场”页面单击“涂鸦作画”选项，进入“涂鸦作画”页面，如图 5-80 所示。

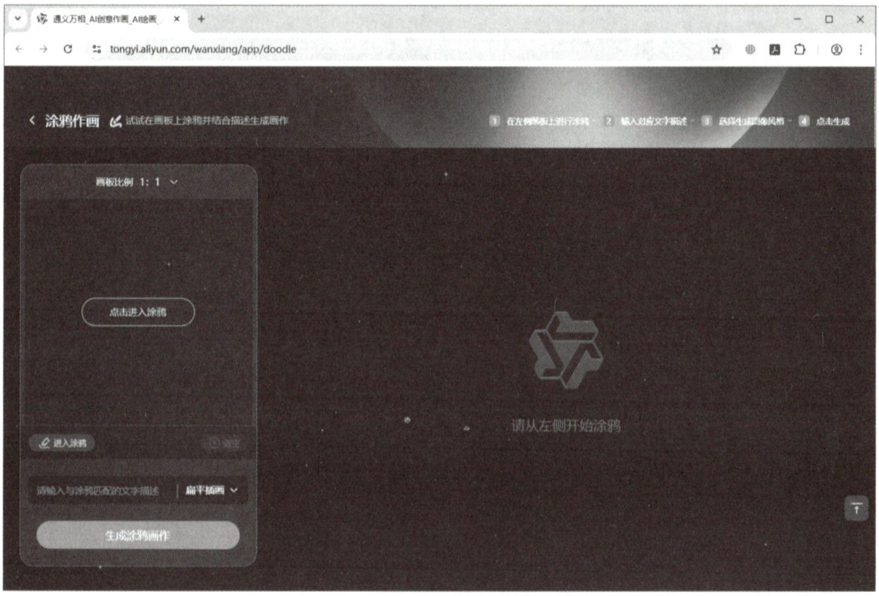

图 5-80 “涂鸦作画”页面

(2)单击“点击进入涂鸦”按钮后可直接在画板上进行涂鸦或上传图片转化为涂鸦，并可通过画板左下的“画笔”“橡皮”工具进行修改，完成绘画后单击“完成涂鸦”按钮。此处以图 5-81 为例，将其上传转化并修改后的涂鸦如图 5-82 所示。

图 5-81 参考图

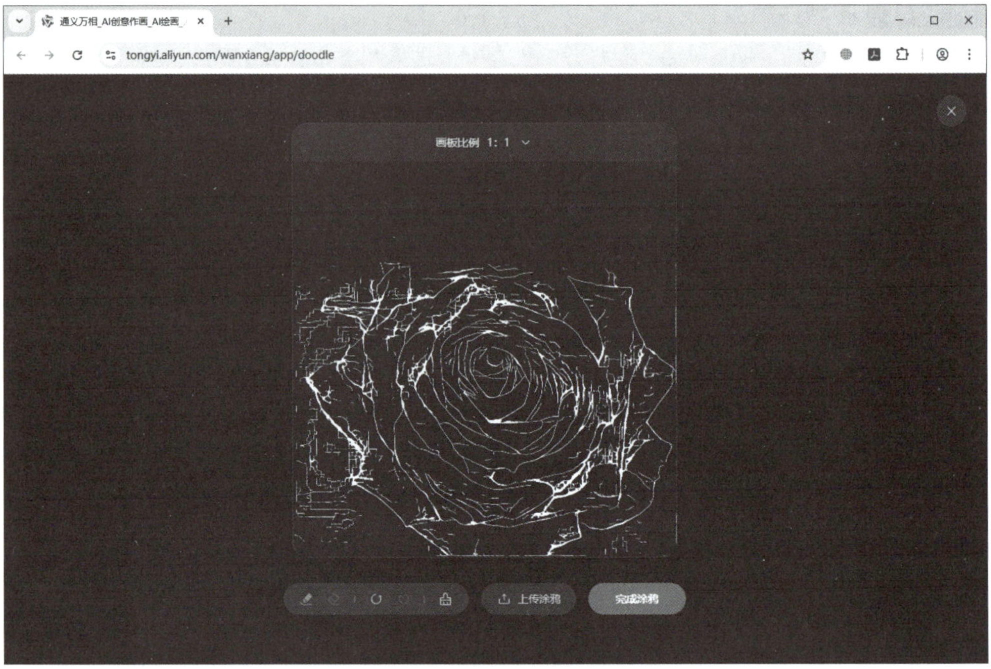

图 5-82　生成涂鸦

（3）输入对应的文字描述，并在描述右侧下拉列表中选择“扁平插画”“二次元”等图像风格，单击“生成涂鸦画作”按钮，AI将生成符合描述的画作。如输入描述“粉色的玫瑰花”，选择风格“水彩”，生成的画作如图5-83所示。

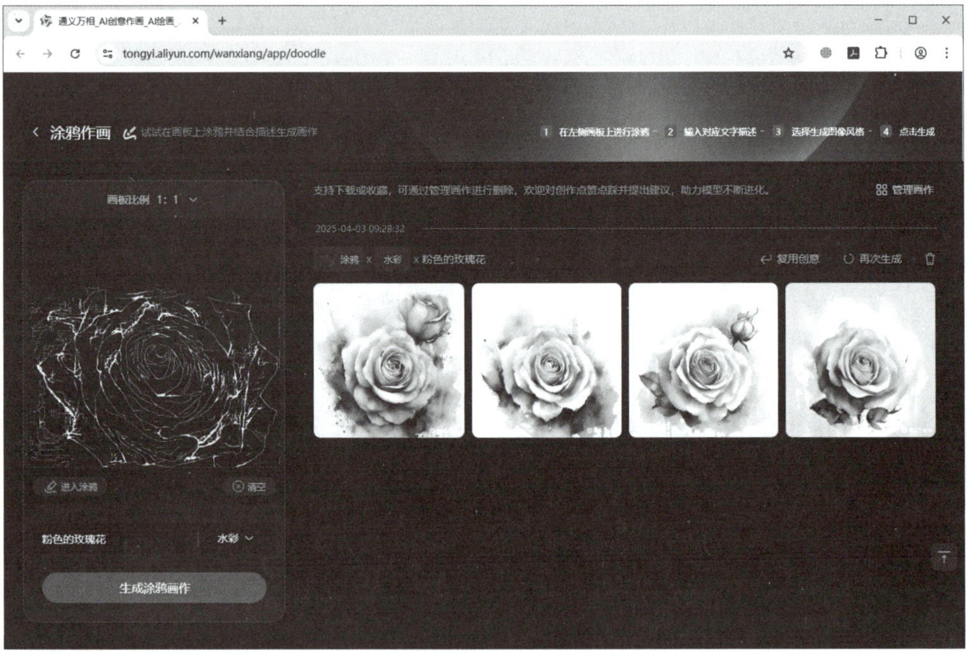

图 5-83　生成画作

4)其他功能

通义万相不仅集成了先进的图像生成与处理技术，还创新性地提供了生成艺术字、生成写真以及虚拟模特等多元化功能，为用户开启了一场前所未有的数字创意之旅，能满足用户在不同场景下的个性化需求，感兴趣的读者可自行进行尝试体验。

5.5 AI视频生成

Transformer模型的出现，是NLP领域的一次重大突破。它使抽象的文本描述可直接转化为生动的画面，一方面推动了文本生成视频技术的蓬勃发展，另一方面引领了一场从文本到图像乃至视频生成的技术革命。

2017年起，由文本生成视频的尝试就已开始。尽管当时技术并不成熟，仅限于简单场景的生成与基础效果的实现，却为这一领域的后续飞跃奠定了基础。2021年，随着DALL·E模型的问世，AI创新性地将基于VQ-VAE与Transformer模型融合的技术框架运用到了视频生成中。这一技术创新不仅优化实现了文本与视频内容的即时关联，还极大地提升了生成视频的连贯性与质量，为文本生成视频技术的可行性提供了强有力的证明。同年，加利福尼亚大学伯克利分校推出了Video-GPT架构，将VQ-VAE与Transformer模型的优势无缝衔接至视频创作领域，展现了跨领域技术融合的强大潜力。在这一系列进展中，视频生成技术逐步迈向成熟与多样化。

2022年，扩散模型以其独特的优势，迅速成为视频生成领域的新宠。DALL·E、Stable Diffusion等模型在AI绘画领域的广泛普及与成功应用，也让扩散模型渗透到视频生成领域。当时视频生成领域的最新研究成果，如Meta公司的Make-A-Video模型与谷歌的Imagen Video、Phenaki模型，为用户提供了前所未有的个性化视频创作体验。

随着算法研究的持续深入与突破，生成视频的质量、流畅度及内涵表达均实现了质的飞跃。视频生成技术已在多个领域展现其应用价值。从创意广告、影视制作到教育娱乐，视频生成技术正以其独特的魅力与无限潜力，改变着我们的生活方式与创作模式。

5.5.1 AI视频工具介绍

随着人工智能技术的飞速发展，AI视频工具已经成为视频制作领域的一股不可忽视的力量。它们不仅能够大幅提升视频编辑的效率，还能为创作者提供前所未有的创意空间和个性化定制选项，可用于数字人视频生成、视频编辑、文本生成视频等。表5-3列出了一些主流的AI视频生成工具，用户可根据自己的需要自行选择体验。

表 5-3　主流 AI 视频工具介绍

名称	是否免费	相关介绍	核心功能
Pictory	免费	一个文本生成视频工具，第一个版本推出于 2020 年 7 月，来源于 2019 年在美国西雅图市举办的一个“黑客马拉松”	文本转视频、自动化视频编辑、智能剪辑算法、字幕和配音
Veed	免费试用	在线的视频剪辑工具	剪辑、转场、文本格式化等丰富的视频编辑功能。用户可以轻松地对视频进行剪裁、拼接、添加字幕和特效等操作
InVideo	免费试用	一款功能强大且用户友好的视频编辑与生成工具，结合了云计算、人工智能以及现代 Web 技术的优势	根据提供的文本生成图文视频，并可对视频进行调整编辑
Synthesia	否	一款数字人视频生成工具，致力于帮助用户快速生成数字人解说视频	虚拟人物视频生成、提供视频编辑功能
Elai	免费试用	Elai 是由全球 AI 技术专家团队创建的一个数字人视频生成工具，结合了 GPT-3、语音合成、NLP 和计算机视觉等领域的最新技术	将文本、PPT 等转化为口播视频，同时还支持对视频中的人像进行自定义
Phenaki	免费	Google 旗下的一个文本转视频模型	文本引导的视频生成，生成连续、有意义的视频片段，且不受固定帧数或分辨率的限制
剪映	部分付费	一款由字节跳动旗下深圳市脸萌科技有限公司推出的视频剪辑工具	视频编辑、生成模板相似视频、音频处理、添加滤镜与特效等
快手可灵	部分付费	快手推出的 AI 视频生成工具，采用自研的可灵大模型	支持文生视频和图生视频，提供丰富的镜头调整选项和个性化首尾帧设置

剪映凭借其直观易用的界面设计、庞大丰富的素材库与多样化模板，以及便捷分享至抖音等社交媒体平台的特性，赢得了广大用户的青睐。随着 AI 技术的不断融入与升级，剪映的功能得到了进一步的增强与优化，即便是没接触过视频编辑的新手用户也能轻松上手。因此，本节将以剪映为例，详细介绍一些利用 AI 技术实现视频生成的高效方法。

5.5.2 文本生成视频

剪映的文本生成视频功能是一项很强大的工具，它允许用户通过简单的文案快速制作出一段富有吸引力的视频。本章节将详细介绍如何利用这一功能，将创意文案迅速转化为视频内容。

例 5-22 由文本生成视频。

(1)安装剪映，打开剪映 APP，进入主界面，如图 5-84 所示。点击主界面上端的“图文成片”选项，进入图 5-85 所示界面。

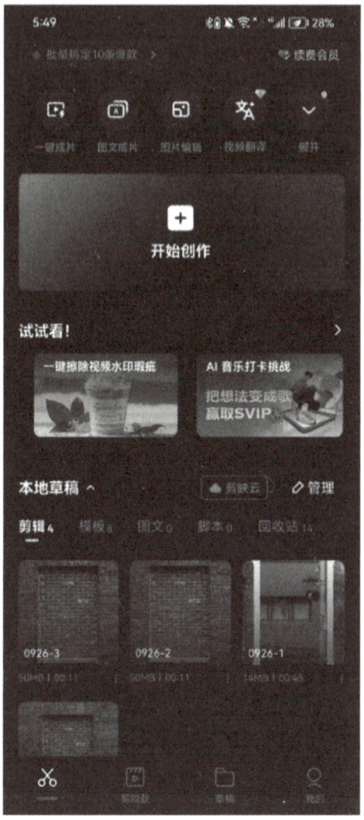

图 5-84 剪映主界面

图 5-85 “图文成片”界面

(2)可以根据需要，点击“自由编辑文案”选项，粘贴已有文案。也可以在“智能文案”中自动生成一段视频文案，智能文案提供了“情感关系”“励志鸡汤”“美食教程”等多个主题，根据需要自行选择即可。如点击“励志鸡汤”选项，进入如图 5-86 所示界面。在对话框中输入主题以及相关的话题，并在下方选择视频时长，如图 5-87 所示。完成后点击“生成文案”按钮，即可生成一段符合需求的文案，如图 5-88 所示。

图 5-86 “智能文案”界面

图 5-87 输入主题和话题

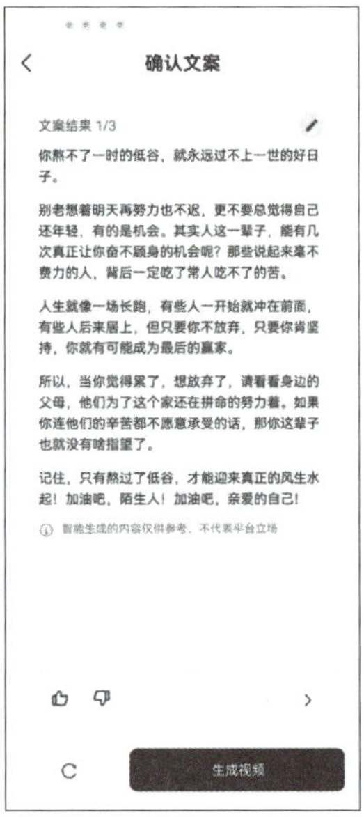

图 5-88 生成文案

（3）文案生成后，点击右上方画笔小图标，对生成文案进行调整。可以在图 5-89 所示界面对生成文案自行删改，或利用“改写”“扩写”“缩写”等功能进行修改。此外，剪映还提供了“链接提取文案”“视频提取文案”“翻译”等功能，可根据需要自行选择。文案修改完成后，点击右上方“应用”按钮，将弹出成片方式的选择界面，如图 5-90 所示。“智能匹配素材”方式可直接根据文案搭配素材和图片，“使用本地素材”方式可上传自定义的图片或视频素材，此处以“智能匹配素材”为例。

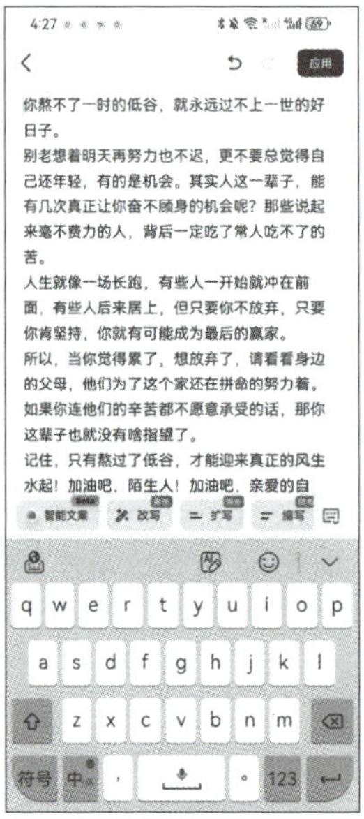

图 5-89 修改文案

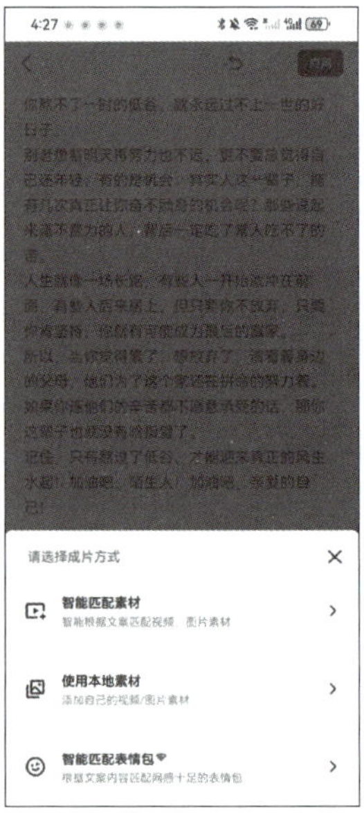

图 5-90 选择成片方式

(4) 完成上述操作后，剪映已为用户生成了初步的视频并进入视频编辑界面，如图 5-91 所示，只需对视频进行一些修改使其更加符合要求即可。点击下方“主题模板”选项，如图 5-92 所示，可以更改模板。

图 5-91　视频编辑界面

图 5-92　“主题模板”界面

(5) 在视频编辑界面点击“风格套图”选项，可以选择替换图片(见图 5-93)；若想替换视频中的某些素材，可点击下方的“画面”选项，进入如图 5-94 所示界面，点击“替换”或“添加素材”选项，将视频中的素材替换成用户手机里面的素材。

图 5-93　“风格套图”界面

图 5-94　“画面”界面

（6）其他方面如文字、音色等的调整也是按照上述的操作方法，根据需要在视频编辑界面底部点击相应功能选项即可。视频调整完成后，点击界面右上方“导出”选项，即可将视频保存至设备。

5.5.3 AI音效

▲文本生成视频示例

剪映的AI音效功能利用先进的人工智能技术，将文本内容转化为自然流畅的语音，并提供了多种语音类型、语言和口音选择，以满足不同用户的配音需求。此外，用户还可以根据实际需求调整语速、音量、语调等参数，以实现个性化配音效果。

例5-23 **AI音效。**

（1）启动剪映APP，进入主界面。点击“开始创作”选项，进入视频选择界面选择需要编辑的视频素材，点击“添加”按钮，进入视频编辑界面，如图5-95所示。在视频编辑界面，点击底部的“文本”选项，进入如图5-96所示界面。

图5-95　视频编辑界面

图5-96　“文本”界面

（2）选择“新建文本”或“识别字幕”选项来添加或识别视频中的文字内容，其界面分别如图5-97和图5-98所示。

图 5-97 “新建文本”界面

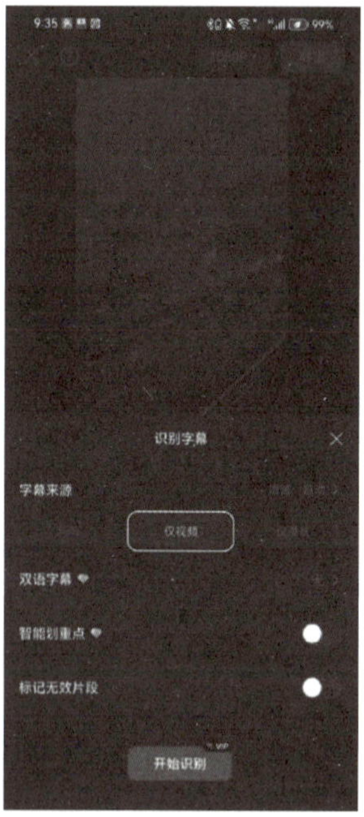

图 5-98 “识别字幕”界面

(3)输入或确认需要转换为语音的文本后，选中这些文字，点击“文本朗读”选项，弹出如图 5-99 所示界面。在弹出的配音设置中，选择所需的语音类型，再次点击还可调整语速，如图 5-100 所示。

图 5-99 “文本朗读”界面

图 5-100 调整语速

(4)选择完成后，点击“√”按钮即可生成配音。生成后，可以拖动音频轨道上的配音片段，调节配音时长，如图 5-101 所示。

图 5-101　调节配音时长

(5)完成所有编辑操作后，点击屏幕右上角的“导出”按钮保存视频。

5.5.4　AI 特效

剪映提供了丰富的特效功能，如动态贴纸、滤镜、动画等。这些特效能够显著提升视频的视觉效果，使作品更加引人注目。除此之外，剪映还提供了 AI 特效功能，下面将具体介绍这一功能的操作方法。

例 5-24　AI 特效。

(1)用户按例 5-23 中的步骤(1)和(2)上传需要添加特效的照片或视频后，进入视频编辑界面(注意使用 AI 特效时视频时长不能超过 10 s)，如图 5-102 所示。

(2)点击“特效”选项，进入如图 5-103 所示界面，可以根据需要选择画面特效、人物特效等，只需点击选择所需特效即可。用户还可以参考例 5-23 中步骤(3)，再次点击进入调整界面，手动调整特效参数，如透明度、大小、位置等，以使特效与视频内容更加协调。

图 5-102　视频编辑界面

图 5-103　“特效”界面

(3)返回“特效”界面，点击右下角“AI 特效”选项，显示如图 5-104 所示界面。可以直接在“灵感”界面下选择合适的特效，并点击“生成”按钮将其应用于视频，生成多种不同效果以预览，如图 5-105 所示。

图 5-104　“灵感”界面

图 5-105　效果预览

（4）点击界面左下方的“调整”按钮，可以调相似度或重新生成，如图 5-106 所示。

图 5-106 “调整”界面

（5）选择想要的效果后，在图 5-105 所示界面内点击“应用”按钮，进行算法生成（此步骤耗时较长）。也可以在图 5-104 界面内选择“自定义”选项卡，进入图 5-107 所示界面。输入描述词，点击“调节”按钮，可以调节相似度（见图 5-108）。调整完成后，点击“生成”按钮，可以生成的预览效果，选择想要的效果后，点击“应用”按钮，进行算法生成。

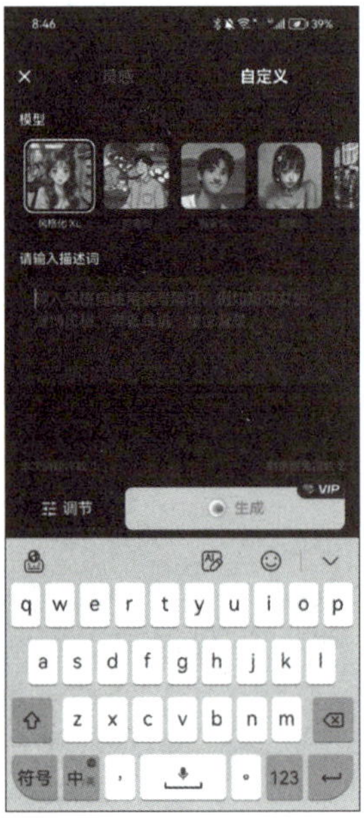

图 5-107 “自定义”界面

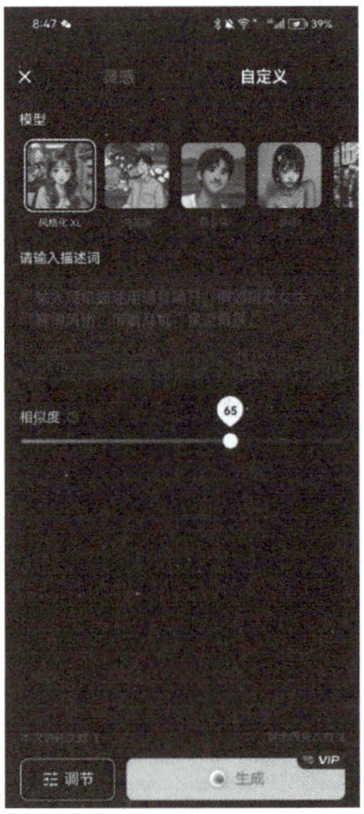

图 5-108 调整相似度

(6)特效生成后，点击“导出”按钮即可保存视频。

5.5.5 AI数字人

AI数字人是运用数字技术创造出来的、与人类形象接近的数字化人物形象。它是信息科学与生命科学融合的产物，即利用信息科学的方法对人体在不同水平的形态和功能进行虚拟仿真。在电影、游戏、商业、教育等领域展现出了巨大的应用潜力和价值。

剪映提供了数字人播报功能，让用户能够轻松创建具有高度仿真效果的虚拟人物，这些数字人不仅能够模拟真人的形象、动作和表情，还能根据音频内容生成相应的面部表情和肢体动作，使视频内容更加生动和吸引人。这一功能适用于多种场景，如新闻播报、知识讲解等。

例5-25 **AI数字人。**

(1)打开剪映应用，进入主界面。点击“开始创作”选项，进入“视频”选择界面，选择心仪的视频素材。

(2)选择完成后，点击“添加”按钮，进入视频编辑界面，如图5-109所示。滑动底部菜单栏，找到“数字人”功能选项，点击后进入如图5-110所示界面。

图5-109 视频编辑界面

图5-110 “数字人”界面

(3)选择符合要求的数字人，还可以点击“形象定制”选项，实现“克隆形象”“上传照片形象”“AI生成图片形象”等功能，生成个性化的数字人，如图5-111所示。

图 5-111 “添加形象”界面

(4)在“数字人”界面下方可以选择“阳光男声”“新闻女声”“甜美解说”等不同的音色，再次点击还可以调整语速，如图 5-112 所示。

图 5-112 选择音色

(5)向下滑动查看页面，在下方输入框中输入数字人朗读文案，如图 5-113 所示。

图 5-113 输入文案

(6)确保文案内容准确无误后，点击右方“√”按钮，剪映将识别文案并自动生成字幕。生成视频后，即可点击右上方“导出”按钮，保存视频。

▲数字人生成示例

习 题 5

一、选择题

1. 使用 AI 工具进行文本生成时，以下操作中常见的是(　　)。

A. 手动输入每个字

B. 选择预设的模板后直接生成

C. 输入关键词或主题后，由 AI 生成相关内容

D. 仅能生成简单的句子

2. 在数据处理方面，AI 工具通常(　　)。

A. 能手动筛选和排序数据　　B. 能自动识别并修正数据错误

C. 仅能进行简单的加减乘除运算　　D. 无法处理包含文本的数据

3. 利用 AI 制作幻灯片时，以下功能中(　　)不是 AI 提供的。

A. 自动配色和布局　　B. 根据内容自动添加动画效果

C. 根据输入的要点生成幻灯片框架　　D. 手动绘制每个元素的位置

二、简答题

1. 举例说明 AI 在数据处理中如何帮助提高工作效率。
2. AI 在图像处理中有哪些常见的应用场景？请至少列举两项。
3. 视频生成领域，AI 技术能带来哪些便利？请结合一个具体功能进行说明。

▲习题答案

第 6 章 人工智能+

随着算法的不断精进、计算能力的显著提升以及大数据资源的日益丰富，人工智能已从理论探索逐步过渡到广泛应用的实践阶段。在此过程中，人工智能展现了其在解决复杂问题、优化决策流程、提升服务效率等方面的显著能力。当这一技术与各行业的实际需求相结合时，便催生了一系列创新性的应用，为医疗、金融、教育、制造、交通等多个传统领域带来了新的发展机遇，并为其未来发展注入了新的动力与潜力。

6.1 人工智能+医疗

通过机器学习、深度学习等数据驱动技术的创新应用，人工智能正在改变着医疗健康领域的格局。基于电子健康记录、医学成像系统、基因组测序和移动医疗平台汇集的大量数据，人工智能技术能够得出更有洞察力的见解和更具前瞻性的发现，造福患者和医疗从业者。一方面，人工智能在健康分析、临床决策支持、个性化治疗建议和常规任务自动化处理等任务中的应用，对于医学和公共卫生事业的发展起到了重大推动作用；另一方面，人工智能在协助医学图像分析、药物发现、慢性病管理和健康监测等各类复杂任务中的应用，使得诊疗方法和治疗手段更具前瞻性、精确性和预测性。

▲智慧医疗

人工智能在医疗领域中的广泛应用带来了机遇，同时也带来了前所未有的挑战，如伦理问题、偏见、数据隐私等。这需要“人工智能+医疗”的实践者们采取谨慎的治理方法，在最大限度发挥其效益的同时防止潜在的危害和影响。

6.1.1 人工智能在医疗领域实施中的相关技术

随着人工智能系统越来越多地从多模态医疗健康数据中学习，人工智能在个性化护理、预测风险和简化运营方面的作用正在颠覆传统的医疗服务模式。人工智能融合了多项技术，如机器学习、自然语言处理、机器人等，来支持疾病发现、改善临床医疗。

1. 机器学习

机器学习算法广泛应用于医疗健康领域，以识别大型复杂数据集中的模式，进而为诊断和治疗提供帮助。监督学习能够从数千个正确标记病灶的图像中学习到某种模式，随后便能够分析新的图像并准确判断图像中是否存在病变情况。无监督学习能够基于未经标记的人群，通过大量电子病历记录，寻找病人之间可能存在的划分逻辑，如低收入人群和高收入人群，或用药人群和未用药人群等，进而帮助人们了解数据的内在逻辑，为更深入的数据分析建立基础。强化学习可以用于优化治疗方案、提高诊断准确性、优化医疗资源分配等方面，如通过分析病人的医疗记录和生活习惯来预测疾病风险，根据病人的病史和生物标志物来优化药物剂量和治疗时间，还有根据病人需要治疗的紧急程度来分配医疗资源。

2. 自然语言处理

在医疗领域，大量数据以文本形式存在，例如电子病历、医学文献、患者反馈等。传统的数据分析方法难以有效处理这些非结构化数据。自然语言处理技术的引入，成为解锁医疗数据潜力的重要工具。自然语言处理是人工智能技术的一个重要分支，旨在让计算机能够理解和生成人类语言。自然语言处理技术在临床诊疗和医学研究的应用是一个前沿且有前景的方向，可以帮助医生和患者提高诊断、治疗和预防的效率和质量，也可以帮助医学研究人员发现新的知识和方法，如图6-1所示。

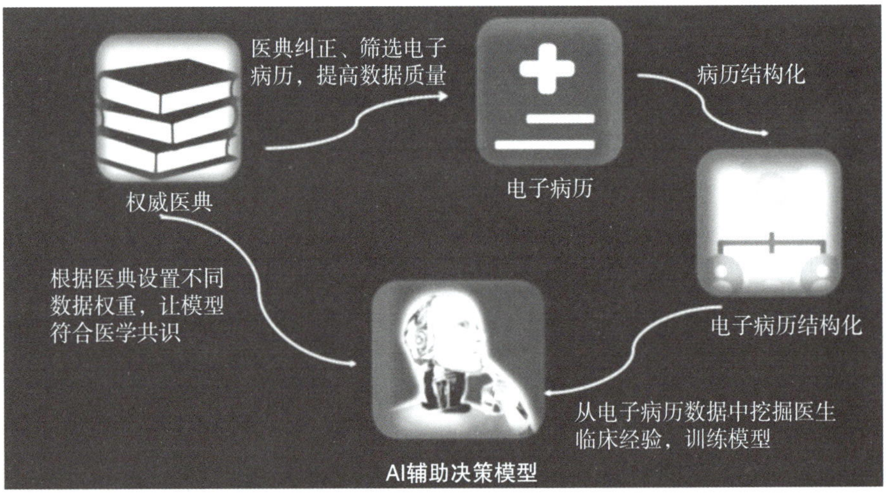

图6-1　人工智能辅助医生诊断

自然语言处理广泛应用在辅助医生诊断和鉴别诊断、提高循证医学效率、辅助医学研究等方面。表6-1列出了自然语言处理在上述不同方面的具体应用方式。

表6-1　自然语言处理在医疗领域的应用

应用方面	具体应用方式
辅助医生诊断和鉴别诊断	对患者的病历、检查报告、生理参数等进行自动摘要和分类，提取关键信息和特征，帮助医生快速准确地诊断疾病、制订治疗方案
提高循证医学效率	传统方法需要依靠大量临床数据来支持决策，但由于数据间存在着复杂的关联和规律，往往难以在短期内找到最佳的医疗决策。而自然语言处理技术通过挖掘文本关联信息，发现数据间潜在的规律，能够为循证医学提供更加深入、高效和准确的支持

续表

应用方面	具体应用方式
辅助医学研究	对医学文献、期刊论文等进行分析和整理，从海量的医学数据、药物数据中挖掘出潜在的趋势和见解，帮助研究人员发现新的知识和规律。例如，通过对肿瘤基因组数据进行分析和挖掘，发现新的癌症标志物和治疗靶点

3. 机器人

手术机器人是集医学、机械学、生物力学和计算机科学等多学科于一体的医疗器械产品，能从视觉、听觉和触觉上为医生手术提供支持，被用于超越人类肢体能力的微创手术领域，实现对手术器械的精准控制。手术机器人通常由视像系统、机械臂和控制台三部分组成。医生坐在手术控制台前，观察由放置在患者体内腔镜传输的手术部位的三维影像，操控机械臂、手术器械及腔镜的移动，为患者进行手术治疗，如图 6-2 所示。当前，手术机器人在泌尿科、妇科、普外科、骨科等领域的临床手术中有一定的应用。

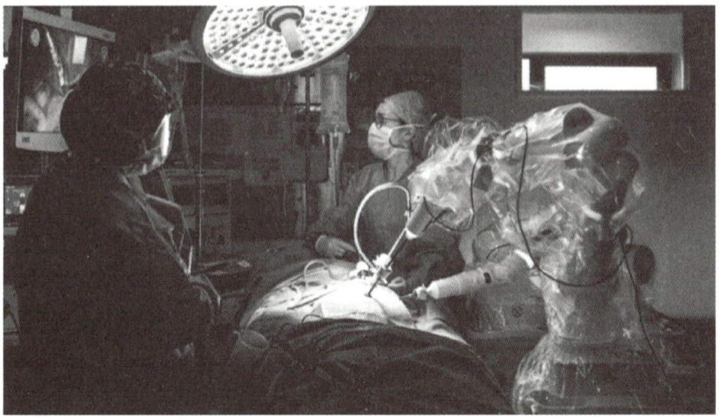

图 6-2　手术机器人

相比于传统手术，手术机器人在手术操作、患者治疗与医生操作方面具备明显优势，体现在以下方面。①更精准：三维成像系统让医生能够获得更清晰的视野，高自由度的机械臂让手术操作更精细灵活。②更微创：病人伤口小，损伤小，术后风险低，有助于术后恢复。③更简便：减少部分手术的辐射暴露，缩短医生学习曲线，医生更易操作。

另一种在医疗领域有着广泛应用的机器人为康复机器人，可大致分为运动障碍康复机器人和认知障碍康复机器人。

运动障碍康复机器人用以辅助患者对于治疗部位的运动训练，通过主动和被动两种康复训练模式，加强患者肌肉组织的强度和关节的灵活度，并通过多个传感器对康复训练的过程和结果进行评估，如图 6-3 所示。运动障碍康复机器人在近年来得到了空前发展，利用机器人的高精度、高重复性、可定制化等特性，结合运动康复疗法的基本思想，产生了一大批产品，包括针对上肢、下肢和足踝等部位康复训练的机器人。其中穿戴式外骨骼利用人工智能和生物识别传感器来支持有缺陷或受伤患者的强化训练和运动范围训练，在近年来得到了广泛应用。

此外，认知障碍康复机器人同样覆盖广泛的疾病，帮助了大量的患者。认知障碍康复机器人通过一些与运动相关的多模态刺激，如视觉输入、听觉输入，与患者进行交互，从而吸引患者的注意力，增强患者对周围环境的感知能力，引导患者完成特定的认知交互任务，实现患者的认知康复训练，如图 6-4 所示。

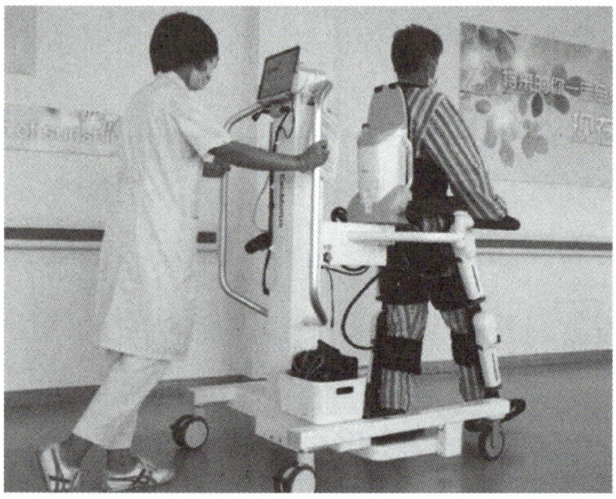

图 6-3　运动障碍康复机器人

图 6-4　认知障碍康复机器人

6.1.2　人工智能在个性化医疗中的应用实践

在传统的医疗实践中，一种通用的治疗方案往往被应用于广泛的患者群体。随着医学研究的深入，人们意识到，患者会因为个体之间在遗传、环境、生活方式上的差异，存在对相同治疗方法的不同反应。个性化医疗的理念应运而生。个性化医疗指的是根据每个患者的独特特征，包括基因信息、生理参数、生活习惯和环境因素，来制订特定的治疗方案。电子健康记录的不断完善和可穿戴设备的普及，为个性化医疗提供了数据支撑。而人工智能技术的引入，为及时且深入地分析这些快速增长的数据提供了前所未有的可能性，从而为每位患者绘制出独一无二的健康画像，并据此推荐最适合的治疗方案。下面，将从疾病诊断、生物学分析、心理支持和社会支持等方面，详细阐述人工智能驱动的个性化医疗应用实践。

1. 疾病诊断

应用人工智能技术，能够在疾病诊断的各个阶段为患者提供个性化医疗支持。表 6-2 列出了特定的疾病诊断案例及其使用的人工智能个性化医疗技术。

表 6-2　人工智能在个性化疾病诊断中的应用

疾病诊断案例	所使用的 AI 技术	应用领域	主要发现	对个性化医疗的影响
皮肤癌分类	卷积神经网络	皮肤科	具有与医生同等水平的皮肤病分类能力	增强早期诊断的个性化，增加皮肤科医生数量较少地区的患者的就诊机会
使用人工智能和移动设备的患者疼痛护理	强化学习	慢性疼痛	AI 驱动的疗法等效于传统疗法	改善个体治疗方法，使更多患者获得护理机会

续表

疾病诊断案例	所使用的AI技术	应用领域	主要发现	对个性化医疗的影响
改善癫痫手术等专病医疗转诊流程	自然语言处理	癫痫和神经外科	有效提升对高危人群的检测能力	确保及时、适当地转诊高危患者
针对胃癌的化疗方案选择	随机森林机器学习模型	肿瘤学	识别能够从胃癌紫杉醇中受益的患者	开发预测性生物标志物进而指导个性化药物治疗方案

2. 生物学分析

此外，在基因组学领域，人工智能算法可以用于分析DNA序列，从而识别可能与特定疾病或症状相关的遗传变异或突变。通过识别DNA序列中的模式，人工智能能够辅助诊断遗传性疾病、预测疾病风险并识别潜在的治疗靶点。在蛋白质组学领域，生物体内蛋白质类型和数量的变化往往反映了不同的健康状况或患者对治疗的反应。人工智能能够识别这些变化，进而发现新的疾病生物标志物、增强人类对于疾病机制的理解。例如，有研究提出了一种AI模型，用以帮助从甲状腺结节患者的蛋白质组样本中诊断甲状腺恶性肿瘤。实验证明，其准确度超过90%。

3. 心理支持和社会支持

人工智能在个性化医疗中的应用不仅局限于疾病诊断和生物学分析方面，还可以扩展到更广泛的心理支持和社会支持方面。人工智能驱动的聊天机器人和虚拟助手为患者带来了易于访问的即时医疗支持，并且提供辅助干预，来指导患者的治疗行为。人工智能基于认知行为学相关理论，为每位患者提供符合自身情况的治疗策略或恢复路径，并通过实时监测患者治疗或恢复的过程提供即时的提醒或治疗方案调整，有效提升了患者的参与度和治疗效果。

在一项研究中，研究人员提出了一个人工智能模型，用于探索健康与社会学的关系。研究中所考虑的社会学因素包括人口统计、病史、住房稳定性、交通便利性、营养状况等。这个模型通过综合考虑患者的病史及其所处社会环境等因素来预测患者再次入院的风险，并且根据所评估的风险提供社会服务支持方案。比如，如果是由于住房不安全和获取营养食品的机会少等因素被评估为高风险的患者，将在接受医疗的同时，获得住房支持和营养咨询相关的社会服务；如果系统发现患者处于经济不稳定的情况，则会在治疗过程中推荐使用通用类药物，或提醒医疗团队提供援助计划；如果分析得到患者在交通方面存在困难，那么系统会建议增大远程就诊比例的医疗方案。

综上所述，人工智能技术的潜力不仅来自它从大型数据集中提取有意义信息的能力，还来自它能够整合不同来源的数据集的发现能力。将基因组学、蛋白质组学的数据，与电子健康记录、患者社会环境信息数据等相结合，在推进个性化医疗方面发挥着关键作用。从基因学到社会学的个人健康信息的整合提供了对患者疾病健康情况的整体理解，更加有利于医护人员制订有针对性的、全面的治疗方案。

6.1.3 “人工智能+医疗”的伦理问题

1. 产生原因

1）技术方面

由人工智能技术本身所带来的伦理问题，包括算法与系统的安全问题、算法歧视问题、算法决策问题、算法透明度问题。其中，算法与系统的安全问题指人工智能算法被恶意篡改或系统的漏洞被攻击和恶意利用的情况；算法歧视问题指由于研究人工智能算法的人员的认知偏见或训练数据的不完善引发的歧视性决策结果；算法决策问题指人工智能得出的不可预见性的结果；算法透明度问题指算法的可解释性和人类是否知情同意。

2）数据方面

人工智能技术的发展离不开海量数据。尤其是电子健康记录系统、智能穿戴设备的广泛应用，为产品开发商、平台运营方提供了大量收集用户信息的机会。数据在收集、保存、提取、流通和利用过程中的安全性，成为引发“人工智能+医疗”伦理问题的重要原因。

3）社会应用方面

由于算法滥用或误用，医疗服务中会出现因使用目的、方式、范畴等因素出现偏差而引发的不良影响。例如，利用人工智能辅助影像诊断可以提高医生诊断效率，但人工智能的诊断会出现假阳性和假阴性的误判，若医生使用人工智能的环节和流程设计不仔细，将会导致严重的医疗事故。

2. 主要问题

1）数据隐私安全问题

“人工智能+医疗”的数据涉及个人身份信息、家庭环境、病历资料、个人生活习惯等众多敏感信息，而有些应用甚至可以收集个体的情绪变化、精神状态、心理波动等数据。这些信息被实时上传至数据库，供研究机构随时调取分析，导致数据或个人隐私被泄露的风险急剧增加。同时，在大数据环境下，不法分子可能利用数据挖掘预测技术对碎片化的个人健康信息进行处理，以此推测出个人的核心隐私信息，个人数据或隐私的保护难度加大。

2）模型结果可解释性问题

指的是人工智能算法在决策过程中的不透明性和难以解释性。这个问题在医疗领域尤为引人关注。因为医疗决策涉及患者的健康和生命，是一个需要高度透明和可追溯的领域。这种难以解释性主要来自以下几个方面：训练数据的隐蔽噪声和干扰可能导致模型出现误诊或漏诊；复杂的知识和经验应用在模型设计和训练中，即使是开发者也难以完全解释模型的所有决策；深度神经网络的内部结构和运行机制增加了解释难度；知识迁移技术虽然可以增加模型的泛化能力，但其内部机制的不透明性同样增加了理解和信任的难度。可见，在“人工智能+医疗”领域，提高算法的透明度和可解释性对于建立医护人员和患者间的信任是至关重要的。

3）责任归属问题

当人工智能系统在诊断或治疗过程中出现错误时，决策过程难以追溯，导致责任归属变得复杂。医生、医院、人工智能开发商以及使用人工智能工具的其他相关方都可能卷入责任纠纷中，目前尚未有明确的法规阐述在什么情况下哪一方对误诊应负最终责任。

4) 加剧医疗资源的分配不均现象

人工智能可以高效地完成各类医疗任务，如录入病历、辅助诊断、远程医疗等，其本意是缓解医疗资源分配不均的矛盾，提升医疗服务的可及性和公平性。然而，搭载人工智能的医疗仪器具有精密度高、造价昂贵、维护成本高等特点，使得“人工智能+医疗”难以全面推广，更多的患者选择到拥有优质医疗资源的医院就诊，在一定程度上加剧了社会资源分配不均衡的现象。

3. 治理路径

加强“人工智能+医疗”伦理治理至关重要。强化医生的主体地位是“人工智能+医疗”伦理治理的首要途径。目前，人工智能还远不能替代医生。首先，人工智能无法诊断“没见过”的疾病，即人工智能模型对训练数据分布以外的数据无法正确识别或预测。其次，在真实临床环境中，疾病诊断是一个患者和医生互动的双向过程，而人工智能无法复制人类医生的同理心、同情心等情感。人工智能可以辅助医生做出诊断，提高诊疗效率，降低重复性工作。但当人工智能的决策结果与医生的临床经验发生冲突时，应将最终决策权交给医生。

除了强化医生主体地位之外，在伦理治理方法上，还应考虑建立健全的信息数据保护制度、增强患者对医务人员的信任感、提高医疗资源配置效率、完善事故责任界定体系等具体措施，进一步完善人工智能在医疗健康领域中应用的伦理原则、规范和体制机制，推动科技伦理体系建设，使技术更好造福社会。

6.2 人工智能+教育

人工智能正在通过增强学习体验、转变教学方法和优化管理流程的方式来彻底改变教育。人工智能驱动的自适应学习系统通过实时分析学生的表现数据来为学生创建定制化的学习路径，确保学生按照自己的节奏和理解水平接受学习内容。这种个性化的学习方式提升了学生的参与度与学习效果。人工智能也在重塑教学方法，为教育工作者提供了更简单易用的教学工具。教师可以使用这些工具自动评分，快速创建互动课程并向学生提供实时反馈。这使得教师能够更加专注于改进教学方法，激发学生创新能力。人工智能正在打破传统的教育评价体系，转向更加动态和更具洞察力的评估方法。人工智能驱动的教学评价工具伴随学生的整个学习过程，通过对学习行为的实时分析，提供即时的学生理解和学习进度的建议。人工智能在教育领域的应用也广泛延伸到各类行政管理系统中，例如人工智能辅助招生、排课等。人工智能驱动的教学管理系统可以大大优化这些流程，从而使得教育机构能够更加高效地开展教学管理。人工智能技术已经在学、教、管、评各方面与教育深度融合。

尽管人工智能在教育领域带来如此多的好处，但挑战仍然存在，例如，数据隐私的泄露，算法偏见造成的不公平现象，以及新技术对于教师培训需求的增加等。应对好这些挑战，能够更进一步发挥人工智能在教育领域的潜力。随着人工智能技术的不断发展，其对教育领域的影响将不断扩大。

6.2.1 人工智能驱动的自适应学习

▲智慧教育

传统的一对多教学模式无法满足不同学生的学习需求。人工智能技术使得“因材施教”成为可能。人工智能驱动的自适应学习系统能够根据学生的特点为其量身定制学习路径，确保学生获得符合其独特学习风格的个性化教学指导。这类系统通过算法来分析学生的学习表现数据，如测试成绩、作业完成情况、学习过程记录等，进而了解学生薄弱的知识点和欠缺的能力，从而向学生推荐特定的学习资源、练习和活动。人工智能驱动的自适应学习的优势体现在如下三个方面。

1. 为学生构建定制化的学习路径

人工智能驱动的自适应学习系统能够根据学生的学习风格、学习进度、学习偏好等因素来为学生定制学习路径，如图6-5所示。当学生对某个具体知识点掌握不好时，系统能够提供更多的练习和学习资料来帮助学生理解该知识点；而当学生已经在某一个领域十分擅长时，系统能够提供更多具有挑战性的内容促使学生得到提高。一些研究证明，通过给学生提供个性化的指导和学习帮助，人工智能驱动的自适应学习系统能够有效提升学生各方面的学习表现，包括学习动机、参与度、考试成绩等，并有助于发掘学生更大的潜能。

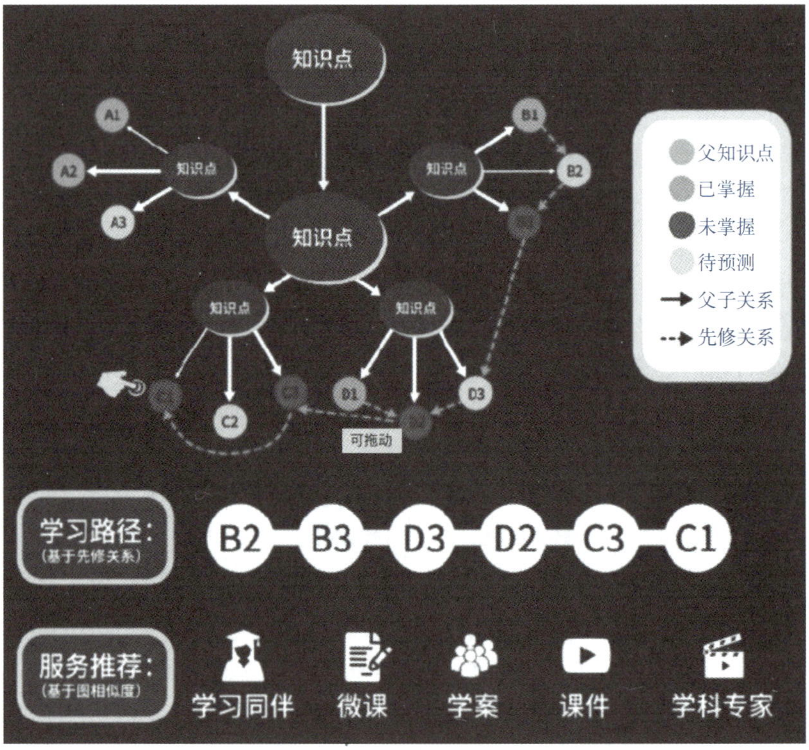

图6-5 人工智能驱动的个性化学习路径规划

2. 为学生提供即时且有针对性的反馈

学生在人工智能驱动的自适应学习系统中完成作业或测验后，系统即时给出评价，并结合学生的学习历史，分析学生已经掌握及尚未掌握的知识点和学习技能。这种结合学习历史的学习分析能够指导学生将更多精力放在需要提升的部分，避免反复练习已经熟知的部分。此外，教师可以在教学的全程，通过系统对学习过程的实时分析，了解每个学生的学习动态，随时提供学习帮助，而不是只在教学周期的个别阶段通过考试成绩调整教学计划。

3. 满足多样化的学习风格和学习需求

每个人的学习方法和学习进度都是不一样的。传统教学方法受限于师资力量和教学工具，无法满足个性化教学需求。而人工智能驱动的自适应学习系统能够适应个体的差异，提供给不同的学习者不同的学习体验。系统通过学生基本信息，如年级、性别、地区等，以及学习行为记录，如系统浏览行为、习题作答记录、学习活动参与记录等，构建精细的学习者画像。基于上述基本信息，系统进一步分析得到学习偏好、学习风格等更高维度的信息。当要达成某一个学习需求时，系统不仅能够为学习者提供匹配其学习能力的学习路径和丰富的学习资料，还能为学习者提供满足其学习风格和学习偏好的在线学习环境和学习活动，全面地为学习者提供更加高效的个性化学习体验。

6.2.2 人工智能为教师提供新的教学方法

人工智能正在重塑教学方法，为教师提供创新的工具和技术。使用这些工具，不仅能够帮助教师提升教学效率、简化管理任务，还能够辅助其实践新的教学方法。例如，通过创建动态且引人入胜的学习环境促进学生间的协作，激发创新思维，通过场景模拟，为他们应对未来的挑战做好准备。

人工智能提供的新的教学方法主要体现在以下三个方面。

1. 提供多种交互体验，提升学生的参与度

人工智能驱动的交互式学习平台整合了多媒体元素、模拟场景及游戏化活动，使得学生能够身临其境地参与到课程设计的场景中。基于语言大模型的人工智能助手，能够针对学生的提问即时给出解答，并形成实时学习报告，便于教师了解学生学习状态，及时采取教学干预措施，如图 6-6 所示。

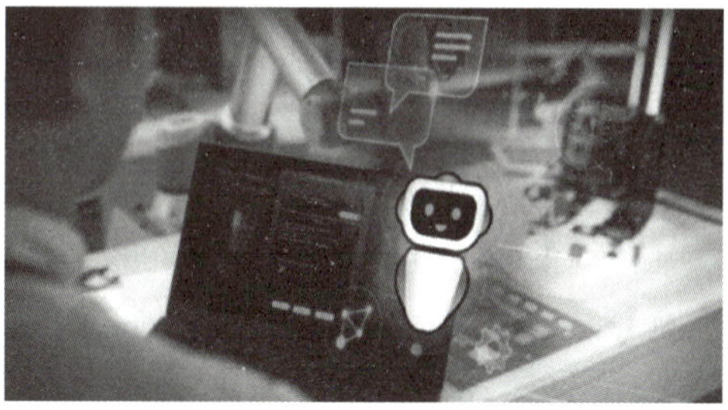

图 6-6 人工智能学习助手

2. 以学习者为中心

传统的教学方法中，由于师资数量和教学工具的限制，多采用以“教”为中心的知识传输教学方式。而基于人工智能的教学环境能够为每一个学习者建立学习画像，分析各自的学习需求和学习偏好，并为教师提供自动评分及学情分析工具，使得教师从单调重复的工作中解放出来，有更多的时间来考虑学生多样化的需求对应的多样化教学方法。此外，基于人工智能的教学环境为教师提供了丰富的教学工具，使教师能够设计教学方法以促进学生解决问题、批判性思维、创新性思维等重要综合能力的发展。

3. 提供协作学习环境

基于人工智能的教学环境为学生提供了线上协作、共享资源、互动反馈的平台，从而支持小组项目和小组活动的开展。平台通过对学生在小组中的任务完成情况、交互记录进行分析，将每个学生在协作沟通过程中的表现提供给教师，便于教师有针对性地进行干预和开展指导，能够有效地培养学生的团队合作能力和沟通技能。平台更好地连接了学校、家庭等多种学习场景，形成完整的协作学习环境。

6.2.3 人工智能变革教育评估方式

评估是教育过程的重要组成部分，为教育工作者提供有关学生理解、学习进度和教学效果的有效反馈。人工智能技术的应用能够提高评估的效率、准确性和个性化程度，正在彻底改变教学评估方式。人工智能驱动的评估方式的优势体现在如下三个方面。

1. 提供更全面、更具洞察力的分析

人工智能驱动的评估工具利用机器学习算法，能够对学生的学习表现进行更全面、更具有洞察力的分析。基于人工智能技术，不仅可以评估学生在客观问题上的作答，也可以分析学生对开放式问题的回答，还可以评估学生在虚拟实验室中的表现；不仅能够了解当前学生的学习表现，还可以结合历史学习记录，进一步分析薄弱点并制订下一步学习计划；不仅能够评估学生对于某个具体知识点的掌握程度，还能够提供关于解决问题能力、创新能力、批判性思维、协作沟通等更高维度的学习能力的分析。

2. 提供实时反馈，提高教学效率

人工智能驱动的评估工具能够对各类题型给出即时的评分及评语。这种自动评估将教师从单调重复的阅卷工作中解放出来，使教师能够将更多时间投入到针对不同学生的学习表现制定特定的教学方法上。同时，学生能够通过这种即时的反馈，快速了解自己理解有误的知识及掌握薄弱的技能，并在获得进一步的教学指导前，通过与人工智能助手的交互掌握还需进一步巩固的知识点。相关研究表明，通过提供实时且可行的反馈，人工智能驱动的评估工具可以有效地提高学生的学习成果。

3. 提供动态学习能力评估方式

传统的评测通常题目是固定的，答对即认为学生已掌握，答错则认为学生没有掌握。但有时学生是因为粗心将本已掌握的内容答错，而有时学生并未掌握知识却侥幸选到正确答案。可见，传统的固定试题的评估方法会对学生的真实学习表现产生误判。

人工智能驱动的评估工具，能够根据学生的作答情况，动态规划下一道题目所考察的内容。通常情况下，算法会将所应考查的知识点、所应呈现的考查题型、所应考查的难度深度作为动态规划目标，目的是准确评估学生的真实学习表现，以便为更具针对性的教学方法的制定提供可靠的依据。

6.2.4 人工智能优化教学管理

教学管理流程是令教育机构高效运作的不可或缺的重要部分，包括注册、排课、各类教学资源分配等。人工智能已经成为优化教学管理流程的重要工具，帮助提高管理效率，给予教育管理者更好的决策支持。

1. 简化学生注册流程

人工智能驱动的教学管理工具可以通过多种自动化任务，例如申请处理、文件核验、课程注册等，来简化学生注册流程。这些工具可以分析学生数据，从而识别趋势和模式，使得机构能够优化课程安排并更加有效地分配教学资源。例如，人工智能技术可以根据以往入学数据预测学生的课程偏好，帮助机构调整教学计划以满足学生的需求。

2. 优化资源分配

人工智能还可以通过分析资源利用数据和教学需求数据来优化教育机构的资源分配。例如，人工智能可以跟踪教室、实验室、各类设备等的使用情况，提供优化方案以减少资源的闲置或浪费，如图 6-7 所示。人工智能还可以通过分析预算数据来挖掘可以节省开支的领域，帮助教育机构更有效地分配财务资源。

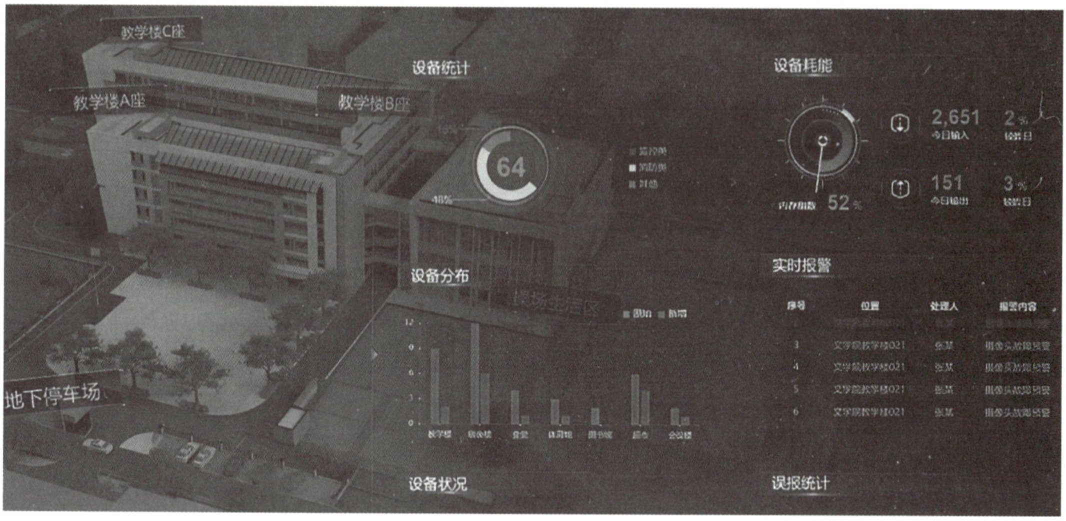

图 6-7 人工智能辅助优化教学资源分配

3. 辅助决策

人工智能能够为机构管理者提供以数据驱动的见解来辅助教育机构的决策过程。例如，人工智能通过分析单个学生的历史学习记录，识别需要额外教学支持的学生，便于教师提早介入，提供帮助。再比如，人工智能通过分析所有学生的交互信息，能够尽早识别学生的情绪波动或舆情动向，以便机构能够提供有效的疏导工作。

6.2.5 “人工智能+教育”带来的挑战

人工智能与教育领域的融合前景广阔，但人工智能技术本身所存在的问题，例如隐私问题、公平问题、伦理问题等也同样给“人工智能+教育”带来了重要挑战。

1. 隐私问题

人工智能技术依靠大量的学生信息数据和学习交互数据来训练、优化模型。人工智能驱动的教育平台和学习分析工具的激增，增加了数据泄露、未经授权的数据访问、恶意滥用数据的风险。教育数据泄露的潜在后果是深远的，会造成身份盗用、个人敏感信息暴露等危害。

为了应对数据隐私和安全问题，教育机构应该加强数据保护的相关措施，例如加密存储数据、设置访问控制、定期进行安全审核等，从而保护学生数据免受未经授权的访问和网络攻击。此外，教育机构应该做好数据使用的透明和知情告知，即向学生及其家长告知收集了哪些数据、如何使用数据等细节，并允许学生和家长选择是否接受机构收集和共享其相关数据。

2. 公平问题

人工智能算法中的偏见可能来自多处，例如存在偏见的训练数据集或者算法设计选择时引入的偏见。例如，随着人工智能技术的发展，学生希望在认知能力、文化背景、身心健康等不同方面获得更充分的个性化支持，但当前绝大多数人工智能驱动的教育平台面向的仍是一般学生群体，对有特殊需求的学生群体的适配性不足。再如，编写算法的工程师由于自身的认知局限，会将偏见渗透在算法设计中，导致程序输出带有偏见的决策。如果不解决这些偏见问题，人工智能可能会延续并扩大这种不平等，从而破坏人工智能驱动的教育系统的公平性和有效性。

为了减少人工智能算法中的偏见，教育工作者和技术开发人员应该在人工智能算法设计和实施中遵循公平性、问责制和透明化的原则，包括对训练数据集进行严格筛查从而识别并减少数据偏见，实施算法公平技术（例如公平感知机器学习算法等），以及对人工智能系统进行定期审计和评估。

3. 伦理问题

除了上述提到的技术性挑战外，人工智能与教育的融合还引发了关于伦理道德的担忧。尽管人工智能技术为学习提供了新的途径和工具，但对其过度依赖可能导致学生失去学习的自主性。有些教育学家认为，长期使用人工智能驱动的教育系统，会使得学生处于被动接受状态，从而使其逐渐失去独立思考问题的能力。此外，人工智能系统的应用还有可能对学生的情绪产生负面影响。例如，当使用人工智能驱动的动态评估测试时，系统会调整考试难度和考查内容来找到学生薄弱知识点，而这有可能让学生感到自己永远无法满足期望，从而产生压力和焦虑。另一方面，语言大模型被滥用在代写作业、代写论文上，成为学生的偷懒工具和学术造假的帮凶。

教育的本质不是程序化流程和形式化操作，在教育领域应用人工智能技术时，应该深入考虑社会学、心理学等相关因素，注重人工智能教育应用的道德伦理监管。教育工作者和技术开发者应共同努力，确保人工智能系统的设计和应用能够兼顾学生的心理健康和社会发展，促进全面的人才培养。同时，也应该对学生开展人工智能伦理课程，培养学生树立正确的应用人工智能的伦理观念和行为，为学生迎接人工智能世界做好准备。

6.3 人工智能+金融

在数字革命时代，金融业正在发生重大变化。人工智能作为数字化转型的重要手段之一，已全方位融合、赋能金融行业，在金融产品设计、市场营销、风险控制、客户服务和其他支持性活动等环节均有渗透，并在获取增量业务、降低风险成本、改善运营成本、提升客户满意度等方面创造了重要的价值。整体来说，人工智能技术应用在金融行业的主要优势体现在自动化、准确率、效率、速度和创新性五个方面，如表6-3所示。

表6-3 人工智能应用于金融行业的主要优势

自动化	应用在金融行业的自动执行工作流程中，为决策制定提供支持。如为银行提供更灵活、更个性化的数字银行体验，更快、更安全地满足客户需求
准确率	AI算法帮助金融服务机构减少数据处理、分析、文档处理、客户引导及客户互动中的人工干预成本，并有效避免人工错误
效率	AI代替人类执行重复、枯燥的任务，如验证文件、提取内容摘要、通话内容转写、基础业务客户问答等，解放人力去开展更有创造力的工作
速度	AI可以比人类更快地处理更多信息，并发现人类可能忽视的数据规律，更好地洞察数据，进而制定决策，更快完成交易沟通、风险建模和合规性管理等
创新性	AI可以持续处理所分配的任务，做到实时监测、追踪，具有极高的时效性。此外，AI快速分析海量数据的能力可以为金融行业带来创新的产品和服务

6.3.1 金融行业与人工智能融合概览

综合银行、保险、证券行业的业务共性，可将金融核心业务归纳为五大环节，包括产品设计、市场营销、风险控制、客户服务、支持性活动(人力、财务、IT等)。人工智能技术在金融行业中的赋能覆盖了上述五大环节，通过机器学习、自然语言处理、机器视觉、生物特征识别等技术为金融行业的获取增量业务、降低风险成本、改善运营成本、提升客户满意度等方面提供有效的解决方案。图6-8为用户利用机器进行远程身份识别，以办理银行业务的场景。

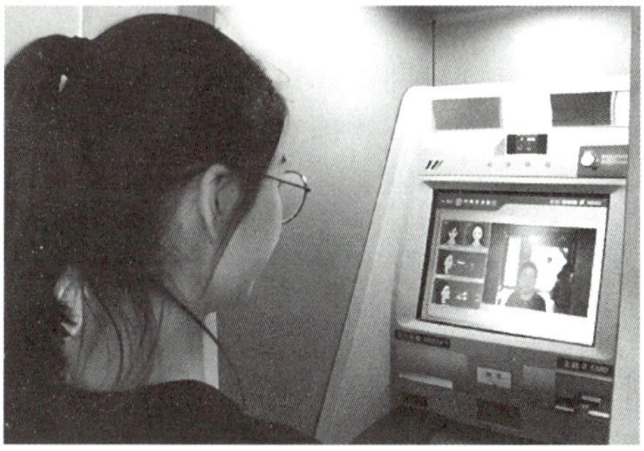

图6-8 基于人脸识别的远程身份验证

通过生物特征识别技术，如人脸、指纹等，进行远程身份鉴别，促进金融机构各类远程业务的开展，极大提高了客户服务效率和客户覆盖范围，并降低线下网点服务压力，帮助金融机构缩减支出。基于机器学习和知识图谱技术的智能风控体系，能够有效预警操作风险、信用风险、合规风险等，有效降低金融机构的业务风险。智能语音技术用在电话服务助理、催缴业务中，为金融机构有效降低运营成本。银行业、保险业、证券业存在众多共性场景，同时针对不同业务也存在个性化需求。

从技术应用体系来看，可以将金融人工智能分为三层，包括基础层、通用层、应用层，如图6-9所示。其中，基础层提供底层基础软硬件和计算能力，通用层是实现金融智能场景的具体技术手段和方法，应用层是融合技术与业务需求而产生的行业场景。

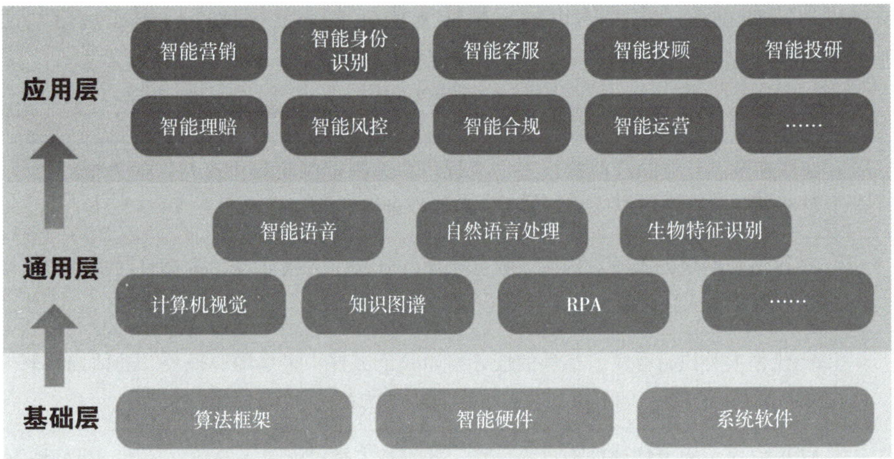

图6-9 金融人工智能技术体系

6.3.2 “人工智能+金融”的应用实践

人工智能技术与金融行业的业务需求相结合，衍生出众多的智能金融场景。下面挑选几个重点应用场景进行详细阐述。

1. 智能投顾

智能投顾，即智能投资顾问，指通过人工智能技术为投资者提供个性化、智能化的投资建议和投资组合管理服务的金融服务模式。其核心是算法设计，涵盖证券投资组合理论、组合优化、技术分析、模式识别、机器学习等技术。在使用时，投资者需提供个人信息，如年龄、收入、投资目标和风险承受能力等；之后，基于投资者的风险承受能力和财务目标，智能投顾会推荐一个或多个投资组合；一旦投资者选择了特定的投资组合，智能投顾便会根据市场情况自动进行交易操作，包括买卖股票、调整仓位等，以保持投资组合的平衡；同时，智能投顾会定期监控投资组合的表现，并根据市场波动和投资者的情况进行必要的调整。相对于传统的人工投资顾问，智能投顾通常具有较低的管理费用，这使得更多人可以获得专业的投资建议。如图6-10所示，基于投资者对于未来住房、教育、旅行等的规划，智能投顾系统结合投资者的财务信息为其合理规划投资组合并自动帮其交易，帮助投资者达成投资目标。

图 6-10　智能投顾

2. 智能投研

智能投研指人工智能在投资研究上的应用，具体来说是通过人工智能技术拓宽投资信息来源，提高获取信息的及时性，减少基础数据处理的工作量，通过自动化的数据分析为投资决策提供参考，从而提高投资研究的效率。智能投研与传统投研的区别主要体现在数据源、数据获取方式、数据处理方式和结论呈现四个方面。

传统投研的数据源主要是传统的金融数据，包括宏观经济数据、行业数据、公司数据等；而智能投研拓宽了数据来源，包括舆情数据、社交数据、卫星数据等。传统投研的数据获取方式主要来自结构化数据库，更多其他信息则是通过人工手动搜集；而智能投研的数据获取方式是利用非结构化数据处理技术，通过网络爬虫及人工智能算法自动搜集整理。传统投研基于研究人员自身的知识储备及分析能力手动处理数据；智能投研的数据处理是基于自然语言处理、知识图谱等人工智能技术进行自动化的分析，涉及维度更加广泛、逻辑推理更加稳定。传统投研由研究人员撰写研究报告并呈现结论；而智能投研通过智能搜索引擎、智能问答、智能研报形成结论。

3. 智能风控

智能风控是指利用人工智能相关技术，通过对金融数据的全面分析和建模，预测和管理风险的过程。它的核心目标是通过自动化和智能化的方式，提高风险管理的效率和准确性。与传统风控方式相比，智能风控的优势在于：能够自动化地获取、处理和分析海量的金融数据，减少了人工干预的需求；能够在短时间内完成大规模的数据分析和风险评估任务，大大提高了风险管理的效率；借助于先进的算法和模型，智能风控系统能够更准确地预测风险，并采取相应的措施，以最大限度地降低风险损失；能够实时监测和响应市场风险，使得风险管理更加及时和灵活。

4. 智能理赔

长期以来，理赔材料提交复杂、理赔审核慢是造成用户理赔体验不佳的主要原因。保险理赔场景中面临的主要挑战包括文件管理、理赔核实和欺诈检测。人工智能技术的引入，有效优化并自动化了整个理赔过程。

在文件管理方面，人工智能系统可自动从各种渠道收集照片、报告、证词等文件，并对其进行分类，使得保险公司能对所有文件高效地整理和归档。在鉴定和评估方面，人工智能算法能够根据历史数据进行挖掘和学习，更准确地评估损害。在与投保人自动通信方面，保险公司使用基于语言大模型的聊天机器人（见图6-11），它能够实时回复各类常见问题，并为投保人提供有关理赔状态的实时信息，极大提高了用户满意度并有效缩减了人工成本。在优化欺诈检测方面，人工智能模型可以识别各类违规行为或可疑活动，使得保险公司能够在理赔过程的早期识别欺诈案例。对于整个理赔过程，智能理赔方案能够将常规任务和人工流程自动化，为保险公司节省了大量时间和人力资源，提高了理赔的准确性和服务质量。

图6-11 智能聊天机器人

6.3.3 “人工智能+金融”的挑战

人工智能已经成为信息化、数字化、智能化的技术基座，能够为金融行业带来促进数据资源化、推动数据资产化、建立数字信任、强化风险控制、实现降本增效等重大积极影响，有效推动金融行业高质量发展。然而，“人工智能+金融”也面临着诸多挑战。

1. 算法挑战

算法挑战又可细分为算法歧视挑战和算法黑箱挑战。

算法歧视挑战指的是人工智能算法在设计上或用于训练的数据本身包含了歧视性信息，那么在给出输出结果时可能会重复或放大这些算法或数据中的歧视性，从而严重损害公平性。例如，当人工智能基于历史数据进行信贷决策时，若历史数据反映了现有的社会经济结构偏见，那么人工智能可能会复制甚至加剧这些偏见。这不仅可能导致对特定群体的不公正待遇，如给予高风险评级或拒绝服务，还可能加剧现有的社会和经济不平等。同时，这种算法偏差可能导致人工智能系统进入不断自我强化的恶性循环中，使得信贷市场中的特定群体因为系统性偏见而无法获得信贷，进而无法产生良好记录，使偏见在未来决策中得以持续存在。

算法黑箱挑战是指算法背后所隐藏的决策标准和基本逻辑难以被外人所理解。当人工智能算法变得逐渐复杂，尤其是面对参数为千亿级别的生成式人工智能时，甚至连开发人员都不能很好地理解算法运作的具体细节与逻辑。算法黑箱问题可能导致金融机构掩盖金融交易过程中的不当行为，以技术中立的形式平等掩盖实质上的不平等，进而导致金融市场与政府监管的双重失灵。

2. 隐私挑战

数据隐私和安全相关的问题是“人工智能+金融”面对的重大挑战。人工智能非常依赖数据，在处理个人和企业敏感数据时，可能会触及复杂的隐私保护问题，如客户的财务状况、信用记录和个人身份信息等，甚至包含个人或家庭的日常工作、生活信息。这些敏感数据如果未得到充分保护，可能面临被泄露或滥用的风险。尤其在普惠金融服务中，数据隐私和安全的问题更为突出，因为这些服务往往涉及低收入和边缘化群体，任何数据泄露或滥用行为都可能对这些群体造成严重的财务和社会影响，同时削弱公众对普惠金融服务的信任。

根据数据隐私保护理论，保护客户的隐私不仅是严守法律底线的要求，也是维护客户信任和构建长期可持续关系的基础。各类金融机构面临着如何平衡高标准隐私保护措施与高效金融服务提供的问题。因此，如何确保所有数据处理步骤符合隐私保护要求，成为人工智能能否有效赋能金融行业的关键。

3. 技术挑战

人工智能具有巨大潜力，但在实际应用中仍面临如何把握准确性、真实性与时效性的重大技术挑战。人工智能在金融行业中的应用面临与业务流程的耦合问题。在实际应用场景下，遇到的问题类型可能更加复杂，更加难以准确预测，尤其是人工智能模型在训练时由于算法或数据集的问题导致模型泛化能力较弱，无法有效地给出符合当下实际应用场景的预测结果。而另一方面，生成式人工智能的泛化能力又过强，这会导致模型在特定金融领域的精准度降低，使其在应对具体且复杂的金融问题时难以给出准确的回答，进而引发操作风险。生成式人工智能面临的另一个重要挑战是模型“幻觉”问题。有研究发现，类似ChatGPT之类的大模型会输出貌似合理，但实则完全虚构的内容，轻则可能误导用户，重则可能导致金融决策失误，从而增加操作风险。

4. 知识产权挑战

金融科技的持续创新依赖新技术的应用，但在金融领域应用人工智能技术时，知识产权的问题不容忽视。人工智能在分析市场趋势、制定金融策略或提供个性化建议时，可能会用到受专利技术、版权保护的数据集或分析方法，这种非主观故意或被动的知识产权侵犯可能导致法律纠纷和道德问题，从而影响金融机构的声誉和运营。而知识产权法律的复杂性加剧了这一挑战，当人工智能算法给出的内容与已有的受版权保护内容相似时，当前社会判定侵权的界限是模糊的。此外，这类挑战还涉及人工智能产出的成果的所有权问题，即如何确定算法给出的分析或策略的知识产权归属。这些问题涉及金融的创新动力及其在市场上的公平竞争，不仅是法律问题也是伦理道德问题。

6.4 人工智能+制造

在制造业中，人工智能正成为提高生产效率和优化决策不可或缺的驱动力，其与制造业的结合已经远远超越了传统的自动化，且这种转变正在影响制造业的各个方面，从供应链管理和维护到产品设计和员工安全。

6.4.1 “人工智能+制造”前沿应用

传统制造业面临着诸多生产问题，例如生产效率低下、产品质量不稳定、设备故障率高、研发周期长等。人工智能作为一项关键技术，为制造业的转型升级提供了有力支撑。“人工智能+制造”的应用场景包括协作式机器人、智慧化供应链管理、预测性维护、自动化质量检测、创新化产品设计、提升员工效率与生产安全等。

1. 协作式机器人

协作机器人以其高精度、高效率的特点，通过与人工操作员直接进行协作交互，能够在生产过程中协助完成零件拣选、机械操作、装配等任务，将彻底改变制造业的生产方式。由机器人执行重复性或体力要求高的任务，可以有效减轻工人负担，使人类专注于有更高技能要求的活动，提高了整体生产的质量与准确性。例如，亚马逊部署的协作机器人加快了货物分拣，简化了物流流程，提高了整体运营效率。协作机器人和人类工人之间的强大协同作用显著提高了生产产量和运营效率，为现代智能制造环境设定了新标准。协作式机器人如图6-12所示。

图6-12 协作式机器人

2. 智慧化供应链管理

有效的供应链管理在制造业中至关重要，而人工智能已成为优化这一复杂过程的变革性力量。通过人工智能的赋能，制造商正在彻底改变其供应链工作流程，在效率、精度和成本节约方面均取得了重大进展。

由人工智能驱动的智慧供应链管理系统通过分析供应商绩效、跟踪原材料可用性和需求波动等方法，使制造商能够保持最佳库存水平，有效缩短交付周期，保障制造商在繁杂的供应链体系中的高效运营，如图6-13所示。

人工智能系统能够通过分析历史数据，帮助制造商更准确地预测未来的供应需求，以避免供应短缺或过剩；人工智能还可以识别潜在的供应链中断风险并推荐相关的替代采购策略，在供应链风险管理中发挥着关键作用，有效确保生产过程的持续性。此外，随着人工智能代理技术的不断成熟，其在生产线复杂调度中的应用将越来越广泛，可通过同时考虑需求预测、生产能力和相关成本等众多变量，确保以最优策略提高吞吐量，有效降低成本并防止生产延迟。因此，这不仅显著提升了整个生产生态系统的效率，确保了产品的准时交付，而且有力保障了制造商的高效可靠运营。

3. 预测性维护

当代制造业的维护策略已经从人工被动维护转为基于人工智能的预测性维护。利用人工智能进行预测分析，制造商可以持续监控设备健康状况，并在潜在问题恶化之前进行干预。

预测性维护通过分析相关制造设备的振动、温度变化或油质等数据变化，识别出潜在的异常问题，从而及早发现可能存在的故障。这种主动的方法将使制造商能够优化机械维护策略，最大限度地减少设备的非计划停机，延长机械的寿命。人工智能还能提供精确的库存管理，确保必要的备件和耗材在需要时可用，同时避免不必要的库存成本。人工智能通过分析维护日志、检查记录和历史数据以建议具体的故障排除措施，使维护团队能够更有效地定位与解决问题。此外，人工智能系统还可以与物联网设备集成，持续监控机器状况，提供实时反馈，使制造商能够立即进行调整，预防机器内部的潜在故障。这种主动性和预测性的维护策略可以显著节省机械维修成本，增强设备可靠性，从而实现更平稳且更高效的制造环境。

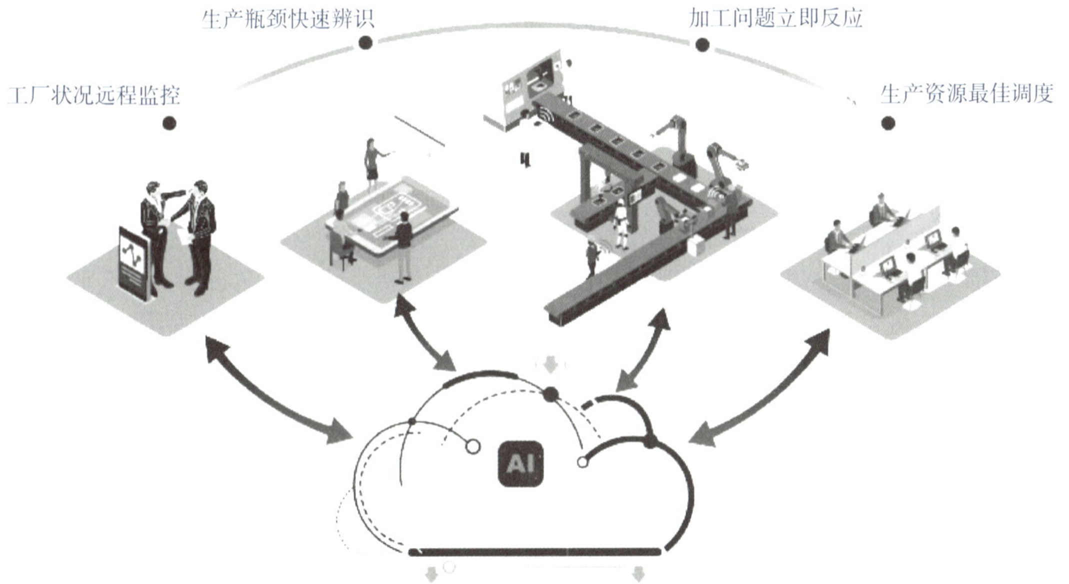

图 6-13 智慧化供应链管理系统

4. 自动化质量检测

传统制造业通常需要通过人工主观评估的方式进行质量检测，而人工智能正在彻底改变质量控制的规则，显著提高了质量保证的客观性和一致性。通过图像识别技术，人工智能系统能够以极高的精度检测产品缺陷和设备磨损程度，确保只有高质量的产品才能交付给客户。在实际的制造生产中，富士康公司已经将人工智能和计算机视觉技术融入了生产线，以加强质量控制。富士康公司通过人工智能驱动的视觉检测系统，对电子元件图像和视频进行分析，并快速识别可能被忽视的缺陷问题。这一过程确保产品能够符合严格的质量标准，这在快节奏的制造行业中尤为重要。图 6-14 为基于图像识别技术的自动化质量检测系统。

图 6-14 基于图像识别技术的自动化质量检测系统

除了视觉检测，人工智能还会

分析生产数据、事件日志和客户反馈，以推荐相应的改进模式。人工智能可以自动按严重程度及类型对缺陷进行分类，使制造商能够优先考虑关键问题并更有针对性地解决这些问题。这种缺陷分析模式能够帮助持续改进工艺，并提高整体生产质量。此外，人工智能系统还可以在质量检测过程中模拟各种环境和操作条件，使制造商测试产品在不同情况下的表现，进一步提高产品的可靠性和耐用性。因此，通过自动化质量检测，制造商能够有效提升产品质量，减少因缺陷产品造成的损失，提高产品的质量声誉。

5. 创新化产品设计

人工智能能够推动制造行业中产品设计的智慧化转型，通过快速准确地分析大量设计数据，为制造行业提供更明智的设计见解或决策。制造商可以利用人工智能来收集和分析市场趋势、客户偏好和竞争对手活动的数据，这使他们能够设计出符合市场需求的产品。人工智能还可以通过识别一个领域的成功设计模式并将其应用于另一个领域来促进跨行业创新，并能综合考虑设计安全性、耐用性和产品美学等因素。

生成式人工智能技术超越了传统的设计方法，能够生成同时具备创造性与实用性的解决方案，并能有效激发创造力。例如，通用汽车利用生成式人工智能为其电动汽车开发了一种更轻盈且更坚固的座椅支架，展现了人工智能在设计领域的巨大潜力。图6-15左侧为通用汽车原本的座椅支架，右侧为利用人工智能设计的座椅支架，减轻了原本支架的重量、增强了支架的承重能力。此外，人工智能支持制作虚拟原型，使制造商能够以数字方式模拟测试并改进产品设计，从而减少对物理原型的需求。通过优化产品设计与开发流程，人工智能大大降低了开发成本并提升了产品性能，加快了产品的上市时间，为制造商提供了更大的竞争优势。

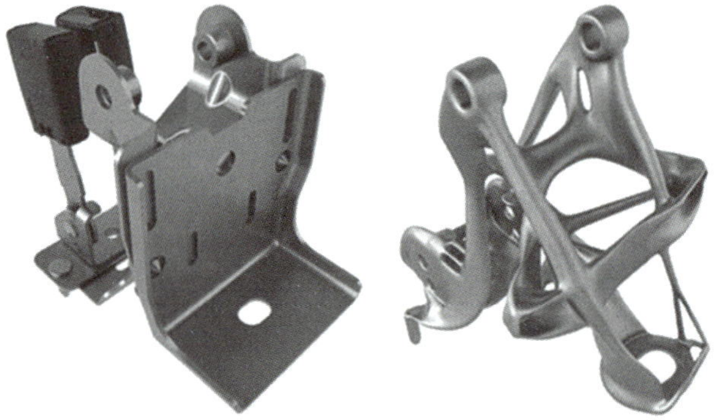

图6-15 通用汽车原座椅支架（左）和利用人工智能设计的座椅支架（右）

6. 提升员工效率与生产安全

人工智能重新定义了制造业的生产方式，通过自动化执行常规任务，实现员工角色转型，即员工将从单调、重复的工作中解放出来，专注于更高价值的生产活动，从而从事更多需要创造性和深度思维的工作。这一转变不仅提高了员工的工作满意度，而且通过激发员工的创新潜力，为提升生产效率和产品质量做出了更多积极贡献。

此外，现代人工智能系统与物联网传感器、可穿戴设备相结合，通过实时提醒员工生产环境所存在的潜在危险，为员工的生产安全新增了一道屏障。人工智能系统可以跟踪和分析历史安全事故数据，识别重复性风险模式并制定预防措施以降低未来潜在风险。从安全事故中不断学习，有助于创造更安全的生产环境。例如，配备基于人工智能的安全检测设备可以实时监测生产环境，并在检测到潜在风险时立即发出警报，从而在事故发生前预防事故，这在保障员工的生产安全方面发挥着越来越重要的作用。

综上，人工智能与制造业的融合开创了一个具备高效率与高质量的智能制造时代。通过增强供应链管理模式、执行预测性维护、优化质量控制、辅助产品创新设计、减少员工重复性工作并提升生产安全性，人工智能不仅革新了制造流程，还推动了行业优化升级，使制造业朝着更智能更高效的方向发展。

6.4.2 “人工智能+制造”的挑战与展望

尽管人工智能为制造业带来了许多前景广阔的解决方案，但它在动态且多样化的制造环境中也遇到了一系列挑战。由于制造商的生产要求会不断变化，所以人工智能系统需要适应复杂多变的场景，并提供准确的决策支持。此外，人工智能模型面临着繁重的数据标注工作，以及模型缺乏可解释性等问题，这些问题均是人工智能技术在制造业中亟待解决的难题。

1. 多变生产环境的适应性挑战

在制造业中，生产环境是动态的，即生产参数、材料和工艺经常发生变化。例如，工厂可能需要根据供应商的材料提供情况，灵活调整相关材料的用量规划，或调整工艺以适应新的监管要求。所以，人工智能模型需要学习大量的先验数据才能具备在复杂且多变的生产环境中决策的能力。当前传统的人工智能模型，尤其是基于监督学习的模型，依赖于大量相关的标注数据，而当面临全新的生产环境时，模型的性能可能会显著下降，并导致其产生决策错误。这就需要人工智能模型能够有效适应生产环境变化，而无须基于新领域数据重新训练。

具备自适应能力的人工智能系统可以通过实时感知环境数据，来预测新材料的性能，并动态调整相应的生产序列。基于强化学习技术的人工智能能够通过周围环境的反馈，动态调整其策略来适应不断变化的环境，具备在实际生产环境中持续学习和优化自身能力的特性。因此，强化学习技术为适应多变复杂的生产环境提出了新的思路。

2. 实时处理需求的挑战

制造业在质量控制、协作机器人等领域对实时处理的需求尤为迫切。数据处理延迟会影响产品质量、增加设备故障风险，甚至可能危及相关工人的安全。例如，人工智能驱动的系统需要实时处理视觉数据以检测并防止可能发生的安全风险。任何处理延迟都可能导致事故，因此实时响应不仅关乎效率，也关乎安全。

许多人工智能模型(尤其是基于深度学习的模型)对计算资源的需求很高，这增加了实时处理的难度。当前在软件层面，通过算法优化可以帮助减轻实时处理的计算负担，通过模型剪枝、知识蒸馏等技术可以帮助创建计算速度更快、算力需求更低的模型，实现在不明显影响模型准确性的情况下显著减小模型体量，从而使相关深度学习模型更适合实时应用。由于制造业环境对响应速度要求较高但计算资源有限，因此上述方法对于制造环境具有较好的指导意义。虽然在软件层面取得了上述进步，但开发专门针对制造流程的人工智能硬件仍然是一个尚未深入探索的领域，通过根据特定制造需求定制硬件，人工智能算法可以实现更低的延迟及更高的效率，这也是值得探究的方向之一。

3. 数据标注挑战

制造商在生产过程中会产生大量数据，但其中大部分的生产数据是未被标记的，这限制了监督学习模型在制造业环境中的有效性。提高数据可用性是数据驱动型人工智能的重点之一。然而，手动标记相关生产数据是一项艰巨的任务。当前大多数关于制造业人工智能的研究都集中在监督学习上。对于为监督学习模型而准备的数据集，数据标记要么在数据收集之前预先确定，要么在数据收集后手动标注。为了提高数据标记的灵活性和效率，无监督学习将是当前较有前景的解决方案，它使模型能够在没有大量标记数据的情况下学习相关的关联模式。半监督学习是另一个值得关注的研究方向，它使用一组较小的标记数据和一组较大的未标记数据，有效减少了数据标注的工作量，同时保持了模型的学习效果。

4. 可解释性挑战

在制造业中，人工智能的另一大挑战是模型缺乏透明度，尤其是深度学习模型，它们通常被描述为“黑匣子”，因为人们很难理解相关模型做出特定决策的原因。在制造业中，由于基于人工智能的决策可能会对安全和质量产生重大影响，因此模型缺乏透明度可能导致用户的不信任，甚至不愿采用人工智能解决方案。针对该挑战，可解释性人工智能技术旨在通过洞察人工智能模型内部工作原理来解决这一问题。例如，可解释性人工智能技术可能会生成具有可视化效果的推理策略，显示模型在识别产品缺陷时关注图像的哪些部分等，旨在提供透明的模型决策过程，让用户理解模型为何做出特定预测。这些解释在涉及安全的应用场景(如安全检测、故障检测等)中具有很高的价值。

6.5 人工智能+交通

交通是现代城市的血管与血液，货物、人员和服务的流动在很大程度上依赖于这一系统的平稳运行。交通行业是一个由众多要素构成的、高度复杂的动态系统，系统中某一点看似微小的延迟或错误都可能会引发整个交通的连锁反应。例如相关人为操作失误、基础设施状况不佳，甚至天气变化都可能造成交通堵塞、延误和安全隐患，并对整个行业产生严重影响。近年来，人工智能技术加速了交通行业的创新，为交通规划与管理方式带来了前所未有的革新升级，使社会进入“人工智能+交通”的新时代。

“人工智能+交通”作为智慧城市的重要组成部分，肩负着提升城市出行效率、减少交通拥堵、提高交通安全的使命。人工智能系统能够综合分析庞大的交通数据来预测交通行业中可能遇到的未知情况，并执行相应的交通管理策略，以实现高效安全的交通方案。这些智能分析技术不仅限于常规交通的管理模式，还能扩展到更多意外情况，如潜在事故风险、突发天气变化等，从而在问题恶化前及时采取措施，对潜在风险进行主动干预。

6.5.1 “人工智能+交通”前沿应用

1. 自动驾驶

自动驾驶是人工智能在交通领域最具变革性的应用之一，能够实现在无人干预的情况下智能应对交通网络中的各类状况，如图6-16所示。当前，以特斯拉、Waymo为代表的众多企业正在推动全自动驾驶技术的落地。依靠深度学习、强化学习、传感器融合等技术，自动驾驶汽车能够准确响应周围环境，实现复杂环境下的安全驾驶。

图6-16 自动驾驶

1）异构传感器数据的整合

自动驾驶汽车会用到各种传感器，包括激光雷达、超声波传感器、高清摄像头等，每种传感器都有独特的功能。激光雷达通过构建精确的三维地图，实现对周围环境的高精度识别；超声波传感器能够准确检测相关的近距离物体；高清摄像头则从视觉层面实现对路标和行人的识别。因此，自动驾驶算法首先需要高效地整合来自这些传感器的异构数据，使人工智能赋能的自动驾驶汽车能够全面感知行驶环境，从而使自动驾驶汽车能够实时做出车道变换、速度调整和避障等决策，这对于在复杂的行驶环境下实现智能驾驶具有重要意义。

2）基于强化学习的自适应驾驶

自动驾驶汽车技术的另一项进步是应用强化学习来提高自适应驾驶技能。通过强化学习，自动驾驶算法能够从周围环境接收反馈并相应地调整其行为，并从中不断学习哪些行为能带来最佳效果，从而持续优化驾驶策略，使自动驾驶能够适应复杂多变的驾驶环境。

例如，自动驾驶汽车可以在不同的交通状况或恶劣天气下自适应地改善其行为。在大雨或大雾等恶劣天气条件下，由于能见度显著降低且路面湿滑，自动驾驶算法将自适应地调整其速度，并增加跟车距离。此外，通过结合对周围物体的运动检测，车辆可以预先规划操作，例如，安全地超越速度较慢的车辆、调整速度以适应即将到来的弯道等。这种智能适应使自动驾驶汽车具备更强的学习能力和适应性，使其能够像人类一样灵活应对各种复杂路况，实现更安全、更高效的驾驶。

2. 智能交通流量预测

人工智能驱动的交通流量预测系统利用深度学习及大数据技术，提供地面交通和空中交通的流量监测与预测能力。这种能力不仅提高了个人出行便利性，而且极大地助力交通运输提供商提升运营效率，优化相关运营时间安排。

1）地面交通预测

对于地面交通，基于人工智能的预测模型基于历史交通流量数据、GPS位置信息和实时传感器信息来预测潜在的延误，例如结合季节性旅行高峰、临时施工导致的道路封闭、天气影响等因素综合进行交通流量预测，如图6-17所示。此外，通过分析拥堵数据，人工智能能够精准定位瓶颈点。例如，城市的公共交通系统可以利用人工智能进行交通流量预测并调整相应的公交路线，通过优化发车间隔、绕过拥堵地区等方式最大限度地减少延误。

图6-17　地面交通流量预测

2）空中交通预测

在航空业中，人工智能驱动的交通流量预测对于减少延误和优化航班时刻表具有重要作用。基于气象源、卫星反馈和历史天气模式的数据，人工智能系统能够预测恶劣天气可能造成的潜在影响。有了这些信息，航空公司可以主动调整航班时刻表、提前通知乘客并更好地分配机组人员和资源。此外，数字孪生技术也广泛应用于空中交通，创建飞机及其飞行条件的虚拟复制品，并通过人工智能算法模拟各种空中交通场景，或者模拟预测不同天气影响下的最优航线；此外，还可以对相关飞行器状况及其性能进行全面预测。这种预测能力不仅可以保障乘客安全，减少延误时间，而且还有助于更有效地进行机场运营和资源管理。

3. 智能驾驶员行为分析

驾驶员行为分析通过分析个人驾驶模式并进行针对性干预，能够显著提升道路安全水平。通过远程信息处理与车内监测机制，人工智能可以实时监控驾驶员的驾驶习惯，识别危险行为并及时提供反馈，提升驾驶安全性。

1）基于远程信息的驾驶员行为分析

配备人工智能的远程信息处理系统基于深度学习算法，利用道路监控系统所收集的数据，通过分析车辆超速、急刹等行为来评估驾驶员的行驶状态，以识别潜在的危险驾驶行为。例如，交警可以使用这些数据为一些表现出激进驾驶行为的驾驶员提供有针对性的惩罚及培训。此外，人工智能驱动的分心检测是交通领域的另一项重要应用，通过城市道路监控系统可以检测驾驶员的手机使用、与乘客的互动行为等情况，从而有效提高驾驶安全。

2）车内监控和疲劳检测

使用人工智能的车内监控系统可以实时检测驾驶员的疲劳迹象。基于计算机视觉领域的面部识别算法评估眼睛闭合率、头部位置和其他指标，评估驾驶员疲劳程度，如图 6-18 所示。如果人工智能算法检测到驾驶员表现出困倦的迹象，它可以提醒驾驶员在疲劳驾驶导致事故之前进行适度休息。实时监控和反馈有助于降低与疲劳驾驶相关的风险，营造更安全的驾驶环境。

图 6-18　疲劳驾驶检测

4. 智能交通管理

将人工智能融入城市交通系统管理领域，能够改善交通流量、提高道路安全性，实现智慧化交通管理。由人工智能驱动的交通管理系统不仅能及时定位当前交通问题，使管理者能够实时进行交通管理，还能通过预测可能的交通状况，动态调整信号和路线以应对不断变化的交通状况，为城市交通提供更长远的优化方案，如图 6-19 所示。通过实施此类智能解决方案，城市可以拥有更顺畅的交通网络，降低事故率，使城市交通管理策略与实际交通状态保持高度一致，在高峰期和紧急情况下快速做出调整。这种灵活性对于减少拥堵和确保车辆和行人的出行畅通至关重要。

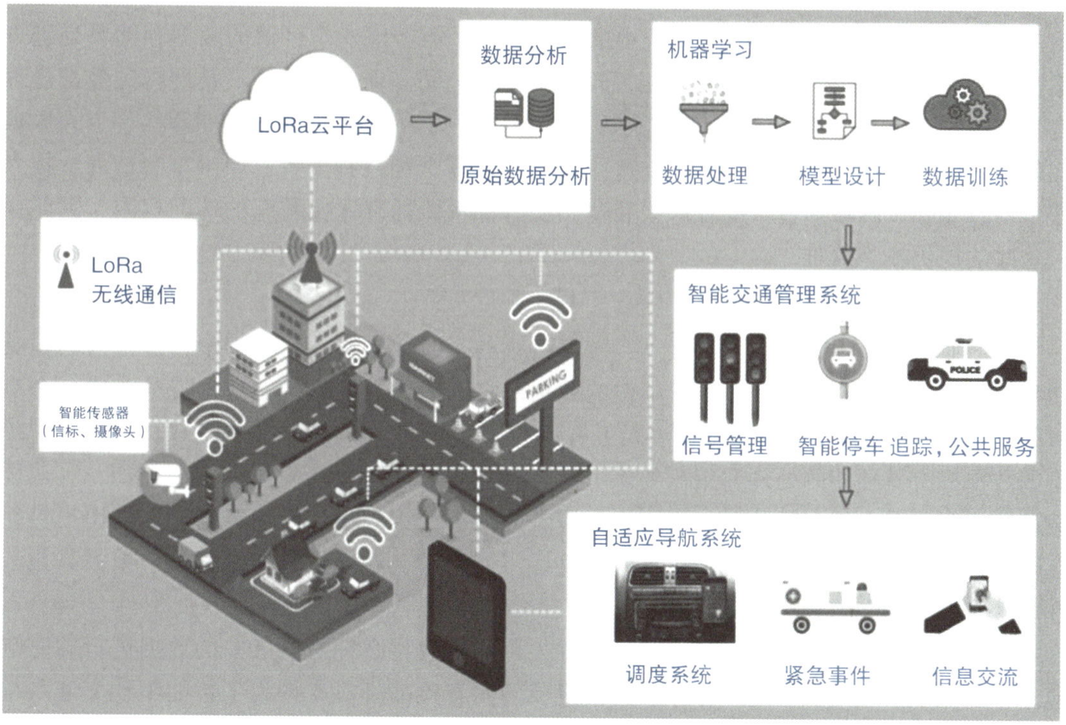

图 6-19　智能交通管理系统

1) 自适应交通信号系统

自适应的交通信号系统通过交通摄像头及传感器所收集的车辆密度、速度等实时数据，动态调整交通信号。例如，在高峰时段，对主要道路延长绿灯时间以缓解拥堵。人工智能驱动的交通管理系统还可以快速响应意外的交通流量激增，通过动态调整交通信号来防止交通堵塞，确保高效畅通的交通环境。

2) 车联网

车联网通信允许车辆与交通基础设施、其他车辆甚至行人设备进行交互。通过车联网模式，车辆可以共享位置、速度和道路状况的数据，从而实现交通系统的快速响应和高效运行。在智慧城市中，车联网技术使城市能够将自动驾驶汽车和其他智能交通技术整合到同一个网络中，自动驾驶汽车可以与交通基础设施以及其他车辆进行实时信息交换，减少不必要的停车，合理规划路线，有效提升交通效率，并为完全互联的城市环境铺平道路，从而更好地满足动态变化的交通需求。

6.5.2 “人工智能+交通”的挑战与展望

1. 数据隐私和安全问题

人工智能系统需要从交通网络不断收集大量数据，人们对数据隐私和安全的担忧日益加剧。交通路线规划系统、疲劳监测系统等依赖于收集相关个人偏好和行为的详细信息，一旦这些信息处理不当，可能会导致数据泄露或滥用。这些信息的私有性质和潜在敏感性加剧了数据管理的复杂性，引发了相关道德和法律问题。

为确保人工智能驱动的交通系统中的数据隐私，需考虑安全可信的数据存储及处理方案(如匿名化处理等)。全球各地区相关政府与科技公司当前也面临着日益严峻的数据处理合规性的压力，2018年欧盟出台的《通用数据保护条例》对如何使用、存储和共享个人数据提供了相应的法规指导。然而，由于这些数据涉及多个利益相关者，如汽车制造商、技术提供商和基础设施管理者，所有这些利益相关者都可能拥有这些数据的访问权限，因此执行这些法规仍较为困难。

2. 处理异构数据的挑战

交通业中的人工智能高度依赖于多源、持续的实时数据输入，例如来自摄像头的视觉数据、雷达读数、GPS信号等不同结构的数据。将这些分散且异构的数据流整合成一个有机的整体并进行交通数据分析，是“人工智能+交通”所面临的一项技术挑战。由于每种类型的数据都有其独特的处理和编码要求，并且数据集之间可能会发生冲突，例如，雷达读数可能表明道路上的一种状况，而摄像头视觉数据由于天气或障碍物等环境因素而提供相互矛盾的信息，因此实时解析并整合利用这些不同来源、不同格式的数据是一项极具挑战性的工作。

在自动驾驶汽车等高风险环境中运行的人工智能模型必须对所感知的数据进行即时响应，以避免事故或延误。此外，除了数据集成的固有挑战外，支持人工智能驱动交通系统的数字基础设施的质量在不同地区也存在很大差异，例如车联网系统在基础设施有限或较为落后的地区，可能无法充分发挥其潜力。

3. 法律监管框架的挑战

人工智能在交通领域中的数据监管策略仍不完善，导致其在安全标准、责任认定等方面具有一定程度的不确定性。例如，由于不同的司法管辖区对安全、责任和运营指南采用不同的标准，缺乏统一性，这使得大规模实施人工智能驱动的交通解决方案变得更为复杂，需针对不同地区的交通法规制定不同的智能驾驶策略。此外，现行的相关法规难以跟上智能驾驶系统快速发展的步伐，例如，在自动驾驶汽车发生事故时，尚不清楚责任是落在汽车制造商、软件开发商、数据提供商还是用户身上。

上述法规的模糊性，导致法律监管处于一种不稳定的状态。如果没有明确的指导方针，人工智能企业将面临代价高昂的诉讼风险，并可能会抑制其创新积极性。由于需要在安全和创新之间取得平衡，创建一个监管框架的过程将变得更加曲折。

习 题 6

1. 将人工智能技术应用到本章所提到的五个行业中时，通常会面临哪些共性挑战？

2. 从每个行业的具体情况来看，在本章所提到的五个“人工智能+”的行业应用中，各自有哪些独特的挑战？

3. 随着生成式 AI 技术的迅速发展，未来其在本章所提到的五个行业中是否会催生出更多创新应用？这些潜在的应用可能在哪些方面改变或提升行业现状？

4. 除了本章提到的五个行业之外，当前“人工智能+”是否还被应用于其他行业？请再举出一个“人工智能+”赋能其他行业的例子。

▲习题答案

第 7 章 新一代人工智能生态

7.1 人工智能与大数据

随着计算机科学和互联网技术的不断革新与发展，信息数据的数量飞速增长，这一过程催生了大数据这一概念与实践的兴起，并广泛融入了人们的日常生活之中。大数据为人工智能提供“学习”和“思考”的知识来源，人工智能则为海量数据的价值体现添砖加瓦，两者相辅相成，将在未来科技与社会发展中发挥更大作用。

7.1.1 大数据的概念

1. 大数据的定义

从狭义上来说，大数据(big data)主要是指海量数据的集合，其量大到用现有的一般技术在可容忍的时间内难以管理。例如，作为大数据研究先驱的麦肯锡咨询公司，在其2011年5月发布的研究报告《大数据：创新、竞争与生产力的下一个新领域》中提到，大数据是指规模已超出传统的数据库软件工具收集、存储、管理和分析能力的数据集。

从更广义的角度来说，大数据除了包括海量数据集合外，还包括由此衍生出的数据分析、管理、挖掘、处理方法和技术，是一种认知观念的变革，是知识发现的逻辑。

2. 大数据的发展历程

从20世纪90年代以来，大数据的发展历程基本可划分为三个主要阶段：萌芽期、成熟期、大规模应用期，如表7-1所示。

表 7-1　大数据发展阶段

发展阶段	时间	主要特点
萌芽期	20世纪末到21世纪初	伴随着数据库技术和数据挖掘理论的成熟，出现了商务智能、知识管理系统、数据仓库、专家系统等应用
成熟期	21世纪前十年	Web 2.0发展迅速，各类网络应用产生的数据呈爆炸式增长，带动了大数据技术的快速突破，谷歌文件系统(GFS)、MapReduce等大数据技术受到关注，并诞生了Hadoop大数据平台

续表

发展阶段	时间	主要特点
大规模应用期	2010 年至今	大数据与物联网等技术的结合，使大数据被应用到各行各业，并进一步推动信息社会的智能化发展

下面简要回顾大数据发展过程中的重要事件。

1980 年，著名未来学家阿尔文·托夫勒（Alvin Toffler）在其所著的《第三次浪潮》一书中，预言信息化将改变人类的生活和工作方式，并盛赞大数据为“第三次浪潮的华彩乐章”。

1997 年 10 月，迈克尔·考克斯（Michael Cox）和大卫·埃尔斯沃思（David Ellsworth）在第八届美国电气和电子工程师协会（IEEE）关于可视化的会议论文集中发表了题为《为外存模型可视化而应用控制程序请求页面调度》的论文，该论文成为美国计算机学会数字图书馆中第一篇提及“大数据”术语的文章。

2011 年，维克托·迈尔·舍恩伯格（Viktor Mayer-Schönberger）和肯尼思·库克耶（Kenneth Cukier）所著的《大数据时代：生活、工作与思维的大变革》引起强烈反响。同年，麦肯锡咨询公司全球研究院发布的《大数据：创新、竞争与生产力的下一个新领域》，提出并标志着大数据时代的到来。

2012 年 3 月，美国奥巴马政府发布了《大数据研究和发展倡议》，标志着大数据发展计划正式启动，大数据上升为美国国家发展战略。

2013 年 12 月，中国计算机学会发布了《中国大数据技术与产业白皮书》，对大数据的核心科学和技术问题进行了系统总结。

2015 年 8 月，国务院印发了《促进大数据发展行动纲要》，明确指出我国要全面推进大数据发展和应用，加快建设数据强国。

2019 年 5 月，中国国家互联网信息办公室发布《数据安全管理办法（征求意见稿）》，标志着我国大数据发展进入规范化管理阶段。

2020 年 4 月，中共中央、国务院发布的《关于构建更加完善的要素市场化配置体制机制的意见》中，将数据与土地、劳动力、资本、技术并称为五种要素。

2021 年 6 月，第十三届全国人民代表大会常务委员会第二十九次会议通过了《中华人民共和国数据安全法》。

2024 年，新质生产力首次被写入政府工作报告。以“科技创新发挥主导作用”的生产力是数字时代更具融合性、更体现新内涵的生产力。数据要素因其显著的乘数效应和创新引擎作用，逐渐被认定为新质生产力的核心生产要素。

3. 大数据的主要特征

大数据具有海量性、多样性、时效性、可变性等特征，需要可伸缩的计算体系结构来支持其存储、处理和分析任务。一般来说，大数据的特点可以用 IBM 提出的“5 V”特征来概括。

1）数据量大（volume）

大数据技术采集、存储和计算的数据量都非常庞大。

计算机采用二进制，用字节（Byte）作为基本单位，计算机中数据存储的常用单位如表 7-2 所示。随着互联网的普及、数据采集手段和技术的不断提升，对计算机存储、处理能力的要求也越来越高。例如，记录一个汉字占用 2 B 的空间，一张图片的大小一般是几千字节或几兆字节。但如果是对一个人进行一次全面基因测序，所产生的数据量在 100~500 GB，而阿里巴巴单日新增数据量则超过 50 TB。著名咨询机构国际数据公司(International Data Center，IDC)估计，人类社会产生的数据量一直在以每年 50%的速度增长。到 2025 年，全球数据量将达到 163 ZB。

一般来说，超大规模数据是吉字节(GB)级别上的数据，海量数据是太字节(TB)级别上的数据，而大数据则是拍字节(PB)及以上级别的数据。

表 7-2　数据存储单位及换算关系

数据存储单位	换算关系
bit(二进制位)，最小存储单位	1bit 存储一个 0 或 1
B(字节)，基本存储单位	1 B = 8 bit
KB(千字节)	1 KB = 2^{10} B = 1 024 B
MB(兆字节)	1 MB = 2^{10} KB = 1 024 KB
GB(吉字节)	1 GB = 2^{10} MB = 1 024 MB
TB(太字节)	1 TB = 2^{10} GB = 1 024 GB
PB(拍字节)	1 PB = 2^{10} TB = 1 024 TB
EB(艾字节)	1 EB = 2^{10} PB = 1 024 PB
ZB(泽字节)	1 ZB = 2^{10} EB = 1 024 EB

2)数据多样化程度高(variety)

大数据涉及的数据类型丰富且复杂，数据多样化也是大数据的价值所在。根据数据是否具有一定的模式、结构和关系，一般可以将数据分为结构化数据、半结构化数据和非结构化数据三类。

(1)结构化数据。顾名思义，结构化数据具有固定的结构、属性划分和类型等信息，例如身份证号、电话号码、性别、银行卡号等，通常以二维表的形式存储在关系型数据库中。

(2)非结构化数据。非结构化数据不具备统一的数据结构和模型，无法用二维逻辑表来表示，常见的如自由文本、图像、音视频等，其处理和分析过程较结构化数据要更为复杂。在各类生产、生活活动中产生的数据，约 90%属于非结构化数据。

(3)半结构化数据。这类数据具有一定的结构，但又灵活多变。半结构化数据常常利用标记来分隔语义单元，常见的有 XML 和 JSON 格式文件。

3)数据增长快(velocity)

在大数据时代，数据增长速度快。有数据统计，在 1 min 内，全球移动互联网的接入流量就超过 46 000 GB，超 8 亿用户用微信完成支付，抖音用户观看了 1.67 亿个视频。数据的极快速增长，对数据处理的速度和时效性提出了更高要求：只有跟上甚至超越大数据的产生速度，才能使数据得到有效利用。在数据处理速度方面，存在一个“1s”定律，即在大数据背景下，很多情况均要求数据处理在 1s 内形成结果，否则处理结果会因时效性丧失而失去实际应用价值。快速、实时的数据处理，也是大数据与传统海量数据处理技术的关键差别之一。

4)数据价值密度低(value)

单纯通过互联网、感知设备所收集的数据，虽然数量庞大，但其价值密度相对较低。例如视频监控在连续不间断的监控过程中，产生了大量的视频数据；现代医院的电子病历记录了大量病人的就诊和疾病信息。这些原始数据只有经过清洗、深度挖掘和分析后，才能形成有效的信息，具有较高的价值。IBM 的研究分析表明，目前大多数企业仅对其所有数据的 1%进行了分析和应用。

5)数据真实(veracity)

大数据从真实世界的各种业务和活动中收集而来，数据真实性较高，进行分析和挖掘后提取出能够解释和预测现实事件的可能性较大。

4. 大数据框架体系

大数据系统是一个庞大的体系，需要多方面的技术支持，如表 7-3 所示。

表 7-3 大数据框架体系和关键技术

层次名称	描述
基础设施层	为大数据平台提供必要的基础环境，包括计算、存储、网络设备，以及云数据中心和云计算平台等
数据采集层	海量数据是大数据平台的基础，数据采集层主要进行基于网络、传感器的数据采集、清洗、预处理。涉及的关键技术有传感器、ETL(extract，transform，load)、网络爬虫等
数据存储层	用于存储各类数据。为了提供强大的存储能力，通常需要有一个分布式文件系统作为底层存储，同时需要采用 NoSQL 的数据管理查询模式，解决大量非结构化数据的存储问题
数据处理层	主要完成大数据的并行计算、分析和挖掘，涉及的关键技术有大数据分布式计算框架 MapReduce、Spark、机器学习和数据挖掘算法等
数据可视化层	用于将分析和计算结果更直观地展现给用户，便于用户的理解和使用。常见工具有 MATLAB、SPSS、Python、XData 大数据智能引擎等
数据应用层	构建不同领域的大数据应用系统。目前常见的领域包括科研、交通、医疗、金融、通信、商务等

7.1.2 大数据思维

大数据具有独特的数据特征，同时也带有强烈的时代技术特色，集中体现了人类文明的时代发展需求，为信息和计算机领域乃至整个人类社会带来根本性的改变。作为新时代的一分子，我们应当有意识地利用大数据思维来思考和解决问题。

1. 整体分析思维

一直以来，由于信息缺乏且受到通信技术的制约，当面对数据量很大的分析和预测任务时，通常会选取总体中的部分数据进行采样分析。但在大数据时代，数据存储成本的降低以及计算能力的显著提升，使得可分析数据的规模大幅增加，甚至可以处理和某个特别现象有关的所有数据。随着数据规模的扩大，数据的真实性也随之提升。

2. 容错思维

以往由于测量技术和规模的局限性，需确保所记录数据的精确性，这种思维方式主要适用于数据量较小的场景。在大数据背景下，绝对精准不再是我们追求的目标。适当忽略微观层面上的精确度，能在宏观层面上拥有更好的洞察力。同时，真实世界的数据仅有约10%是结构化的，如果不接受容错，剩余的大部分数据均无法被很好地利用和挖掘。

3. 相关关系思维

寻找因果关系是人类长久以来的思维惯性。在大数据时代，社会需要适当放弃对因果关系的渴求，转而去寻找事物之间的相关关系。相关关系也许无法准确揭示事物发生与发展的原因，但是却能够提醒人们某种现象已经或正在发生。

4. 数据竞争力思维

在过去相当长的一段时间内，人们对信息技术的关注一直偏重在技术部分。如今，大数据将其焦点从技术转变为信息。在当前环境下，具备更广泛、更全面的数据采集能力以及更高效的数据处理能力，已成为超越竞争对手的关键因素。这也正是中共中央、国务院2020年4月发布的《关于构建更加完善的要素市场化配置体制机制的意见》将数据与土地、劳动力、资本、技术并称为五种要素的原因。

7.1.3 Apache Hadoop 分布式计算平台

1. Hadoop 平台简介

Hadoop 是一种分布式系统基础架构，是 Apache 软件基金会基于 Java 语言开发的分布式开源平台。Hadoop 以分布式文件系统（Hadoop distributed file system，HDFS）和分布式计算系统 MapReduce 为核心，具有很好的跨平台特性，并且可以被部署在廉价的计算机集群中。用户能够轻松地通过 Hadoop 组织计算机资源，搭建分布式计算平台，并充分利用 Hadoop 集群的计算和存储能力完成海量数据的处理。

Hadoop 是行业公认的大数据标准开源软件，几乎所有主流厂商均围绕 Hadoop 提供开发工具、开源软件、商业化工具和技术服务，例如阿里巴巴、百度、网易、腾讯、中国移动等。

2. Hadoop 平台的发展历史

谷歌公司为了解决数据增长导致的数据存储和分析的困难，提出了被誉为“三驾马车”的解决方案：分布式文件系统（Google File System）、分布式表格（Bigtable）和分布式计算模型（MapReduce）。这三项技术奠定了谷歌处理海量信息的基础，也为全球的大数据技术的发展树立了标杆。受此启发，Apache Nutch 项目的创始人道格·卡亭（Doug Cutting）实现了 DFS（distributed file system）和 MapReduce 机制用以支持 Nutch 引擎的主要算法。由于 NDFS（Nutch DFS）和 MapReduce 在 Nutch 引擎中有着良好的应用，二者于2006年2月被分离出来，成为一套完整而独立的软件，并被命名为 Hadoop。2008年1月，Hadoop 成为 Apache 顶级开源项目，包含众多子项目，被包括 Yahoo 在内的很多互联网公司采用。

自从 2011 年 12 月 Hadoop 1.0.0 版本发布以来，Hadoop 经历了多个版本的迭代更新，截至本书编写时的最新版本为 3.4.1。据说 Hadoop 这一名称灵感源于创始人道格·卡亭之子的毛绒玩具大象，所以 Hadoop 的标志也被设计为大象形象，如图 7-1 所示。

图 7-1　Hadoop 的标志

3. Hadoop 平台的优点

1）可靠性和稳定性高

Hadoop 采用冗余数据存储方式，自动维护多份数据副本。一旦某个副本发生故障，Hadoop 能够针对失败的节点重新分布处理，保证对外服务稳定。

2）容错能力强

由于 Hadoop 采用冗余存储方式，当数据被发送到一个单独的节点时，该数据也会被复制到集群的其他节点，当故障发生时，系统能够自动将失败的任务重新分配。

3）处理效率高

作为分布式处理平台，Hadoop 能够并发处理数据，也能够在节点之间动态地移动数据，保证各个节点的动态平衡，即 Hadoop 能够合理地分配计算资源，因此数据处理的效率很高。

4）扩展能力强

不同于传统的关系型数据库，Hadoop 是一个高度可扩展的存储平台，可以存储和扩展到数千个并行操作的计算机节点。

5）成本低

Hadoop 支持通过廉价的机器来搭建服务器集群，普通用户也可以在自己的计算机上组建 Hadoop 运行环境。

6）兼容性好

Hadoop 能够在 Linux 上运行，并支持使用多种编程语言进行开发，使得不同技术背景的开发人员均能利用 Hadoop 进行大数据处理和分析。

4. Hadoop 体系架构

随着 Hadoop 的不断发展，其架构越来越完善，如今已经发展成一个庞大的生态体系，如图 7-2 所示。

1）Hadoop 分布式存储系统

（1）HDFS 简介。

HDFS 是 Google 文件系统的开源实现，是 Hadoop 分布式计算中数据存储管理的基础，更是 Hadoop 生态中的核心项目之一。HDFS 允许文件通过网络以流式数据访问模式在多台主机上进行超大文件的多副本存储，并且可以运行在廉价的商业服务集群上。虽然这样的

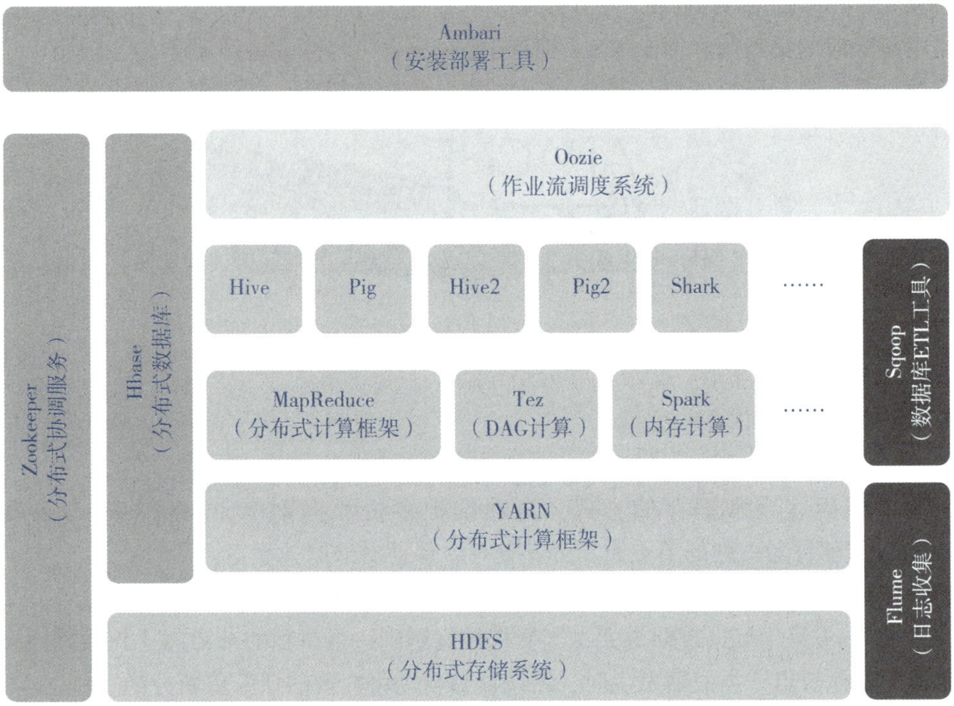

图 7-2 Hadoop 生态

集群不可避免地存在节点故障率较高的情况，但是 HDFS 设计了完善的容错机制，可以让系统继续运行，而用户不会察觉明显的服务中断。

(2) HDFS 体系框架。

一个完整的 HDFS 文件系统一般运行在用网络连接的一组计算机(节点)组成的集群之上，在不同节点上运行不同类型的进程，这些进程会互相协作，共同为用户提供高效的分布式存储服务。HDFS 的体系框架如图 7-3 所示。

在最终用户看来，HDFS 和传统的文件系统一样，可以通过目录对文件进行创建、读取、修改和删除等操作。但从图 7-3 中可以看出，HDFS 实际上包括了一个存储主节点(即名称节点)、多个存储次节点(即数据节点)和客户端。

①名称节点：名称节点(namenode)是 HDFS 的主进程，每个集群只有一个，运行该进程的计算机即为存储主节点。名称节点主要包括管理 HDFS 命名空间(主要管理文件名、副本数等信息)、协调整个 HDFS 存取和应答客户端存取请求等功能。

在分布式存储服务过程中，名称节点进程需要长期运行，一旦其宕机，整个服务就会崩溃。为了确保整个分布式存储提供连续不间断的服务，必须对名称节点进行双机或多机热备份。

②数据节点：数据节点(datanode)是 HDFS 的从进程，每个集群中有多个，且最好是 3 个以上。在对外服务时，数据节点会按照名称节点和客户端提出的要求，有针对性地完成读写和复制操作。每个数据节点会定时向名称节点发送“心跳”信息，汇报自己的状态。如果名称节点在最大间隔时间内未收到数据节点的心跳包，则它会将该数据节点标记为 Dead，并不再为其分配任何读写任务。

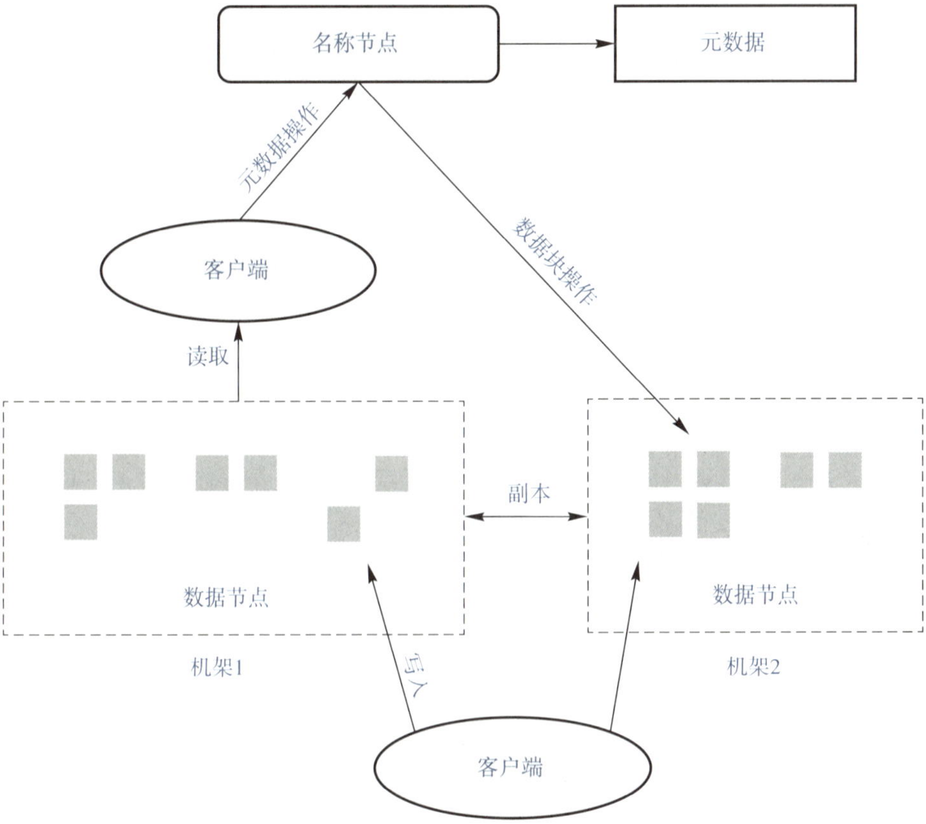

图 7-3 HDFS 体系框架

数据节点在本地文件系统中以数据块的形式存放数据文件，是 HDFS 的最小单位。在 Hadoop 2. x 和 3. x 版本中，其默认大小为 128 MB，在实际部署中也可以根据情况进行调整。为了保证系统的容错性和可靠性，HDFS 会对数据进行多副本冗余存储，默认情况下，每个数据块会保存 3 份冗余数据。基于这一策略，一个数据块会被复制到两个或两个以上位于不同机架的数据节点服务器上。这样的布局除了保证数据的可靠性，还可以提高多用户访问时的数据传输效率。

③客户端：客户端(client)即为想要使用分布式存储服务的机器。在需要提供服务时，客户端会向名称节点发送请求，名称节点再指挥数据节点完成服务。需要注意的是，名称节点不会主动联系数据节点，在发出相关存储命令时，是通过应答心跳包来传送的。

(3)HDFS 数据读写流程。

①读取数据的过程：首先，由客户端向远程的名称节点发起读取数据请求；名称节点接收了读取请求后，会返回文件的部分或全部数据块列表，其中包括其副本所在的数据节点地址；之后，客户端会选择离其最近的数据节点读取数据块；当前数据块读取完毕后，关闭其与该数据节点的连接，并寻找下一个数据块所在的数据节点，直至将所有数据块读取完毕。如果在读取数据块时发生错误，客户端会告知名称节点，名称节点会让客户端从其他副本中读取。

②写入数据的过程：首先，由客户端向名称节点发送远程过程调用(RPC)请求；名称

节点接收该请求后，会先检查要写入的文件是否存在，以及客户端是否有操作权限，检查成功后会为文件创建一个记录；之后，客户端开始写入数据时，整体数据会被分成多个包，并向名称节点申请数据块，获取合适的用来存储副本的数据节点列表；最后系统会以管道的形式将包写入所有的副本中。最后一个数据节点成功存储后返回一个 ACK 包，作为数据成功接收和处理的确认，并传递给客户端。如果在传输过程中某个数据节点出现故障，当前的管道会被关闭，有故障的数据节点会从管道中移除，剩余的数据包则会在其余的数据节点中继续传输。与此同时，名称节点会重新分配一个数据节点，保证副本的数量不变。

（4）HDFS 的局限性。

①不适合低延迟应用请求：HDFS 是为处理海量数据分析而设计的，旨在实现较高的数据吞吐量，但这一特性相应地带来了高延迟的代价，故而其并不适用于对响应时间有严格要求的应用场景。

②不支持多用户写入和任意位置修改：目前的 HDFS 不支持多用户写入，HDFS 的一个文件只能有一个写入者，也不能在文件任意位置修改，只能在文件末尾追加。

③不适合小文件存取：小文件远小于 HDFS 数据块大小(默认为 128 MB)，且 HDFS 会为每个文件产生元数据，元数据是存储在内存中的，如果文件数量过大，名称节点会出现存储瓶颈。

2）MapReduce 分布式计算框架

（1）MapReduce 简介。

大数据应用中，除了要解决大量数据的高效存储问题，还需要解决海量数据的运算和分析问题。MapReduce 正是用于大数据并行处理的计算模型、框架和平台，是 Hadoop 核心组件之一，主要用于解决海量数据的分析和计算。目前，MapReduce 已经成为大数据处理的一个重要工业标准，也是迄今为止最成功的大数据并行处理技术。

设想一家大型连锁超市需要统计其全国各家门店的销售情况。如果收集所有门店的数据，然后由总部统一汇总分析，这种策略的效率显然不高。一个更为高效的策略是，各家门店自行对数据进行汇总统计，再将结果交给总部分析。这正是 MapReduce 的核心思想——“分而治之”的体现，即将一个复杂的计算任务，分解为若干较小规模的子任务并行处理，最后再将各子任务的结果汇总得到最终结果，从而显著提升处理效率。

（2）MapReduce 架构。

MapReduce 主要包括作业管理器、任务管理器、任务、客户端四个部分，其模型架构如图 7-4 所示。

①客户端：用户编写的 MapReduce 程序（即作业）会通过客户端提交给作业管理器。

②作业管理器：作业管理器会创建每个作业的 Map 任务和 Reduce 任务，并分发给各个任务管理器。作业管理器还会负责资源监控和作业调度，一旦发现任务管理器出现故障，就会将任务分发给其他节点完成。

③任务管理器：任务管理器会通过心跳周期性地向作业管理器汇报其资源使用和任务执行情况，同时接收并执行作业管理器发送的命令。

④任务：任务分为 Map 任务和 Reduce 任务两种。一个大的 MapReduce 作业首先会被拆分为多个更小的 Map 任务，这些任务并行执行以提高处理效率，其处理数据的基本单位是数据分片，理想的分片大小是一个数据块的大小。当 Map 任务结束后，会生成很多键值对形式

的中间结果，这些中间结果会被发送到同一个 Reduce 任务，Reduce 任务会对中间结果进行汇总计算得到最终结果，并输出到 HDFS 中。其执行流程如图 7-5 所示。

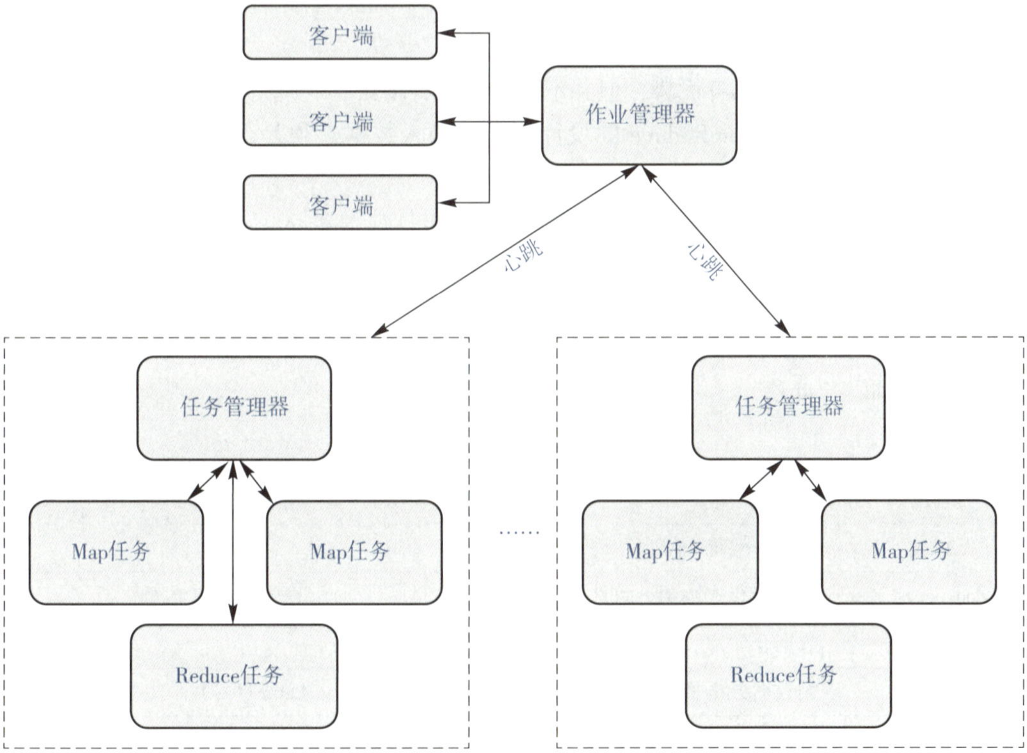

图 7-4 MapReduce 模型架构

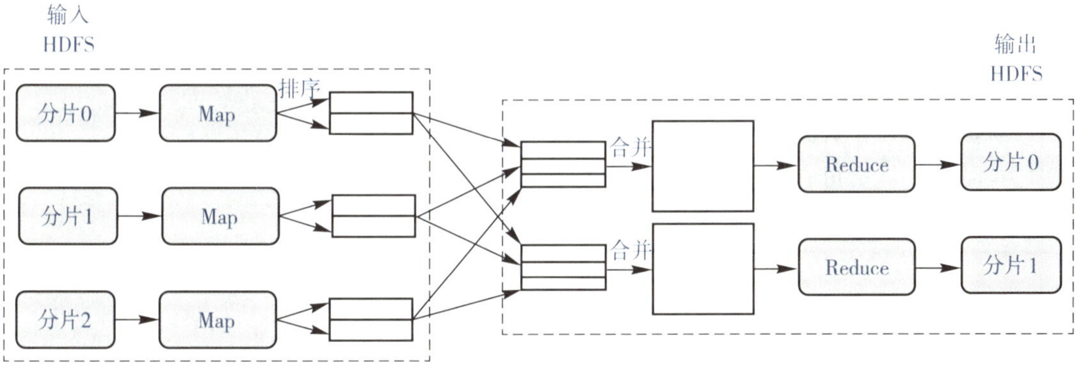

图 7-5 MapReduce 任务执行过程

（3）MapReduce 的优势。

①扩展性强：MapReduce 可在廉价的计算机集群中应用，当资源不足时，可以通过增加节点的方式进行扩展。

②容错能力强：MapReduce 使用了多种有效的错误监测和恢复机制，框架鲁棒性强，支持任务自动迁移、重试和推测执行，不受计算节点故障的影响。

③易于开发：MapReduce 以统一计算架构为程序员隐藏系统底层细节，程序员无须考虑数据存储、划分、分发、结果收集、错误恢复等诸多细节问题，只要描述需要做什么计算任务即可，从而专注于应用问题和算法本身。

(4) MapReduce 的缺点。

MapReduce 虽然有其自身优势，但并不适用于所有场景。

①不适合流式计算：MapReduce 的设计要求其输入数据必须是静态的，所以无法进行动态的流式计算。

②不适合实时计算：MapReduce 启动时间长，而且涉及多次的磁盘读写和网络传输，不适合进行数据实时计算。

3) Hadoop 的其他主要组件

除了 HDFS 和 MapReduce 两大组件外，Hadoop 还包括了很多其他组件，它们各自具有不同的功能，如表 7-4 所示。

表 7-4　Hadoop 的其他主要组件

组件	主要功能
YARN	计算框架统一接口
Zookeeper	提供分布式协调一致性服务
Hive	数据仓库
Pig	大数据分析平台，提供与 SQL 类似的查询语言 Pig Latin
Tez	运行在 YARN 上的下一代 Hadoop 查询处理框架
HBase	非关系型分布式数据库
Storm	流计算框架
Spark	通用并行框架，支持批量计算、流计算、图计算和查询分析
Flume	海量日志采集、聚合和传输系统
Ambari	快速部署工具
Sqoop	用于 Hadoop 和传统数据库之间的数据传递
Oozie	工作流管理系统

7.2 人工智能与云计算

在传统模式下，一个企业或组织要想构建一个完整的 IT 系统，须历经购买硬件等基础设施、搭建网络、采购软件资源及数据服务等一系列复杂流程，并配备专门的系统管理员进行持续的运维工作。是否存在一种类似于发电厂、自来水厂的模式，能够集中提供资源和服务，使得用户只需通过租赁方式即可获取所需的计算服务呢？早在 20 世纪 60 年代初，图灵奖获得者、美国计算机科学家约翰·麦卡锡便前瞻性地提出了公共计算服务(utility computing)的概念，他认为将来计算能力会像水和电一样作为公用事业提供给用户，这一预见成为云计算思想的起源。随着技术的不断进步，云计算的应用越来越普及，得到了政府、企业和个人的认可和采用。

7.2.1 云计算概述

1. 云计算的概念

至今为止，对云计算(cloud computing)并没有一个统一的定义。下面列举一些被广泛引用的定义。

百度百科认为，云计算是分布式计算的一种，指通过网络“云”将巨大的数据计算处理程序分解成无数个小程序，然后通过多台服务器组成的系统对这些小程序得到的结果进行处理和分析并把结果返回给用户。早期云计算，简单地说，就是简单的分布式计算，负责解决任务分发，并进行计算结果的合并。通过这项技术，可以在很短的时间(几秒)内完成对数以万计的数据的处理，从而实现强大的网络服务。

美国国家标准与技术研究院认为，云计算是一种模型，可以随时随地地、便捷地、安全地、按需地从可配置计算资源共享池中获取所需的资源(如网络、服务器、存储数据、应用程序及服务)，资源可以快速地供给和释放，使管理的工作量和服务提供者的介入降至最低。

维基百科认为，云计算是一种基于互联网的计算方式，通过这种方式，共性的软硬件资源和信息可以按需求提供给计算机和其他设备。

简而言之，云计算是一种通过互联网及服务的方式提供动态可伸缩的虚拟化资源的计算模式。云计算的资源是分布式架构，通过虚拟化技术实现动态扩展。终端用户不需要了解云基础设施的细节，不必具备相应的专业知识，只需关注自己需要什么资源以及如何通过网络来获取相应的资源和服务即可。

2. 云计算的发展历程

云计算在其发展过程中产生了很多重要的思想、技术和应用，下面列举一些具有代表性的技术和应用。

1998 年，VMWare 公司成立并首次引入 x86 虚拟技术。

1999 年，马克·安德森(Marc Andreessen)创建了 LoudCloud，这是第一个商业化的 IaaS 平台。

2004 年，Google 公司的 GFS 分布式存储系统和 MapReduce 分布式计算框架广受关注。

2005 年，Amazon 公司推出 Amazon Web Services(AWS)云计算平台。

2006 年，Amazon 公司推出在线存储服务 S3 和弹性计算云 EC2 等。

2008 年，Salesforce 公司推出 Force. com 平台，Force. com 成为世界上首个 PaaS 应用平台。

2010 年，Microsoft 公司发布 Windows Azure 公共云计算平台。

2013 年，Docker 正式发布。

我国的云计算发展也非常迅猛。1990 年至 2000 年，云计算的概念逐渐被引入中国市场。2009 年，阿里巴巴成立了阿里云，成为我国第一个提供云计算服务的公司。2010 年后，我国的云计算市场迎来了快速发展期，腾讯云、华为云、百度云纷纷登场。2024 年巴黎奥运会上，阿里云平台提供的赛事直播服务面向全球观众开放。根据中国信通院调查统计，截至 2024 年，阿里云、天翼云、移动云、华为云、腾讯云、联通云占据我国公有云 IaaS 市场份额前 6 名。阿里云、百度云、华为云、腾讯云、天翼云、移动云则在公有云 PaaS 方面处于领先地位。

3. 云计算的特点

（1）虚拟化：用户通过云计算虚拟平台可以使用计算、存储、数据库等软件资源和硬件资源，且和使用本地计算机的感受相同，即利用软件实现硬件资源的虚拟化管理和应用，降低了用户的创建和维护成本。

（2）安全性高：用户在云端运行程序，数据也存储在云端，且服务会分布在不同的服务器上。一旦某个节点出现故障，系统会启用其他节点继续完成服务，可靠性和安全性较高。

（3）按需提供服务：云计算平台根据需求为用户提供资源，用户只需要按照实际消费的资源付费，大大节省了用户的硬件资源成本。

7.2.2 云计算核心技术

1. 虚拟化技术

虚拟化是指计算单元不在真实的基础上而是在虚拟的基础上运行，它是一种优化资源和简化管理的计算方案。虚拟化一般包括存储虚拟化、计算虚拟化和网络虚拟化。虚拟化解决了传统方式对物理硬件的依赖，可以在一台机器上运行多个虚拟机器，并且可以动态调整资源分配，提高负载部署的灵活性。

2. 云存储技术

在云计算中，云存储技术通常和虚拟化技术相互结合，通过对数据资源的虚拟化，提高访问效率。HDFS 是目前广泛使用的云存储实现方式。

3. 中间件技术

中间件是指支持应用软件开发、运行、部署和管理的支撑软件，它位于操作系统和应用软件之间，起到桥梁作用，可以解决软硬件兼容问题。利用中间件技术，可以将分布式系统中的多个节点有机地组织在一起。

7.2.3 云计算服务的类型

1. 基础设施即服务（infrastructure as a service，IaaS）

IaaS 是指将 IT 基础设施，包括服务器、操作系统、磁盘存储、数据库、信息资源等，通过互联网虚拟地提供给用户，用户通过网络租赁即可搭建自己的应用系统，服务提供商根据用户对资源的实际使用量或占用量进行计费的一种服务。

IaaS 软件通常管理大量硬件，例如上万台物理服务器，并将客户需要的资源以主机的形式提供，此处主机更多时候是指虚拟机(virtual machine，VM)。

不同的云服务提供商提供的 IaaS 可能略有差异，但是 IaaS 一般均具有以下功能。

(1)资源管理：资源管理是 IaaS 的核心功能，主要目的是按照一定的调度策略，采用合适的调度算法，使得所有服务器的工作处于最佳状态。除此之外，还需监控服务运行状态并应对故障等。

(2)任务管理：主要目的是保证成功完成所有任务，包括任务的调度、执行、生命周期管理等。

(3)安全管理：资源的安全性对于服务提供商和用户来说都非常重要。安全管理功能主要通过访问授权、网络隔离、数据加密和备份等策略保证服务的安全性，以免受恶意程序和非法用户的侵害。

(4)用户管理：主要功能是进行用户账号、环境配置和使用计费的管理。

使用 IaaS 的主要优势包括成本低廉、资源伸缩效率高、可迁移性强、免维护、支持多种操作系统等。

2. 平台即服务(platform as a service，PaaS)

PaaS 是将云计算应用程序设计、开发、测试、部署和托管作为一种服务提供给用户。PaaS 主要面向开发人员，使其无须购买硬件设施，只需将数据和代码上传，即可通过云服务获取完整的应用开发平台，而且无须特别关注底层实现和管理模式。

一般而言，运行在 PaaS 上的应用主要分为通过浏览器访问的 Web 服务类(事务处理)和用于大数据量分析的数据分析类(数据分析)。事务处理类应用需要系统具备快速响应能力及高并发处理能力，数据分析类应用则对存储和计算能力有着较高要求。因此，PaaS 针对这两类应用的架构设计存在差异。

PaaS 的主要优势在于良好的集成开发环境(integrated development environment，IDE)和软件开发工具包(software development kit，SDK)、能承载的应用数量庞大、资源调度效率高、多租户机制、对应用的管理和监控能力强等。

Microsoft Azure、Salesforce Plat form、Google APP Engine、Cloud Foundry 等均为常见的 PaaS 平台。

3. 软件即服务(software as a service，SaaS)

用户可以根据服务水平协议(service level agreement，SLA)直接从 SaaS 提供商处获取需要的软件功能，而不需要购买软件并安装在自己的计算机或服务器上(当然也不需要维护软件)，也无须购买软件运行的必备硬件。事实上，由于 SaaS 开发成本和技术难度较低，是最早出现的云计算服务种类。

SaaS 一般可以分为以下三种类型。

(1)标准应用：此类应用的对象是大众，为所有用户提供相互隔离的操作空间，提供的服务是一致的。常见的应用软件的云上版本均属于标准应用，例如 Google Docs、Microsoft Office Live、金山文档、腾讯文档等。

(2)定制应用：此类应用旨在为某个领域的客户定制开发，主要面向企业级用户，是传统企业 IT 解决方案的云上版本，Salesforce 的 CRM、NetSuite 的 ERP 均属于定制应用，阿里巴巴、用友等公司也在这方面有所建树。

(3)多元应用：此类应用一般由独立软件开发团队在公有云上搭建，是满足用户特定需求的创新型应用。这些应用可能涉及日常生活、健康、理财等众多方面，满足不同人群的需求。

SaaS 的优势主要体现在成本低、安全性高、使用简便等。

7.2.4 云计算的部署方式

2011 年，美国政府在《联邦云计算战略》中根据云计算服务用户的不同，将“云”分为公有云、私有云、混合云和社区云四种不同的部署方式。

1. 公有云

顾名思义，公有云主要为社会大众、公共群体提供云计算服务。公有云的优势在于用户的程序和数据均存放在云平台上，无须前期的大量投资和建设过程；劣势在于数据隐私和安全是主要问题。目前很多著名的 IT 企业均建立了自己的公有云平台，例如 AWS、Google APP Engine、Microsoft Azure、BAE(Baidu APP Engine)和 SAE(Sina APP Engine)等。

2. 私有云

私有云是为特定用户或组织建设的、专供其内部使用的云平台。私有云能够有效应对数据隐私问题，尤其适用于对数据安全要求严苛的行业，如通信、公安、银行等。除了提供高度的数据安全保障外，私有云还可以降低 IT 架构的复杂度、减轻企业的运营负担。然而相较于公有云，私有云的规模较小，所以无法形成规模效应。

3. 混合云

出于安全和数据隐私的考虑，企业用户更倾向于使用私有云，然而又不想舍弃公有云上的计算和存储资源。基于这一背景，混合云解决方案应运而生。混合云是将私有云和外部公有云相结合的云计算部署方式，旨在融合公有云和私有云各自的优势，使得企业和机构既能有效利用公有云的资源，也能解决数据安全问题，近年来已成为云计算的主要模式和发展方向。

12306 火车票购票网站是混合云应用的典型案例。起初，12306 通过私有云进行计算，可以满足日常业务需求。然而一到大型节假日，由于访问量激增，网站会出现网络拥堵、无响应等问题。12306 网站将业务高峰时期的检索等操作搬到了公有云上，而支付等关键业务仍留在私有云中运行，从而有效解决了这些问题。

4. 社区云

在我国，社区云也被称为联合云。社区云介于公有云和私有云之间，面向的群体既不是某个机构或组织内部，也不是公共群体。很多时候，社区云是由若干个组织或机构共同建立的，例如一个园区内的多家企业、几个联合机构等。

7.2.5 常见的云计算平台

1. Google APP Engine(GAE)

Google 公司拥有目前全球最大的搜索引擎，在海量数据存储和计算方面拥有 HDFS、

MapReduce 等技术。GAE 是 Google 在 2008 年 4 月推出的互联网应用服务引擎，属于 PaaS 类别的云计算平台，用户可以在 Google 管理的数据中心开发和托管自己的 Web 应用程序。

GAE 的特点包括以下几个方面。

1)成本低

GAE 提供主机、数据库、互联网接入、Web 应用运行和管理平台等资源，用户在 Google 的基础架构上即可开发和运行自己的 Web 应用，无须自行购买和维护，而是由 GAE 提供托管服务。

用户还可以免费使用 GAE，只对使用的资源付费。它为每个应用程序提供 500 MB 存储空间，CPU 和带宽则支持每个月 500 万次页面浏览量，可以满足一般 Web 应用的需求。

2)易用性强

GAE 提供弹性计算、多样化的数据库服务、存储服务、网络服务和安全服务等，这些特性使用户能够更加便捷地管理和扩展自己的应用程序，同时确保数据的安全性和可靠性。

3)支持多种编程语言

GAE 支持多种编程语言，包括 Java、Python、Go 和 Node. js 等，使得开发人员能够使用其熟悉的语言进行开发。

4)功能全面

GAE 的服务涵盖了 Web 应用的开发、测试、部署、运行、版本管理、监控和卸载的全生命周期，囊括了物理资源分配、负载均衡、资源监控、动态伸缩等功能，使得开发者只需要关注业务逻辑实现即可。

GAE 计算平台主要包括 GAE Web 服务基础设施、分布式存储服务、应用程序运行环境、软件开发工具包和管理控制台 5 个部分。下面介绍其中 3 个主要部分。

1)分布式存储服务(GAE Datastore)

GAE Datastore 提供(半)结构化数据存储系统，包括查询引擎和事务处理功能。GAE Datastore 的数据模型由类(kind)构成，每个类中的数据包含多个实体(entity)，每个实体有唯一的键，与传统的关系模型有相似之处。GAE Datastore 还提供和 SQL 类似的 GQL 查询。

2)应用程序运行环境(application runtime environment)

GAE 的应用程序运行环境是一个可伸缩的 Web 程序运行平台，目前支持 Java、PHP、Python 和 Go 编程语言，用户可以选择自己熟悉的语言开发应用程序。

在使用 GAE 开发的应用程序中还可以使用 Google 公司提供的多种 API，例如下面几个。

(1)Google 账户：用户可以在应用程序中使用 Google 账户创建或登录账户，取代应用程序本身的身份验证。

(2)邮件服务：应用程序管理员可以使用邮件服务给拥有 Google 账户的用户发送邮件。

(3)Memcache：在某些情况下，高性能的可扩展 Web 应用程序在稳定、持久存储之前采用分布式内存数据缓存，或用分布式内存数据缓存代替持久存储。GAE 的 Memcache 提供了诸如此类的服务。

(4)图像操作：GAE 提供专门的图像服务来完成缩放、旋转、翻转、裁剪等图像操作，还能够采用预先定义的算法提高图像质量。

（5）网页抓取：GAE 可以抓取网页资源，并通过 HTTP、HTTPS 协议和其他主机通信。

3）GAE SDK

GAE SDK 是为 Web 应用本地开发提供的工具包，可以让开发者在本地执行开发和测试任务及上传和管理应用程序。如果希望使用 GAE 进行开发，可以先下载 SDK，之后在搭建在本地的开发环境中进行开发，并使用 GAE 将应用程序部署到云端，启动应用后，即可在管理界面上监控整个应用了。

2. AWS

Amazon 公司是全球知名的在线销售平台，拥有数量庞大的用户。为了更好地服务用户，Amazon 在 2006 年推出了其云计算平台 AWS（见图 7-6），为用户提供 IaaS 和 PaaS 等服务。用户可以在 AWS 上创建各种个人和企业级应用，并从数据管理和维护中解脱出来，获得低成本、稳定性强、伸缩性强的信息服务。

AWS 平台包含的云服务产品种类非常丰富，且数量庞大。据 AWS 中国区域官方网站展示，共包含了计算、容器、存储、数据库、物联网、网络和内容分发、分析、安全与合规、应用程序集成等在内的 18 个大类、共计超过 100 项的各种服务，例如 Amazon EC2、Amazon S3、Amazon Elastic Container、Amazon Aurora、Amazon WorkSpaces、Amazon Step Funtions，等等。以下介绍 AWS 的几个较为核心的应用。

图 7-6　Amazon Web Services 的标志

1）Amazon EC2

Amazon EC2 是 AWS 计算类服务中的一种，全称为 Amazon Elastic Compute Cloud（弹性计算云）。Amazon EC2 是基于 Xen 的一个可伸缩的虚拟计算环境。用户可以使用其启动所需数量的虚拟服务器，请求 CPU、内存、存储等多种资源，进行网络容量、图形硬件等多方面配置，并运行自己想要的应用程序。Amazon EC2 可以在分钟级别的时间内动态地自动伸缩计算资源，效率极高，同时还提供弹性负载均衡机制。

Amazon EC2 还可以和 Amazon S3、Amazon RDS、Amazon SQS 等其他 AWS 服务联合使用，完成存储、计算、查询的一体化计算任务。

2）Amazon S3

Amazon S3 的全称为 Amazon Simple Storage Service，是专为可从任何位置检索任意数量的数据而构建的对象存储服务。各行业和级别的用户均可通过 Amazon S3 为各种应用实例存储几乎任意数量的数据，并直接被 AWS 的其他服务访问。

Amazon S3 由对象和存储桶（bucket）两部分构成。对象是最基本的存储实体，包括数据、键值、元数据和访问控制策略等；存储桶则是存放对象的容器，一个存储桶中可以存放无数个对象。

Amazon S3 的特点如下。

（1）可存储数据量大且可靠性高：Amazon S3 对于用户对象的数量没有限制，借助强大的访问控制、灵活的复制工具以及整个组织范围内的可见性，Amazon 可以管理任何规模的数据。与此同时，Amazon S3 存储的数据具有 99.999 999 999% 的可靠性，几乎不存在单点宕机或故障时间。

(2)数据安全程度高：Amazon S3 的认证机制确保未经认证的用户不能访问数据，同时还有上传、下载和静态数据加密设置。

(3)访问速度快：Amazon S3 服务端的网络延迟极小，能够满足高性能数据访问的需求。

(4)可以定期批量删除数据：用户可以在 Amazon S3 中设置定期删除规则，在预设时间点自动删除最多 1 000 个对象。

3)Amazon RDS

Amazon RDS 是指 relational database service，是 AWS 提供的一种托管式的关系数据库服务，提供数据库构建、配置、备份、修复、恢复等多种功能。

Amazon RDS 提供了八种数据库引擎，包括 Amazon Aurora PostgreSQL 兼容版、Amazon Aurora MySQL 兼容版、RDS for PostgreSQL、RDS for MySQL、RDS for MariaDB、RDS for SQL Server、RDS for Oracle 和 RDS for Db2，意味着几乎所有的开发人员均可利用自己已经掌握的语言来操作 Amazon RDS。

Amazon RDS 还提供了三种不同的部署环境以满足不同需求：利用 Amazon Aurora 或 Amazon RDS 在云中部署、利用 Amazon RDS on AWS Outposts 的混合工作负载、使用 Amazon RDS Custom 进行特权访问部署。

Amazon RDS 的优点主要在于适用范围广、扩展性强、成本低、可用性和持久性强、与 AI 和机器学习集成度高等。

3. Microsoft Azure

Microsoft 公司长期以来在操作系统、办公软件、软件开发环境等领域占据全球领先地位。在云计算技术兴起之后，Microsoft 于 2008 年适时推出了其云计算平台 Microsoft Azure。随后，在此基础上发布了 Azure Services Platform，旨在为全球用户提供云端的网络存储、计算等数据服务。目前通常将 Microsoft 的云操作系统和云服务平台统称为 Microsoft Azure(其标志如图 7-7 所示)，成为一个集合 IaaS、PaaS 和 SaaS 全方位解决方案的云计算平台。

图 7-7　Microsoft Azure 的标志

Microsoft Azure 涵盖计算、存储、网络、数据库等 200 多种服务，支持开发人员创建和管理应用程序，同时确保数据的安全性和合规性。其核心组件包括但不限于如下几类。

(1)计算类：Microsoft Azure 提供了弹性可扩展的云计算资源，包括虚拟机、容器实例、无服务器计算等，可以满足不同规模和应用的需求。

(2)存储类：Microsoft Azure 提供了包括 Blob 存储、文件存储、表存储等在内的多种存储解决方案，以支持各种数据存储需求。

(3)网络类：Microsoft Azure 提供了灵活的网络解决方案，包括虚拟网络、负载均衡器、网络安全组等，确保应用程序的安全性和可扩展性。

(4)数据库类：Microsoft Azure 支持多种数据库服务，包括 SQL 数据库、NoSQL 数据库、PostgreSQL 数据库等，满足不同的数据存储和处理需求。

(5)开发工具与平台类：Microsoft Azure 集成了 Microsoft 广受欢迎的开发工具和平台，

如 Visual Studio、GitHub Actions 等，简化了开发过程，也使得老用户非常容易上手。

(6) AI 和机器学习类：Microsoft Azure 提供了丰富的 AI 和机器学习工具，包括 Azure Machine Learning、Cognitive Services、Azure AI 语音、Azure AI 翻译、Azure AI 视觉、Azure OpenAI 大模型应用等，以支持数据科学和机器学习项目的开发。

4. 阿里云

阿里云（见图 7-8）是中国阿里巴巴集团旗下的云服务平台，也是全球领先的云计算及人工智能科技公司之一。阿里云提供云服务器、云数据库、云安全、云企业应用等云计算服务，以及大数据与人工智能服务。

图 7-8　阿里云的标志

阿里云起源于 2008 年阿里巴巴确立的“云计算”和“大数据”战略和自主研发的大规模分布式计算操作系统“飞天”。2011 年 7 月，阿里云官网上线，开始大规模对外提供云计算服务。至今，阿里云为中国联通、中国石化、华大基因、华山医院、12306 网站、CCTV5 等众多企业和机构提供各类云计算服务，并在很多极具挑战性的业务场景中表现良好。

以下对阿里云的计算和存储类云计算服务进行简要介绍。

1）计算类

阿里云提供云服务器 ECS、GPU 云服务器、边缘节点服务 ENS、弹性高性能计算 E-HPC、无影云桌面等多种云计算服务产品。

以云服务器 ECS 为例，包括实例、镜像、块存储、安全组、快照、网络等功能组件。用户可以依托云服务器 ECS 搭建企业或组织的门户网站、部署开源系统、搭建各种个人应用，还可以进行数据存储和共享、大数据在线和离线分析、图像处理、AR 渲染等。

云服务器 ECS 具有以下特点。

(1) 高弹性：云服务器 ECS 在存储、计算、网络、付费方面具有高弹性优势，能在 1 min 内启动 1 000 个实例，满足不同级别的应用需求。

(2) 可用性强：云服务器 ECS 的数据可靠性高达 99.999 999 9%，并具备自动宕机迁移、自动快照备份回滚机制，保证为用户提供不中断的服务。

(3) 安全性高：云服务器 ECS 通过了多项国际安全标准认证，拥有多安全方案，能够有效抵御 DDoS 攻击、ARP 攻击、MAC 欺骗攻击等安全威胁。

(4) 低成本：使用云服务器 ECS 无须自行购买和搭建硬件环境，能极大地降低用户的 IT 投入成本。

2）存储类

阿里云提供了诸如块存储 EBS、对象存储 OSS、文件存储 NAS、表格存储 Tablestore、数据库文件存储 DBFS、云备份 Cloud Backup、闪电立方 Data Transport、混合云存储等多种存储服务。

以块存储 EBS（elastic block storage）为例，它是为云服务器 ECS、容器计算服务 ACS 等提供的块级随机存储。类似普通个人计算机的硬盘，加载在云服务器上，包括基于分布式存储架构的云盘和基于物理机本地硬盘的本地盘产品。云盘包括 ESSD AutoPL、ESSD PL-X、ESSD、高效云盘等不同性能级别。块存储 EBS 具有低成本、低时延、高持久、高可靠、弹性扩展等优点。

5. 百度智能云

百度智能云(见图 7-9)由中国百度公司推出，以“云智一体”为核心，为企业和开发者提供全球领先的人工智能、大数据和云计算服务及易用的开发工具，加快各产业智能化的进程。

图 7-9 百度智能云的标志

作为搜索引擎的龙头企业，云计算一直是百度的核心能力之一。早在 2003 年百度就已经开始使用分布式搜索系统，并于 2008 年上线了 Hadoop 分布式计算系统。2013 年 6 月，百度发布了百度开放云，为开发者提供全面的计算、存储、应用等技术服务。2016 年 10 月，百度开放云品牌升级为百度云。2019 年 4 月，百度云品牌全面升级为百度智能云。2021 年，百度智能云进入加速增长通道，增速位于“中国四朵云”阵营前列。2023 年 2 月 17 日，“文心一言”通过百度智能云对外提供服务，率先在内容和信息相关的行业和场景落地。2024 年 3 月 27 日，百度智能云面向企业营销、对客服务、知识管理、数据洞察、代码编程等多个企业通用场景，升级数字人平台“百度智能云曦灵”、智能客服平台“百度智能云客悦”、内容创作平台“一念”、知识管理平台“甄知”、超级办公入口“超级助理”、生成式 BI 产品“百度 GBI”及代码助手“Baidu Comate”7 个产品。本次升级的 7 大产品已实现全面 SaaS 化，企业在网页端即可使用，对于安全需求更高的企业，也可选择私有云版本。

在云计算方面，百度智能云提供包括计算、存储、网络、数据库、安全等多种服务。

1)计算类

百度智能云提供的计算类服务包括云服务器 BCC、轻量应用服务器 LC、GPU 云服务器、云高性能计算平台 CHPC、云原生的容器引擎 CCE 等 30 多项。

以云服务器 BCC(Baidu cloud compute)为例，它是一种处理能力可弹性伸缩、简单且高效的计算服务。BCC 可根据用户的业务需要创建、释放任意多台云服务器实例，提升运维效率；同时可快速部署应用，构建稳定、可靠的基础，降低大规模网络计算的难度。用户无须花费时间和金钱购买及维护托管虚拟机的硬件，从而有效降低 IT 成本，且能更专注于核心业务创新。一台云服务器 BCC 包括 BCC 实例、镜像、云磁盘、带宽等资源，提供多种付费模式，具有实例类型和镜像类型丰富、扩展性强、业务安全性强等优势。

2)存储类

百度智能云提供的存储类云计算服务有对象存储 BOS、文件存储 CFS、云磁盘等基础存储服务、进行数据迁移的数据流转平台(Cloud Flow)、支持混合云存储的 ABC Storage 等。

以对象存储 BOS(Baidu object storage)为例，BOS 是一款稳定、安全、高效、高可拓展的云存储服务，支持标准、低频、归档和冷存储等多种存储类型，满足多场景的存储需求。用户可以将任意数量和形式的非结构化数据(支持文本、多媒体、二进制等任何类型，单文件最大可为 48.8 TB)存入 BOS，并对数据进行管理和处理。

BOS 中主体由 Object 和 Bucket 构成，Object 是用户操作的基本数据单元，Bucket 则是存放数据的容器。每个 Object 包含 Key、Meta 和 Data 几个要素。其中，Key 是 Object 的名字；Meta 是用户对该 Object 的描述，由一系列 Name-Value 对组成；Data 是 Object 的数据。Bucket 具有区域属性，只能位于一个区域。Bucket 名称具有全局唯一性。每个 Object 必须都包含在某个 Bucket 中。一个用户最多可创建 100 个 Bucket，但每个 Bucket 中存放的 Object 的数量和大小总和没有限制，用户不需要考虑数据的可扩展性。

BOS 的数据管理方式灵活多样，拥有大文件分块上传、分级存储等机制，提供包括 Java、Python、PHP 等十多种语言的 SDK 和标准的 REST 接口，易于进行 API 开发，是一个稳定、安全、高效、有弹性的理想存储服务产品。

7.3 人工智能与物联网

20 世纪中叶，电子计算机尤其是微型计算机的出现在全世界掀起了第一次信息化浪潮。20 世纪末，互联网的普及又带来了第二次信息化浪潮。从 2010 年起，物联网逐步兴起，引领了第三次信息化浪潮。现在的物联网还处于早期发展阶段，但可以预见其具有的强大潜能会推动人类社会进入网络化、智能化、全面信息化的新时代。

7.3.1 物联网概述

1. 物联网的定义

物联网(internet of things，IoT)，顾名思义是将物与物互相连接构成的网络。

迄今为止，对物联网还没有一个公认的定义，相对主流的定义是 2005 年国际电信联盟(ITU)在突尼斯举行的信息社会峰会(WSIS)上发布的《ITU 互联网报告 2005：物联网》中给出的：物联网是通过射频识别(RFID)、红外感应器、全球定位系统、激光扫描器等信息传感设备和技术，按约定的协议把任何物体与互联网相连进行信息交换和通信，以实现对物体和过程的智能化识别、定位、跟踪、监控和管理的一种网络。

从上述定义可以看出，物联网是互联网的延伸，互联网是物联网的基础；物联网的终端不再局限于计算机和网络设备，任何物体均可通过传感和通信技术与互联网相连接。日常生活中常见的智能手表、智能家电设备等均是物联网的应用实例。

2. 物联网的发展历史

与其他 IT 领域的技术相比，物联网算是一个比较“年轻”的概念。

20 世纪中后期，IT 领域的科学家和学者进行了可乐自动贩售机、自动烤面包机等有趣的尝试。

1995 年，微软公司创始人比尔·盖茨在其出版的《未来之路》中对信息技术的未来进行了大胆预测，包括关于物物互联的构想。

1998 年，美国麻省理工学院提出基于 RFID 技术的唯一编码方案，即 EPC(electronic product code，产品电子编码)，并在此基础上研究从网络中获取物品信息的自动识别技术，为物联网正式登上历史舞台奠定了基础。

1999 年，美国麻省理工学院的凯文·阿什顿(Kevin Ashton)教授(被称为“物联网之父”）首次提出 internet of things 的概念，并在麻省理工学院创立了自动识别中心（Auto-ID）。

2005 年，ITU 在突尼斯举行的信息社会峰会上发布的《ITU 互联网报告 2005：物联网》中给出了物联网较为官方的定义。

2009 年，IBM 公司提出“智慧地球”概念，核心思想是将计算机、铁路、桥梁、公路等互相连接，形成物联网，之后通过计算机和云计算实现实时、可靠、智能的运算和决策。

2012 年，Google 公司发布了谷歌眼镜（Google Glass），具备睡眠监测、运动追踪等功能，是可穿戴设备和物联网技术的一个革命性进步。

2014 年，苹果公司推出了 Apple Watch，近年来从最初的简单计步、通知提醒等功能，逐渐发展成为具备健康监测、运动追踪、通信等多种功能的智能穿戴设备，满足了不同用户的需求。

2015 年 9 月，窄带蜂窝物联网通信技术 NB-IoT 标准正式立项。

2019 年，沃达丰发布了《2019 年物联网报告》。调查发现，超过三分之一的公司现在正在使用物联网。

2020 年，5G 通信的逐渐普及使得物联网开始迎来一波爆发。

物联网技术在我国也得到了广泛应用，其发展历程如下。

同样在 1999 年，中国科学院启动了传感网的相关研究工作，表明我国在物联网领域的起步和国际发展是同频的。

21 世纪初，我国逐步建立以 RFID 为基础的全国物联网应用平台。

2004 年起，我国出现了药品安全监管、智能交通、图书和重要文档管理、动物与食品追踪等多个领域的物联网应用实例。

2009 年，时任国务院总理的温家宝提出“感知中国”的理念，标志着我国物联网产业的研究和发展上升到国家战略。

2011 年，国家出台了《物联网“十二五”发展规划》，明确了物联网发展的九大领域。

2015 年 3 月，时任国务院总理的李克强在全国两会政府工作报告中提出“中国制造 2025”的概念。

2015 年至 2018 年期间，阿里巴巴、百度、腾讯相继成立 IoT 物联网事业部。

近几年，结合 5G 通信技术的发展，华为、小米等公司的智能穿戴设备、智能家居产品不断推陈出新，功能更全面且使用更便捷。

2021 年 7 月 13 日，中国互联网协会发布了《中国互联网发展报告（2021）》，指出我国的物联网市场规模达 1.7 万亿元，人工智能市场规模达 3 031 亿元。

2024 年 8 月，工业和信息化部、国家标准化管理委员会联合发布《物联网标准体系建设指南（2024 版）》，其中提出，到 2025 年，新制定物联网领域国家标准和行业标准 30 项以上，引导社会团体制定先进团体标准，加强标准宣贯和实施推广，参与制定国际标准 10 项以上，引领物联网产业高质量发展的标准体系加快形成。

整体来说，我国物联网发展迅猛，已经基本形成产业发展的必要基础，制定并主导了一系列的行业相关标准，在传感技术、通信协议等技术方面有一定的突破，并且在多个行业领域的推广效果显著。

3. 物联网的主要特点

物联网是将各种物理对象通过互联网、传统电信网连接起来的网络。物联网在数据获取、传输和应用上均和传统网络有所区别，主要特点如下。

1）全面、整体的感知

从当前大数据的角度来看，为了了解一个事物的全貌及其发生、发展规律，获取关于该事物的客观数据和人类活动数据是至关重要的。物联网正是达到这一目的的有力手段。通过微电子技术、新材料技术、嵌入式技术、通信技术等，能够在各种物品和人体上部署多样化的感知装置，这一进展预示着物联网正稳步迈向全面感知阶段。

2）泛在、实时、可靠的传输

物联网也是一个网络，将获取的数据传递、共享是网络的天然功能。由于物联网获取数据的全面性和感知装置分布的广泛性，其必然要求一个“无处不在”且有安全保障的网络作为支撑。此外，为了支撑后续的智能应用，该网络还须具备高速传输能力，以实现数据的实时传递，否则很多智能控制功能将难以有效实现。

3）智能化的处理和应用

物联网的最终目的是为人类社会的各行各业提供更加便捷、智能化的解决方案。因此，物联网需要使用各种智能技术，对感知和传送到的数据、信息进行分析处理，实现监测与控制的智能化。物联网的应用已经渗透到零售、物流、医疗、工业、农业、交通、城市、家居、安防、海洋等多个领域。

4. 物联网的体系结构

物联网的体系结构通常借鉴互联网的OSI参考模型，采用分层的方式进行描述，然而目前尚未形成一个达成共识的模式。以下简要介绍将物联网划分为四层结构的模式，如图7-10所示。

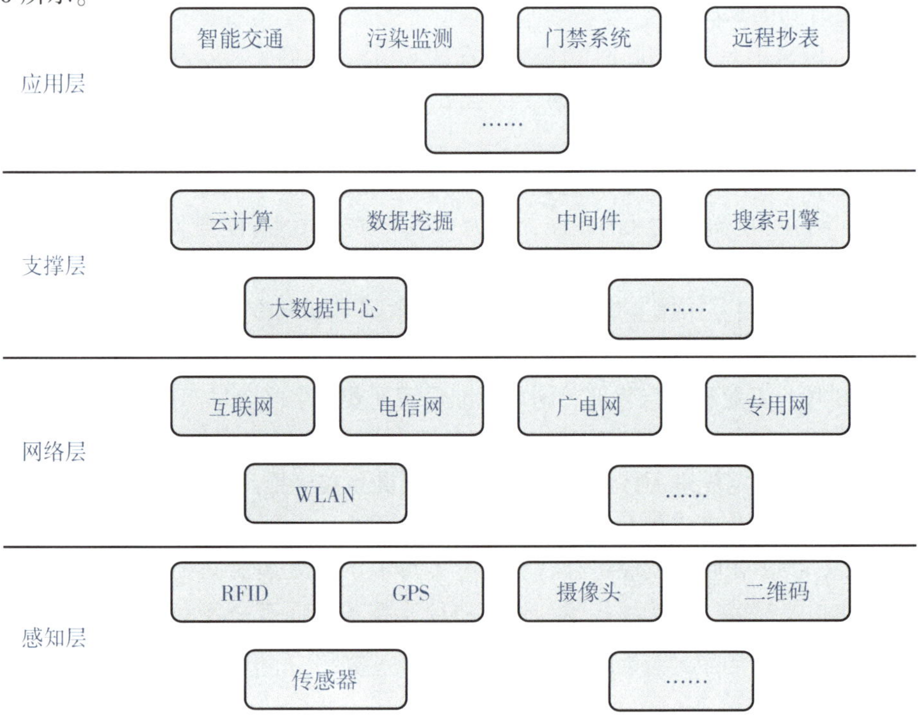

图7-10 物联网四层体系结构图

1) 感知层

生物体通过感觉器官、末梢神经感知外部世界的各种信息，而物联网的感知层则类似于生物体的这一感知机制。感知层通过 RFID、红外线传感器、摄像头、GPS 等多种设备感知周围环境或自身状态，将获取到的数据进行初步处理和响应，并把结果传送至物联网的网络层。

为了达到将感知到的数据进行传输的目的，感知层的设备通常有自己的局部网络，例如无线传感器网络、人体传感器网络等，这些局部网络通过网关设备连接到互联网。

感知层涉及的关键技术有传感器技术、嵌入式系统、无线传感器网络等。

2) 网络层

网络层的主要作用是将感知层获取的数据通过通信网络进行传递和处理，同时也反过来负责将控制指令逆向传递至物联网的各终端节点。移动通信网、有线电视网、互联网、WPAN、WLAN、WiMax、行业专网等均为网络层适用的网络。

网络层涉及的关键技术有计算机网络技术、终端设备接入技术、移动通信网技术、M2M 与 WMMP 协议等。

3) 支撑层

支撑层主要进行感知数据的动态组织、资源运行情况监测、多个物联网资源之间的协调等。随着物联网规模的不断增大和感知技术的进步，感知层产生的数据量猛增，支撑层还需要利用大数据技术、云计算平台处理海量的数据，实现资源的交互、共享，支持数据存储、查询和分析，支持辅助决策。

支撑层涉及的主要技术包括大数据技术、云计算、并行计算、中间件技术、机器学习等。

4) 应用层

物联网的应用层主要利用经过分析处理的感知数据，为用户提供丰富的特定服务，这也是物联网的最终目的。物联网的应用可以分为几大类型：扫描型(如手机钱包支付、高速公路 ETC、门禁系统、考勤系统等)、监控型(如污染监控、物流监控、生产线监控、作物生长监控、消防安全监控、家庭安全监控等)、查询型(如远程抄表、智能检索等)、控制型(如智能交通、智能家居、智能灌溉等)。

应用层涉及的主要技术是物联网应用系统的设计与开发、运维和管理。

7.3.2 物联网感知层的关键技术

1. 传感器和传感网

传感器(transducer/sensor)是物联网感知层的基础。它是一种检测装置，通常由敏感元(器)件、转换元(器)件和信号调理转换电路组成。传感器能"感受"到被测量的信息，并将其转换为电信号或其他可以量化和传输的信息。国际电工委员会(IEC)将传感器定义为"测量系统中的一种前置部件，它将输入变量转为可供测量的信号"。传感器一般具有微型化、数字化、智能化、网络化等特点，是实现自动控制和监测的重要部分。根据其感知信息的不同来源，传感器可以分为热敏、光敏、气敏、力敏、磁敏、湿敏、声敏、色敏、味敏和放射性敏等不同种类。根据是否与被测对象接触，可以分为接触式传感器和非接触式传感器。图 7-11 和图 7-12 分别是市面上的温度传感器和声音传感器模块。

图 7-11　温度传感器

图 7-12　声音传感器模块

目前市面上还涌现出了一种新型的智能传感器(intelligent sensor)。这类传感器集成了微处理器，因此不仅能够进行信息采集，还具有信息处理、判断决策等功能。相较于传统传感器，智能传感器可以通过软件技术实现高精度的信息采集，且成本低廉。此外其还具有一定程度的编程自动化能力，展现了更高的智能化水平。

无线传感网是由集成有传感器、数据处理单元和通信单元的微小节点，通过随机分布的自由方式组织构成的无线网络，通常称为无线传感器网络(wireless sensor network，WSN)。早在 2003 年，美国《技术评论》杂志就将无线传感网评为十大新兴技术之首。无线传感网具有组建较自由、网络拓扑结构动态变化的特点，通常采用类似 TCP/IP 的通信协议。

2. 自动识别技术

对现实世界中“物”的识别是物联网应用的基础。自动识别主要通过数据采集和识别装置对某些物理现象进行认定、标记，或通过被识别物体和识别装置之间的交互，自动获取被识别物体的信息，从而解决人工录入数据效率低、工作强度大且错误率高的问题。常见的自动识别方式有以下几种。

1)条形码(一维码)和二维码

条形码(bar code)起源于 20 世纪 40 年代，是将宽度不等的多个黑条和白条按照一定的编码规则平行排列，用来表达一组信息的图形标识符。条形码常出现在图书、各类商品、邮件、医学检验样本等物品上，用于记录图书分类号、商品名称、邮件地址、检验样本名称等信息，如图 7-13 所示。在读取这些信息时，需借助条形码扫描器，如图 7-14 所示。当用条形码扫描器对条形码进行扫描时，相关信息会被识别并转换为电信号传输到后台进行处理。

ISBN 978-7-02-000873-5

9 787020 008735 >

图 7-13　条形码

图 7-14　不同的条形码扫描器

黑条和白条的组合表达信息，以及条形码扫描器读取这些信息的关键在于借助红外光或可见光作为读取手段。当扫描器发出的光线照射在条形码上时，黑条吸收光线，而白条则将光线反射回条形码扫描器，条形码扫描器将反射回来的光线转换为电子脉冲，最终将条形码中的信息翻译出来。

近年来，随着移动应用的普及，二维码逐渐走入大众视野，并在移动支付、即时通信应用、网络服务等很多领域被广泛使用。二维码(2-dimentional barcode)，顾名思义，是在条形码的基础上向第二维度拓展的编码形式，它使用黑白矩形图案记录二进制的数据，如图 7-15 所示。常见的二维码包括 QR 码、PDF417 码、颜色条形码等多个种类。近几年还出现了专为微信小程序服务的小程序码(见图 7-16)，同样属于二维码的一种。

图 7-15　二维码

图 7-16　小程序码(中国广电)

相较于条形码，二维码的优势有两点：第一，由于二维码在横向和纵向两个方向上均可以表达信息，因此与条形码相比，二维码能够承载的信息量更大；第二，二维码的容错能力更强。即使二维码有污渍、有少许残缺或者识别设备没有辨识到全部的二维码，其中的信息也能被准确还原。

需要说明的一点是，当前很多移动应用同样具备扫描和识别条形码和二维码的功能，不过其实现方式并非依赖于传统的红外光技术，而是利用移动设备的摄像头完成对图像信息的捕捉与识别。

2) RFID

RFID 即通过无线电信号识别特定目标并读写相关数据，无须建立机械或光学接触，被称为 21 世纪十大重要技术之一。RFID 在各种恶劣环境中都可以正常工作，还可以识别高速运动的物体，具有全天候、无接触、可同时识别多个物体等优点。日常生活中的校园卡、门禁卡、公交卡等均嵌入了 RFID 芯片，如图 7-17 所示。

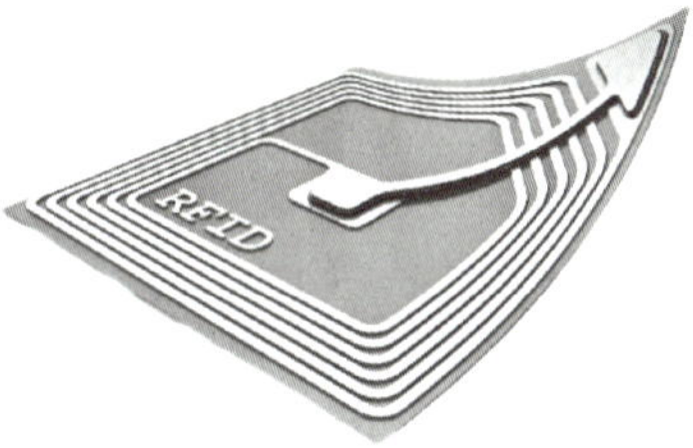

图 7-17　RFID 芯片

RFID 系统主要由 RFID 标签(tag)和 RFID 阅读器(reader)构成。下面以校园卡为例说明其功能。

(1) RFID 标签：学生手中的校园卡里嵌入了 RFID 标签，也称为电子标签或射频标签。RFID 标签由耦合元件和芯片组成，每个标签的电子编码均具有唯一性，是其搭载物体的“身份证”。部分 RFID 标签还具有存储功能。

(2) RFID 阅读器：学生进出校园时，通常会将校园卡靠近校门旁的某个设备，听到提示音表示读写成功，该设备即为 RFID 阅读器，用于读取 RFID 标签信息。部分设备还具有将数据写入标签的功能，这类设备被称为 RFID 读写器。

由此可见，RFID 识别是通过 RFID 标签和 RFID 阅读器之间的通信来完成的。在通信中，RFID 阅读器会通过天线发射一定频率的射频信号。当 RFID 标签进入 RFID 阅读器发射的电磁场范围内时，标签内的天线会接收到这些射频信号。

此处需要说明的是，RFID 标签分为无源(passive RFID tag)和有源(active RFID tag)两种。对于无源标签，RFID 阅读器发射的信号会激活标签内的电路，并为其提供工作所需的能量。标签随后将存储在其内部的数据(如物品的唯一标识符、生产日期等)通过调制后的射频信号发送回 RFID 阅读器。有源标签则自身带有电源，可以主动发送射频信号，而无须从 RFID 阅读器接收能量。

3)生物识别

生物识别是指利用人体固有的生理特征(如指纹、虹膜、人脸等)和行为特征(如声音、步态等)进行个人身份的鉴定，生物识别技术是计算机、光学、声学、生物传感器和生物统计学等各学科结合的技术。常见的生物识别应用有如下几种。

(1)指纹识别。

指纹是人类手指末端指腹上由凹凸的皮肤所形成的纹路。这些纹路在胎儿三四个月大时开始形成，到六个月左右已基本定型。随着婴儿长大成人，指纹会放大、变粗，而纹路模式则保持不变。指纹的形成受遗传和环境共同作用，因此每个人的指纹都是独一无二的。由于指纹具有高度的唯一性和稳定性，所以指纹识别成为一种非常可靠的生物识别技术。从 20 世纪 60 年代开始，指纹识别已经被美国联邦调查局用于刑事侦破。

指纹识别可以分为采集、提取和匹配三个步骤。首先，通过传感器或摄像头采集用户的指纹图像。采集可通过直接触摸传感器表面获取，或者使用光学、超声波或电容等方式进行非接触式采集。传感器会记录指纹图像的细节，为后续的识别提供基础数据。之后，利用图像处理技术提取指纹数据的特征并记录在数据库里。在匹配时，系统可以将待匹配指纹的特征与历史采集数据进行比对，如果相似程度达到某一阈值，则认为二者是匹配的。

在当今社会，指纹识别已经在智能手机解锁、支付验证、门禁系统、刑侦鉴定、考勤系统等领域有着广泛应用。

(2)虹膜识别。

虹膜位于眼球中层，是眼球内的一个重要组织，具有调节瞳孔大小、参与构成血-房水屏障、组织损伤修复以及遮光等多重功能。虹膜是一个圆盘形状的膜，中央有圆孔，即瞳孔。虹膜的颜色因含有色素颗粒的数量不同而有所差别，白色人种的虹膜呈浅黄色或浅蓝色，而有色人种的虹膜则多呈棕褐色。和指纹一样，每个人的虹膜纹理都是独一无二的，这使得其可以用于生物识别技术。此外，由于虹膜包含了细丝、斑点、射线、条纹等丰富的纹理信息，所以虹膜识别还是迄今为止精确度最高的生物识别技术。

(3)人脸识别。

随着人工智能和模式识别的发展，人脸识别作为一项生物识别技术逐渐走入大众视野。特别是深度学习和卷积神经网络的出现，使得复杂数据的识别和分类成为可能，人脸识别似乎已经成为很多移动应用的“标配”，例如手机解锁、移动支付、门禁系统等。

和指纹识别系统、虹膜识别系统类似，人脸识别系统需要先采集人脸数据，并进行一系列预处理，之后通过传统机器学习算法或者深度学习方法建立分类模型。当有新的人脸数据时，可以依靠已建立好的模型进行分类识别。常见的人脸识别深度学习模型有

FaceNet、VGGFace、DeepFace 等，开发者可以将模型部署到系统中，使自己的应用也具有人脸识别功能。

与指纹识别和虹膜识别相比，人脸识别有一定的局限性。对于双胞胎或长相非常相似的人来说，其识别准确率会明显下降。另外，人脸会随着年龄、健康状况和环境变化而改变，这也是影响其识别准确率的一个因素。

▲FaceNet 简介

除了以上介绍的三种生物识别技术，市面上还有声纹识别、笔迹识别、步态识别等。这些识别技术除了可以进行身份识别外，在诸如阿尔茨海默病、认知障碍、脑卒中等疾病的初期筛查中也具有辅助作用。

3. 短距离无线传输

物联网感知层的传感设备在获得了周围物理世界的相关数据后，需要通过通信手段与网关或其他终端设备交互，这就需要借助短距离无线传输技术。常见的有如下几种。

1) 蓝牙

蓝牙(bluetooth)是一种短距离(一般为 10 m 内)的无线通信技术，工作频段为 2.4~2.483 5 GHz，广泛应用在智能手机、智能手表、蓝牙耳机、蓝牙音箱、无线鼠标、无线键盘等设备中，具有快捷、灵活、成本低、功耗低等特点。根据蓝牙设备在网络中的角色，蓝牙设备可以分为主设备(master)和从设备(slave)两种。主设备是指网络中主动发起连接请求的设备，从设备则是连接请求的响应方。

截至目前，蓝牙技术的主要版本包括 V1.1、V1.2、V2.0、V2.1、V3.0、V4.0、V5.2、V5.3 以及最新的 V5.4。这些版本在传输速率、通信距离、功耗、安全性等方面均有所改进。一个蓝牙系统由天线、链路控制固件、链路管理软件和蓝牙软件(协议栈)组成，蓝牙协议包括核心协议层、电缆替代协议层、电话控制协议层和其他被采纳协议层。

2) Wi-Fi

Wi-Fi(wireless fidelity，无线保真)是一种基于 IEEE 802.11 标准的无线局域网技术，由 IEEE 下设的 IEEE 802 标准委员会负责维护。Wi-Fi 技术适用于高速、远距离的数据传输，如家庭路由器、公共场所热点等，是目前主流的无线联网方式之一。

在范围较小的空间里，可以采用 Ad Hoc 无线对等网络的形式连接所有设备。若出现信号较弱的情况，可以加装信号放大器。在范围较大的空间里，则推荐采用 AP 组网形式。Wi-Fi 通过无线接入点(access point，AP)和客户端设备进行通信。具体而言，无线接入点首先通过有线网络(如光纤、以太网)与互联网连接，然后将网络信号以无线电波的形式广播到周围区域。客户端设备(如笔记本计算机、智能手机等)上的 Wi-Fi 适配器可以捕获这些信号，并将其转换成数据，从而实现上网功能。

IEEE 802.11 协议家族中的不同标准对于 Wi-Fi 应用中的最大带宽、频段等均有影响。例如，Wi-Fi 有 2.4 GHz、5 GHz 等不同频率。5 GHz 频率通常比 2.4 GHz 更快，但覆盖范围可能较小。不同 Wi-Fi 协议的传输速度也不同，从早期的 11 Mbps 到现在的数千兆位每秒不等。随着技术的不断演进，如 802.11n、802.11ac、802.11ax(或称 Wi-Fi 6)等标准的推出，Wi-Fi 的传输速率不断提升。

Wi-Fi 网络可以是开放的或加密的。为了保障数据安全，现代 Wi-Fi 网络通常采用 WPA2 或 WPA3 等加密协议，这些协议提供了强大的安全保护机制，防止未经授权的用户访问网络。

3）ZigBee

在无线通信领域，首先出现的是蓝牙技术。但是，蓝牙在自动化控制和遥测遥控方面的优势并不明显，而且存在功耗大、通信距离短等问题，ZigBee弥补了这些缺陷。

众所周知，自然界中的蜜蜂（bee）是通过舞蹈动作（zig）向同伴传递信息的。ZigBee（紫蜂）的名字正来源于此。ZigBee是基于IEEE 802.15.4标准的低速率无线个域网协议，具有低能耗、低速率、短时延、大容量、低成本等特点，主要适合自动控制和远程控制领域，可嵌入各种设备中，在智能家居、医疗设备监控等方面有很好的应用前景。

（1）低能耗：ZigBee技术具有极低的功耗，这得益于其较短的工作周期以及对休眠模式的支持。在低功耗待机状态下，两节5号干电池可以支撑其工作6~24个月，而蓝牙只能工作几周，Wi-Fi只能坚持几个小时。ZigBee功耗低的特点消除了充电或频繁更换电池的麻烦。

（2）低速率：ZigBee以20/40/250 kbps的较低速率工作，满足低速率数据传输的要求。这种速率足够满足智能家居、工业自动化等场景中的数据传输需求。

（3）短时延：ZigBee的响应速度快，从睡眠状态切换到工作状态通常仅需要15 ms，节点访问网络也只需30 ms。相比之下，蓝牙的响应需要3~10 s，Wi-Fi则需要3 s。

（4）大规模：ZigBee网络支持大量的设备连接，一个ZigBee网络节点最多可连接254个设备，通过协调器可以扩展到数万个节点。

（5）低成本：ZigBee芯片和设备的成本相对较低，且ZigBee免收协议专利费，这使得ZigBee技术在大规模应用和对成本敏感的项目中具有优势。

4）6LoWPAN

低速率无线个域网（low rate wireless personal area network，LR-WPAN）近年来一直是研究热点之一，它是为短距离、低能耗、低速率设计的网络，ZigBee的IEEE 802.15.4即为其中的一种。6LoWPAN是指IPv6 over LR-WPAN，即基于IPv6的低速无线个域网协议。该协议在欧美一些发达国家已经得到了非常广泛的应用。6LoWPAN具有适用性广、地址空间更大、易接入、易开发等特点。

5）NFC

NFC（near field communication，近场通信）技术是一种在短距离内采用非接触方式的近场无线通信技术。它由非接触式射频识别技术演变而来，由飞利浦半导体（现恩智浦半导体公司）、诺基亚和索尼共同研制和开发。NFC技术基于电磁感应原理，通过磁场耦合实现短距离内的数据传输。当两个NFC设备靠近时，二者之间会形成一个磁场，从而实现数据传输。NFC通信的主要特点有短距离（10 cm以内）、高频率（13.56 MHz）、高速（106~848 kbps）、低功耗等。NFC在移动支付、身份认证、智能家居、电子票务等领域有着广泛应用。

6）NB-IoT

NB-IoT（narrow band internet of things）是一种基于蜂窝的窄带物联网技术，也是低功耗广域网（LPWAN）的最佳连接技术之一。该技术专为物联网应用而设计，具有低功耗、广覆盖、低成本和高连接密度等特点，是5G时代下重要的基础连接技术。NB-IoT技术基于现有的 LTE（long term evolution）网络技术，利用低频带宽，通过软件定义网络（software defined network，SDN）技术实现低功耗、低成本和高安全性的物联网连接。SDN 技术可以更有效地分配网络资源，以满足不同用户的需求。

7）UWB

UWB（ultra-wideband，超宽带）这种无线通信技术利用极短的脉冲（通常是纳秒或亚纳秒级）在极宽的频谱范围（通常从 3.1 GHz 到 10.6 GHz）内传输数据，具有高速传输（可达 500 Mbps）、高精确定位、低功耗、抗干扰能力强等优点。UWB 可以应用在军事预警机、无人机、室内定位、自动驾驶、手术器械定位、家庭数字娱乐中心等领域。

4. 嵌入式系统

嵌入式系统（embedded system）是指以计算机技术为基础，结合了半导体技术、电子技术、网络通信技术等，用于控制、监测或者辅助操作机器和设备的装置。所谓“嵌入”，是将计算机的硬件或软件嵌入其他机电设备中而构成的一种新的系统。

嵌入式系统和普通计算机系统一样，也包括硬件和软件两部分。硬件主要包括微处理器、存储器、输入和输出端口等；软件则有嵌入式操作系统（嵌入式 Linux、Windows CE、Palm OS 等）、硬件驱动程序、应用软件等。

智能手机、智能家居设备、血糖仪等医疗设备、车载系统、航空航天控制系统等均为典型的嵌入式系统。

7.3.3 可穿戴设备

可穿戴设备（wearable device）是指通过软件与硬件的紧密结合，可以直接穿戴在人体上，或是整合到用户的衣服或配件上的便携式电子设备，主要实现数据采集、分析、处理及反馈功能。

2012 年，谷歌推出了谷歌眼镜（见图 7-18），这一年也被称为“智能可穿戴设备元年”。虽然由于种种原因，谷歌眼镜并不是市场上成功的穿戴产品，但它的问世让智能可穿戴设备逐渐走入大众视野。

图 7-18 谷歌眼镜

目前市面上的可穿戴设备主要有手表、书包、鞋等多种形式，主要进行健康监测、运动监测、压力步态监测等。

1. 智能手表、手环

智能手表除了显示时间，还应具有提醒、导航、校准、健康监测、交互等其中一种或者多种功能，典型厂商包括苹果、华为、三星、小米等，其产品如图 7-19、图 7-20 所示。通过内置的传感器，智能手表可以实时监测心率、血压、血氧、步数、睡眠质量等生理指标，帮助用户了解自身健康状况，及时发现潜在的健康问题。智能手表还能够追踪用户的运动轨迹、跑步速度、消耗的热量等数据，提供个性化的运动建议，助力用户科学健身。除了健康和运动领域，智能手表还具备信息提醒和交互功能。它们可以与智能手机等设备互联，实时推送来电、短信、邮件等通知，甚至支持语音助手和手势操作，提升用户操作的便捷性和互动性。

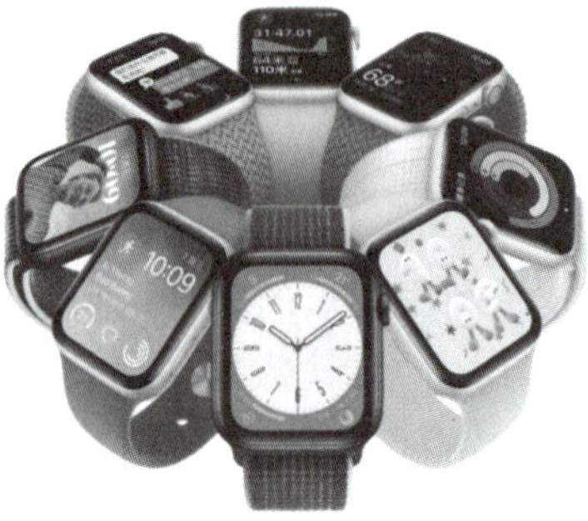

图 7-19　苹果手表

图 7-20　华为智能手表

2. 动态血糖仪

糖尿病是一种由胰岛素绝对或相对分泌不足以及利用障碍引发的，以高血糖为标志的慢性疾病。定时、规律地监测血糖，将血糖水平控制在正常范围内，防止代谢急性紊乱，是糖尿病治疗中非常重要的环节。

传统的血糖测量仪器通常需要先在指尖采血，然后将样本放入仪器中获取读数。这种方式无法获得患者连续的血糖变化，也就无法评估饮食、药物等因素对于血糖的影响。使用新型的动态血糖仪，如图 7-21 所示，患者只需将一块类似胶布的传感器贴在身体上(例如腹部、手臂等)，传感器上的探针会深入皮下进行动态血糖监测，并将数据实时传输到手机 APP 上。无须重复扎手指采血，患者就可以清晰地看到自己的空腹血糖、餐后血糖等数据，这对于了解疾病状况、提高院外慢病管理效率有很大的帮助。

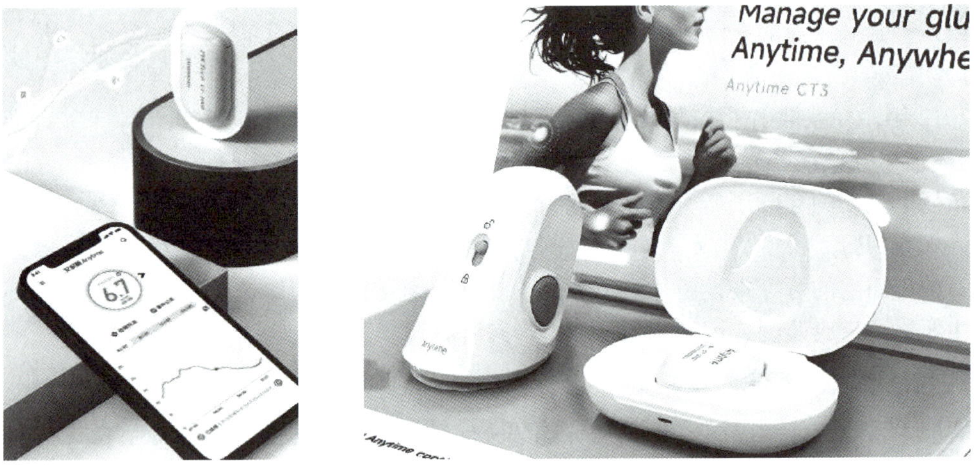

图 7-21　可穿戴的动态血糖仪

随着 AI、物联网等技术的不断融入，可穿戴设备将迎来更加广阔的发展前景。未来的可穿戴设备将更加智能化、个性化，能够更精准地满足用户需求；同时，它们也将更加注重隐私保护和数据安全，为用户提供更加安心的使用体验。此外，随着材料科学和电子技术的不断进步，可穿戴设备的形态也将更加多样化和隐形化，与人体更加紧密地融合在一起。

3. 智能眼镜

智能眼镜是可以实现各种功能的可穿戴眼镜设备的统称，和智能手机一样拥有独立的操作系统。用户不需要再举着电子设备，只要戴上眼镜就能完成诸如拍照、视频通话、导航、视频浏览、文本阅读、实时翻译等操作。第一款智能眼镜是由 Google 公司在 2012 年推出的，如图 7-18 所示。之后，华为、索尼等公司也推出了自己的智能眼镜产品。随着技术的发展，如今的智能眼镜不仅在外观上更接近普通眼镜，如图 7-22 所示，还融入了 VR/AR 功能，例如看向周围的风景时，告诉你面前的是什么花，或者自动调节近视度数等。

图 7-22　HUAWEI Vision Glass

除了为普通人设计的智能眼镜，市面上还有数款为视力障碍人群开发的智能眼镜产品，例如 Envision、Jyoti Torchit 等。这类智能眼镜拥有将看到的文本转录成语音，还有描述道路上的事件、行人或提示避开障碍物等功能。

4. 智能鞋

相较于传统鞋，智能鞋中加载了陀螺仪、定位系统、压力传感器、环境传感器等元件，能够主动获取速度、步态、位置等数据，进而记录和分析用户的卡路里消耗、步幅步态、疲劳程度等信息，监测用户的健康状况，对摔倒意外和脑卒中、糖尿病足等疾病进行早期预警。小米、耐克、安德玛等公司均有自己的智能鞋产品，如图 7-23 所示。

图 7-23　小米米家智能鞋

5. 智能安全帽

安全帽是保障工地施工人员安全的重要防线，在危险环境中工作的人员必须佩戴安全帽。然而，因未戴安全帽而引发的安全生产事故还是时常出现。因此，市面上出现了结合物联网技术的智能安全帽，如图 7-24 所示，其加载了定位系统、陀螺仪、5G 通信、摄像头等组件，具有脱帽报警功能的同时，还可以实时定位、实时通话、录像、危险报警、统计工时，是新一代的工地安全法宝。

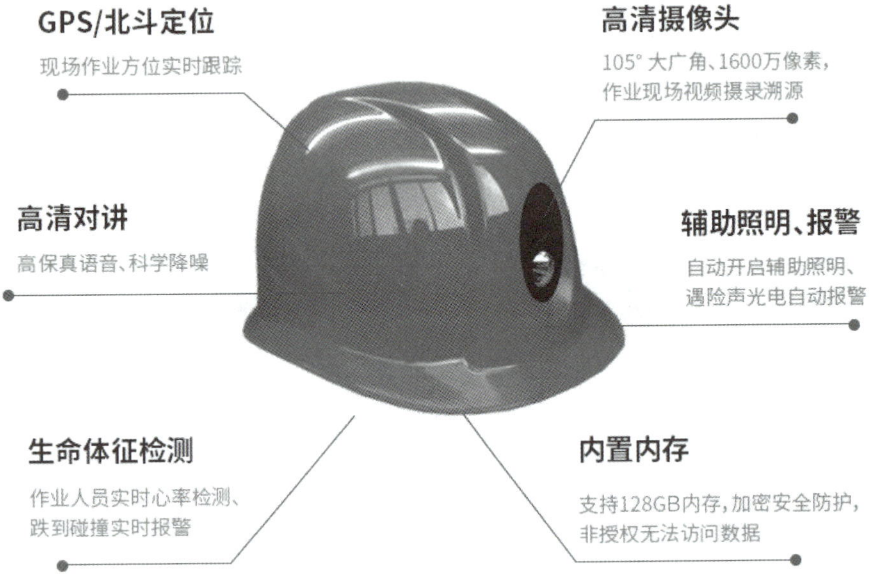

图 7-24 智能安全帽

7.4 人工智能与开源编程

当前人工智能以其强大的数据处理能力、智能决策支持及自动化学习机制，正深刻改变着各行各业的面貌。在此过程中，开源编程这一代码开发和迭代形式起到了举足轻重的作用。开源编程是指软件在获得版权人授权时，其源代码可以公开，即供任何人查看、使用、修改和分享。这种共享源代码、促进社区合作的编程方式鼓励用户参与软件的改进和定制，可以增强代码的质量和稳定性，极大地加速了技术的迭代与发展，降低了创新门槛。将人工智能与开源编程相结合，不仅为 AI 技术的普及与应用提供了肥沃土壤，也为广大开发者探索 AI 前沿领域、实现创新想法开辟了广阔天地。

7.4.1 面向对象编程思想

面向对象(object oriented，OO)是一种程序设计思想，从面向过程(procedure oriented)编程方法发展而来，但更具灵活性和可扩展性。自 20 世纪 60 年代提出以来，已经发展成为一种成熟的编程思想，是当前软件开发领域的主流技术。常见的面向对象编程(object oriented programming，OOP）主要是针对大型软件设计的需求而提出的，旨在提升软件设计的灵活性，并且能更好地进行代码复用。

面向对象思想的核心就是将现实世界中的事物均抽象为“对象”，通过对象间的交互实现复杂的程序逻辑。

1. 面向对象的基本元素

面向对象中的基本元素：对象及类，如图 7-25 所示。

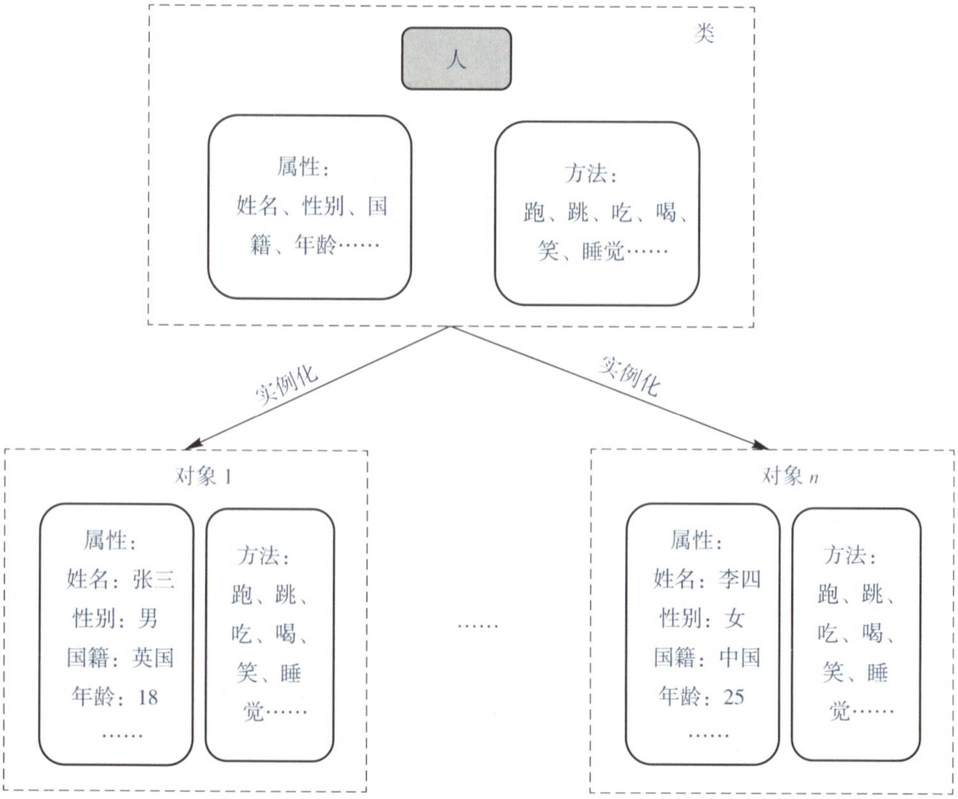

图 7-25　对象及类示意图

1）对象

现实世界中存在的任意事物均可以抽象为对象（object），例如一个人、一部手机、一只猫、一辆车均为对象。每个对象均有其状态和行为，即属性（property）和方法（method）。例如，姓名、性别、年龄、身高等是一个人的属性，品牌、型号、颜色、车龄等则是一辆车的属性。方法是指对象可以执行的动作行为，例如行走、跳跃、跑步等是一个人的方法，而前进、倒退、加速、刹车等是一辆车的方法。

2）类

类（class）是封装对象的属性和方法的载体。换言之，具有相同属性和方法的一类实体可以被抽象为一个类。从类到对象的过程称为实例化。例如，如果将“人”看作一个类，张三这个具体的人就是“人”类一个实例化对象，具备姓名、性别、年龄、身高等属性和行走、跳跃、跑步等方法。李四则是“人”类的另一个实例化对象，其具有的属性和方法和张三相同，但各属性的具体值可能不同。

2. 面向对象的核心思想

1）封装

封装（encapsulation）是指将数据的状态（属性）和数据的行为（方法）结合在一个对象内部，形成一个独立的单元。类即为封装的载体。封装可以隐藏对象内部的实现细节，只对外公开接口（即允许外部通过对象访问的成员），从而提高了数据的安全性，并实现了模块间的解耦（即各模块间仅通过接口进行交互，而不必关心对方内部的具体实现）。日常生活中封装思想也得到了广泛应用。以空调遥控器为例，用户无须深入了解遥控器内部部件及其工作原理，只需要操作遥控器上的按键即可完成对空调的控制。

2）继承

面向对象支持利用一个已有类定义另一个类，这一操作依据的是继承的概念。继承（inheritance）可表达类之间的层次关系，它允许开发者基于一个类（基类或父类）来定义另一个类（派生类或子类）。通过这种方式，派生类能够继承基类的属性和方法，同时也可以定义自己的属性和方法。

例如，假设“人”是一个基类，可以根据它派生出“军人”这个子类，“军人”类继承了“人”这个基类的属性（姓名、性别、年龄等）和方法（跑、跳、吃饭、睡觉等），还可以定义自己的属性（军衔、服役年限、所属部队等）和方法（训练、执行任务等）。

继承使得代码可以复用，从而提高软件的开发效率。同时，继承也是实现多态的基础，因为多态性通常是通过继承一个共同的基类（接口或抽象类）来实现的。

3）多态

多态（polymorphism）意味着“多种形态”。在面向对象编程中，利用多态可以编写能够处理多种类型对象的代码，而不需要为每种类型编写特定的代码。这通过基类引用（或指针）指向派生类对象来实现，同时利用虚函数（在支持虚函数的语言中）允许在运行时根据对象的实际类型来调用相应的函数实现。

多态可以为基类和派生类提供统一的接口。例如，在“人”这个基类里定义一个或多个虚函数（或称为接口方法），以 greet( )方法为例，greet( )方法在派生的“军人”子类中可以被重写（或称为覆盖），提供军人特有的打招呼方式。

多态可以实现动态绑定。当通过基类引用或指针调用虚函数时，实际调用的函数版本是在运行时根据对象的实际类型来确定的，即为所谓的“动态绑定”或“晚期绑定”。例如，如果有一个基类“人”的引用指向了一个“军人”对象，并调用了 greet( )方法，那么就会调用“军人”类中重写的 greet( )方法，而不是基类中的原始方法。

多态允许使用基类类型的引用或指针来指向派生类（如“军人”）的对象。在编写代码时无须知道对象的具体类型，只需确保该对象符合基类的接口即可。

多态还可以提高代码的扩展性和维护性。当程序需要添加新的派生类（如“科学家”“教师”等）时，只需要确保它们符合基类的接口，即可无缝地集成到现有的代码库中。同时，由于使用了基类类型的引用或指针来操作对象，因此当基类的接口发生变化时，只需要修改基类和受影响的派生类，而不需要修改所有使用这些对象的代码。

3. 面向对象编程的优势

（1）代码重用性高：利用继承机制，子类可以继承父类的属性和方法，避免了重复编写相同的代码，可有效提高开发效率。

（2）扩展性强：利用继承和多态性可以轻松地扩展已有的类库，修改现有功能，或在不修改现有代码的前提下添加新的功能。

（3）可维护性强：面向对象将数据和操作数据的方法封装在对象中，代码模块化程度高，易于理解和维护。

（4）适合大型系统开发：面向对象提供了丰富的设计模式和架构模式，如工厂模式、单例模式、MVC 架构等，这些模式和架构可以帮助开发人员更好地设计和实现大型复杂系统。

7.4.2 Python 概述

▲在 Python 中创建类

1. Python 简介

Python（见图 7-26）是一种开源、免费、跨平台的解释型高级编程语言，由荷兰人吉多·范罗苏姆（Guido van Rossum）于 1989 年开发，并在 1991 年首次公开发行。Python 的原意是蟒蛇。据传，Guido 之所以将其开发的语言命名为 Python，是因为他喜爱的 BBC 室内情景幽默剧叫作 *Monty Python's Flying Circus*。

近年来，Python 以简单、明确、优雅的设计哲学吸引了众多开发者的目光。特别是随着人工智能研究和应用的快速发展，Python 的热度更加高涨。截至 2024 年 8 月，在编程语言流行指数（popularity of programming language，PyPL）的排行榜上，Python 高居榜首，具有 29.6% 的占有率，并且呈现出持续上升的趋势，如图 7-27 所示。另一项权威的编程语言社区指数（TIOBE）的统计数据也表明，Python 在近两年的排名中均居于首位，如图 7-28 所示。

图 7-26 Python 的标志

Worldwide, Aug 2024 :

Rank	Change	Language	Share	1-year trend
1		Python	29.6 %	+1.7 %
2		Java	15.51 %	-0.3 %
3		JavaScript	8.38 %	-1.0 %
4		C#	6.7 %	-0.0 %
5		C/C++	6.31 %	-0.2 %
6	↑	R	4.6 %	+0.2 %
7	↓	PHP	4.35 %	-0.6 %
8		TypeScript	2.93 %	-0.1 %
9		Swift	2.76 %	+0.1 %
10	↑	Rust	2.58 %	+0.5 %

图 7-27 PyPL 前十名（2024 年 8 月）

Aug 2024	Aug 2023	Change	Programming Language	Ratings	Change
1	1		Python	18.04%	+4.71%
2	3	˄	C++	10.04%	-0.59%
3	2	˅	C	9.17%	-2.24%
4	4		Java	9.16%	-1.16%
5	5		C#	6.39%	-0.65%

图 7-28 TIOBE 前五名（2024 年 8 月）

2. Python 语言的特点

1）简洁

Python 的语法非常简洁，减少了程序的代码量。Python 支持多种编程范式，包括面向对象、命令式、函数式和过程式编程，同时提供了丰富的内置函数和库，使开发者可以编写更少的代码来完成同样的任务。

2）开源

Python 是一种免费和开源的编程语言，其源代码可以自由获取、使用和分发。这促进了 Python 社区的快速发展和壮大。社区中不仅有丰富的教程、文档和示例代码，还有大量的论坛、邮件列表和问答网站，为开发者提供了强有力的支持。

3）强大的标准库和第三方库

Python 拥有一个庞大且不断增长的标准库，这些库覆盖了从文本处理到网络编程、从 GUI 开发到数据库管理等众多领域。此外，还有大量的第三方库（如 NumPy、pandas、Matplotlib、PyTorch、Django 等）可供选择，这些库极大地扩展了 Python 的功能和应用范围，使得 Python 可以完成诸如 Web 开发、云计算、网络爬虫、机器学习、大数据处理、游戏开发等几乎所有领域的开发任务。

4）支持面向对象编程

Python 完全支持面向对象编程，使得 Python 在开发大型复杂系统时非常有用。

5）跨平台

Python 具有广泛的社区支持和丰富的第三方库，这些资源为 Python 在不同平台上的部署和兼容性提供了有力保障，因此 Python 可以在多种操作系统上运行，如 Windows、Linux 和 macOS 等。

3. Python 版本介绍

Python 同时存在的版本有 Python 2. x 和 Python 3. x，均可以在官网（https://www.python.org）下载安装，如图 7-29 所示。需要注意的是，二者之间并不兼容，除了输入输出方式的差异外，许多其他语法规则也有所不同。对于初学者来说，建议学习 Python 3. x 系列版本，因为全部的标准库和大多数第三方库均更好地支持 Python 3. x。Python 目前的最新版本是 Python 3. 13. 1，但不建议使用最新版本，使用相对稳定的版本更加稳妥。本节的代码均以 Python 3. 9 为例。

4. Python 编程环境

1）安装和使用 Python 解释器

Python 是一种解释型语言，所以需要一个解释器将代码翻译后，才能被计算机理解和执行。在官网下载的不同的 Python 版本，即为 Python 的解释器。在下载之前，需要先确定操作系统的种类、Python 解释器的版本，并找到对应的下载链接。

（1）安装 Python 解释器。

双击下载好的安装程序，会弹出如图 7-30 所示的界面。安装有 Install Now（默认安装）和 Customize installation（自定义安装）两种方式。默认安装不必进行配置，所有设置包括安装位置均为默认；自定义安装则可以自定义相关配置、修改安装路径等。在选项设置好后，就可以单击 Install 按钮开始安装。请注意一定要勾选图 7-30 中的 Add Python 3. 9 to PATH

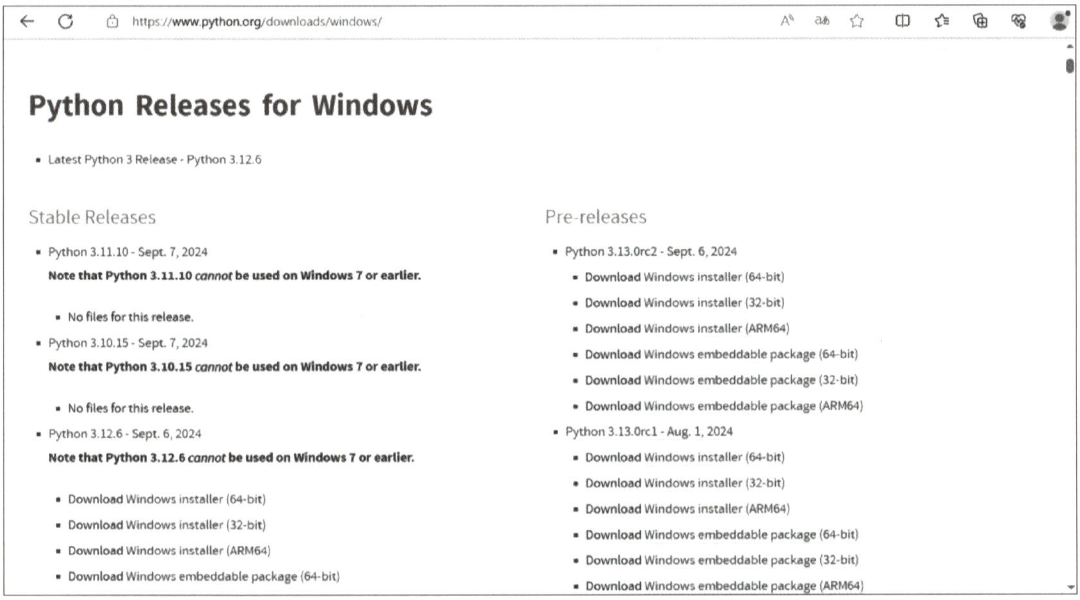

图 7-29　Python 官网的解释器下载页面(Windows 操作系统版)

复选框，这样可以将 Python 添加到环境变量中，能直接在 Windows 命令提示符下运行 Python 解释器，否则在运行时会出现“＊＊＊不是内部或外部命令，也不是可运行的程序”的错误。(“＊＊＊”是输入的命令。)

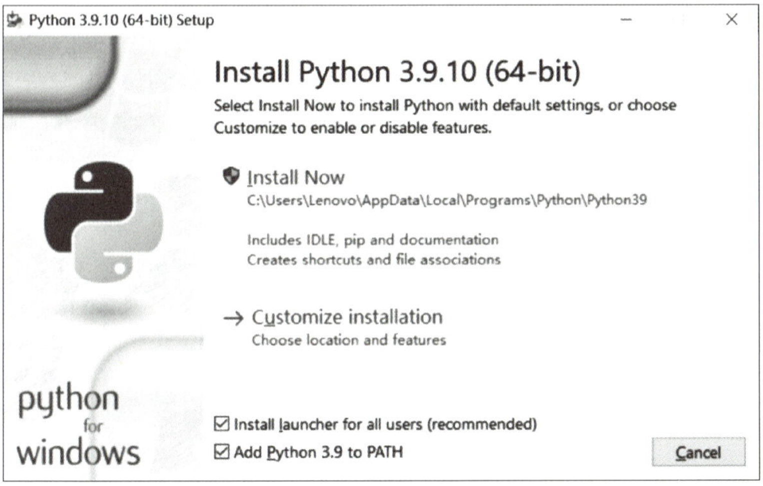

图 7-30　Python 安装界面

(2)编写和运行 Python 程序。

①在“命令提示符”窗口运行。

在 Windows 10 状态栏的搜索框内输入 cmd 并按 Enter 键确认，弹出“命令提示符”窗口。输入在上一步“安装 Python 解释器”中 Python 安装的路径后按 Enter 键，即可进入 Python 解释器环境。在提示符后输入如下代码：

```
print('Hello World')
```

按 Enter 键确认后窗口显示输出结果“Hello World”，如图 7-31 所示。这是一种交互式运行的模式，即 Python 解释器会即时响应用户输入的每条代码，输入一条，执行一条。

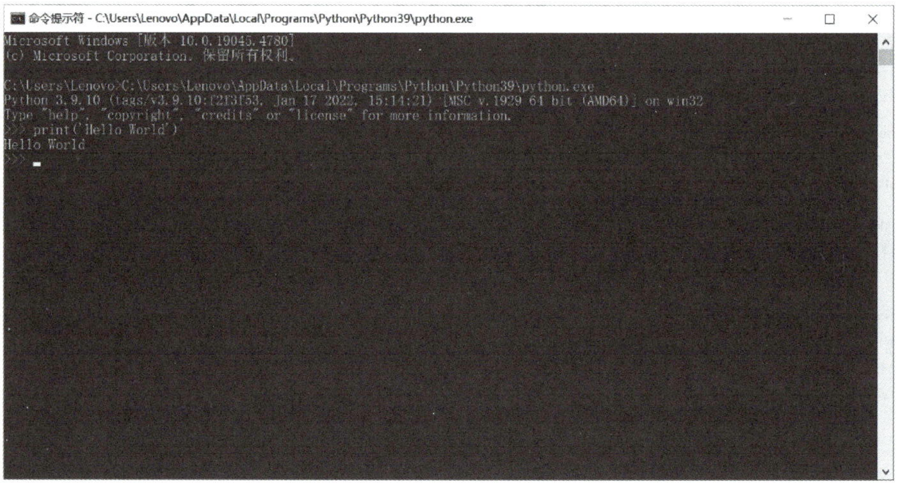

图 7-31　命令提示符编写和运行 Python 代码

②在 IDLE 中运行。

安装 Python 解释器后，系统会附带一个名为 IDLE 的集成开发环境，即 Python Shell，在 Windows 10 操作系统中可以单击“开始”→Python 3.9→IDLE(Python 3.9 64-bit)打开。在打开的窗口中，用户可以输入 Python 语句并执行，如图 7-32 所示。

图 7-32　IDLE 界面

2) Python 集成开发环境

IDLE 简单方便，但它不具备代码调试、项目管理等功能。因此，对于实际开发任务，开发者通常会选择功能更强大的集成开发环境来完成，例如 Anaconda、PyCharm、Visual Studio Code 等。

7.4.3 Python 编程基础

▲常见的 Python 集成开发环境

1. 基本语法规则

编程语言和人类语言一样，都有一定的语法规则。只有遵循语法规则的语句，才能被系统理解并执行。Python 语言的基本语法规则有以下几个。

1) 一行就是一条语句

Python 通常一行写一条语句，回车就代表语句结束。例 7-1 就是一个有三行代码的程序。

例 7-1 求 4 的平方。

```
N=4
result=4*4
print('4 的平方是', result)
```

当一条语句很长时，可以利用续行符(\ )将其分行书写。若想将多条语句写在同一行上，可以使用语句分隔符(;)。

2) 使用#进行注释

在代码中添加必要的文字注释，是提高程序可读性的有效手段。在 Python 中，注释以#开头，注释语句不会被执行。如例 7-2 中的第 2、4 行都是注释，不会被执行。

例 7-2 注释的使用。

```
print('白日依山尽')
#print('黄河入海流')
print('欲穷千里目')
#print('更上一层楼')
```

程序运行结果如下：

```
白日依山尽
欲穷千里目
```

3) Python 采用缩进来表示代码层次

Python 利用缩进来表示代码的不同层次。同一层次的代码的缩进要保持一致，也就是“对齐”，如例 7-3 所示。这在流程控制、函数定义等操作中都是必须要注意的。

例 7-3 代码的缩进。

```
result=0
for i in range(1, 101):
    result+=i
print(result)
```

程序运行结果如下：

```
5050
```

4) Python 是大小写敏感的语言

同一串字符，只是大小写不同，Python 也会认为它们指代不同的对象。例如 num01 和 Num01 是两个不同的变量。除此之外，在函数名、类名、模块名、方法名、属性名等的引用中也是如此。

2. 基本数据类型

在程序中，常常需要表示不同的数据，例如今日的气温、患者的血压、用户的 ID，等等。这就需要在内存中使用多种数据类型来存放数据。Python 的基本数据类型有以下几种。

1) 整型(int)

数学中的整数都可以用整型来表示，例如 100、-500、1024 等。跟其他语言不同，Python 的整型没有大小范围的限制，可以表示任意长度的整数，除非超出了机器内存范围。

2) 浮点型(float)

数学中的实数都可以用浮点型表示，例如 3.1415、375.0、-12.75 等。Python 也支持使用科学计数法来表示浮点数，例如 0.065 5 也可以表示为 6.55e-2，其中的字母 e 可以换为大写 E。

3) 复数型(complex)

Python 的复数型表示的是数学中的复数，例如 35 + 5j、4.3 - 2J 等。

4) 字符串型(str)

字符串是由一个或多个字符组成的有序字符序列，在 Python 中字符串由一对单引号('')或双引号("")表示，例如'Hello World'、"23875014174"等。使用单引号和双引号的效果没有任何差别，但要注意它们必须成对出现。

例 7-4 字符串的表示。

```
str1="I'm from China."
print(str1)
```

程序运行结果如下：

```
I'm from China.
```

5）布尔型（bool）

布尔型主要用来表示真或假的逻辑值。在 Python 中，分别用 True 和 False 表示真和假。布尔值经常用于函数参数设置、条件判断等。

Python 提供了一系列内置函数来实现各数据类型之间的转换，如表 7-5 所示。

表 7-5　Python 常见的数据类型转换函数

函数	功能
int（x）	将 x 转换为整型
float（x）	将 x 转换为浮点型
complex（a，b）	以 a 为实部、b 为虚部创建一个虚数
str（x）	将 x 转换为字符串型
eval（x）	计算在字符串中的有效 Python 表达式，并返回一个对象，x 为字符串

3. 变量和赋值语句

变量（variable）指的是在程序运行过程中值有可能发生变化的量，是绝大多数程序不可缺少的元素，例 7-1 中的 N、result 都是变量。每个变量都有自己的名字，即变量名。Python 中变量的命名不是随意的，需要遵循以下一些规则。

①变量名里只能包含字母、数字和下划线，且不能以数字开头。

②变量名区分大小写。

③不能使用 Python 的关键字（保留字）作为变量名。

对变量进行赋值，就是将这个值放在内存中的某个位置，变量名就是值的“代号”。在 Python 中，不需要事先声明变量名和类型就可以直接用赋值运算符（=）对变量赋值，变量的类型也取决于所赋值的类型。例 7-1 中的第一条语句就是将 4 这个整型数值赋给了变量 N。

▲Python 的保留字

4. 运算符和表达式

运算符是一些特殊的符号，用来进行数学、逻辑、比较大小等运算。将运算符、变量、常量等连接起来的式子就是表达式。Python 常见的运算符有以下几种。

1）算术运算符

算术运算符主要用于基本的数学运算，如表 7-6 所示。

表 7-6　Python 的算术运算符

运算符	功能	举例
+	加	45+6，结果为 51
-	减	45-6，结果为 39
*	乘	3 * 8，结果为 24
/	除	13/5，结果为 2.6
%	两数相除，取余数	13%5，结果为 3

续表

运算符	功能	举例
//	两数相除，向下取整数	13//5，结果为 2
* *	乘方	2 * * 3，结果为 8

算术运算符还可以和赋值运算符结合起来组成复合赋值运算符，例如+=、*=等，同时完成运算和赋值操作。例如，a+=5 就是将 a 的值先加上 5 之后再赋给 a，和 a=a+5 语句的功能相同。

2)关系运算符

关系运算符主要用于进行比较运算，如表 7-7 所示。

表 7-7　Python 的关系运算符

运算符	功能	举例
==	等于	45==6，结果为 False
>	大于	45>6，结果为 True
<	小于	3<8，结果为 True
>=	大于等于	13>=5，结果为 True
<=	小于等于	13<=5，结果为 False
! =	不等于	13!=5，结果为 True

3)逻辑运算符

逻辑运算符是对真、假两种布尔值进行运算，运算后的结果还是一个布尔值。Python 中的逻辑运算符如表 7-8 所示。

表 7-8　Python 的逻辑运算符

运算符	功能	举例
and	逻辑与	45==6 and 13>=5，结果为 False
or	逻辑或	45==6 or 13>=5，结果为 True
not	逻辑非	not 3<8，结果为 False

逻辑与的含义是，两边的操作数必须都为真，结果才为真，只要有一边为假，结果就为假；逻辑或的含义是，只要两边的操作数有一边为真，结果就为真，只有两边都为假，结果才为假；逻辑非是一个单目运算符，只有一个操作数，当该操作数为真时，逻辑非的结果就为假，反之结果则为真。

当一个表达式中包含多种运算符时，需要考虑其运算的优先顺序。对于常见的几种运算符，优先级由高到低依次为算术、关系、逻辑。算术运算符中，乘方的优先级最高，乘、除次之，最低是加、减。

在编写代码时，推荐使用小括号来改变运算顺序。这样既能增强可读性，也可以避免由优先级或结合方向错误导致的运算错误。

5. 输入输出语句

很多程序都是一个接收输入、根据输入进行运算、输出运算结果的过程，所以输入输出语句是编程的基本语句。

1) input( )函数

利用 Python 的 input( )内置函数可以接收用户的键盘输入，其一般形式为

```
变量名=input(<提示性文字>)
```

需要特别提醒的是，input( )函数的返回值是 str 类型，所以如果后续要进行算术运算等其他类型运算的时候，需要将其转为其他类型，如例 7-5 所示。

2) print( )函数

想要将运算结果、提示信息反馈给用户时，可以利用 Python 的 print( )内置函数，其一般形式为

```
print(*objects, sep='', end='\n')
```

*objects 是要输出的内容，一个或多个均可，如果是多个，就用逗号隔开；sep 用来指定输出多个值时的分隔符，默认值是空格；end 参数用来指定输出内容以什么结尾，默认是换行符。

例 7-5 BMI 指数计算。

```
height=float(input('请输入您的身高(单位: m):'))
weight=float(input('请输入您的体重(单位: kg):'))
bmi=weight/height**2
print('您的 BMI 指数为', round(bmi, 2))
```

程序运行结果如下(以身高为 1.56 m、体重为 50 kg 为例)：

```
请输入您的身高(单位: m): 1.56
请输入您的体重(单位: kg): 50
您的 BMI 指数为 20.55
```

7.4.4 流程控制

顺序、选择和循环是基本的程序流程控制结构，任何复杂的程序逻辑都可以分解为这三种结构。灵活利用流程控制语句，就可以实现更多真实世界的业务逻辑。

1. 顺序结构

顺序结构就是按照语句从上到下的顺序依次执行的一种结构，如图 7-33 所示。它是最简单的程序结构，一般也是程序的主结构。例 7-5 就是一个顺序结构的程序。

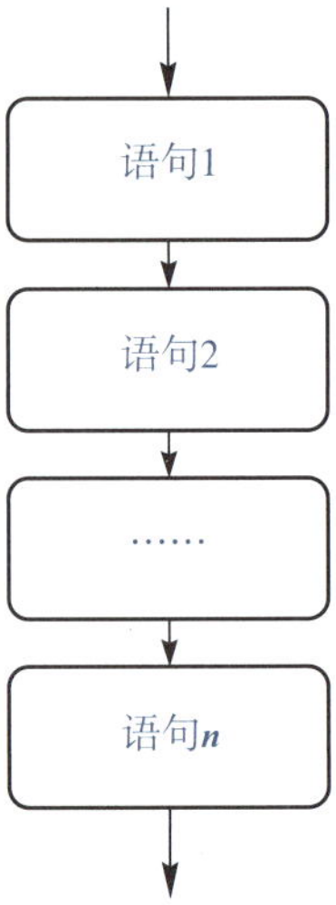

图 7-33　顺序结构流程图

2. 选择结构

与汽车在马路上遇到分岔路口需要选择朝哪个岔路继续行驶一样，程序在很多时候也需要根据不同的情况执行不同的语句，这时候需要借助选择结构(也可以称为分支结构)来表达这个逻辑。在 Python 语言中，实现选择结构的是 if 语句。根据分支的复杂程度，可以分为单分支、双分支和多分支结构。

1)单分支结构

Python 中单分支结构 if 语句的语法格式为

```
if<条件>:
    <语句块>
```

当程序运行到单分支结构 if 语句时，需要先进行一个条件判断，当条件为 True 时，执行语句块中的代码，如果为 False，则不执行语句块中的代码，直接执行单分支结构后面的代码。

单分支结构可以用图 7-34 所示的流程图来表示。

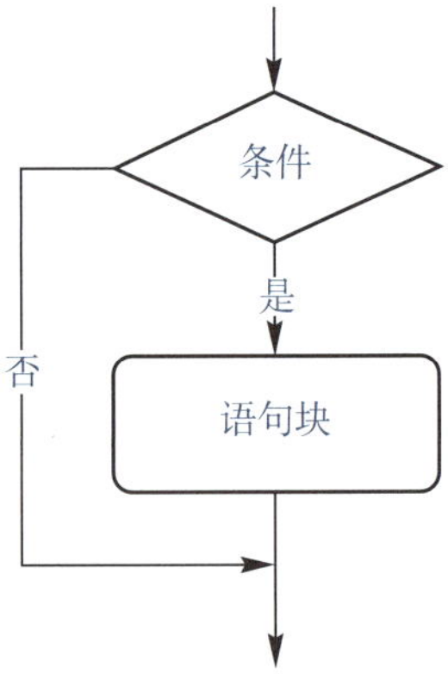

图 7-34　单分支结构流程图

例 7-6 单分支结构示例。

```
psd='000000'                    #指定正确的密码
s=input('请输入密码:')           #用户输入密码
if s==psd                       #判断用户输入的密码是否正确
    print('登录成功!')
```

2)双分支结构

例 7-6 采用单分支结构，只有当密码正确时，程序才有反馈。如果密码错误，则没有任何操作。利用双分支结构则可以解决这个问题。双分支结构 if 语句的语法格式为

```
if<条件>:
    <语句块1>
else:
    <语句块2>
```

程序执行到双分支结构 if 语句时，会判断条件是否成立，如果为 True，则执行语句块 1，否则执行 else 子句下的语句块 2。双分支结构的流程可以用图 7-35 表示。

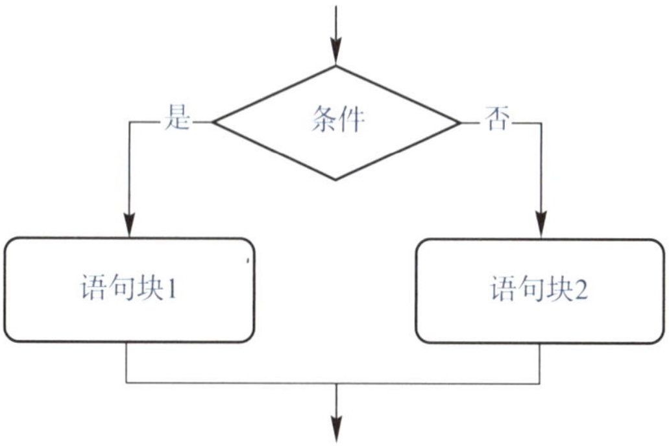

图 7-35 双分支结构流程图

例 7-7 双分支结构示例。

```
psd='000000'                    #指定正确的密码
s=input('请输入密码:')           #用户输入密码
if s==psd:                      #判断用户输入的密码是否正确
    print('登录成功!')
else:
    print('密码不正确，无法登录。')
```

3)多分支结构

当需要判断的情况更多时，可以使用 Python 的多分支结构 if 语句。其语法格式为

```
if<条件 1>:
    <语句块 1>
elif<条件 2>:
    <语句块 2>
elif<条件 3>:
    <语句块 3>
……
else:
    <语句块 n>
```

使用多分支结构 if 语句时，会首先判断条件 1 是否成立，如果为真，则执行语句块 1，然后继续执行条件语句后的代码；如果为假，则跳过语句块 1，去判断 2 是否成立。以此类推，当所有条件都不成立时，执行 else 子句下的语句块 *n*。多分支结构的流程如图 7-36 所示。

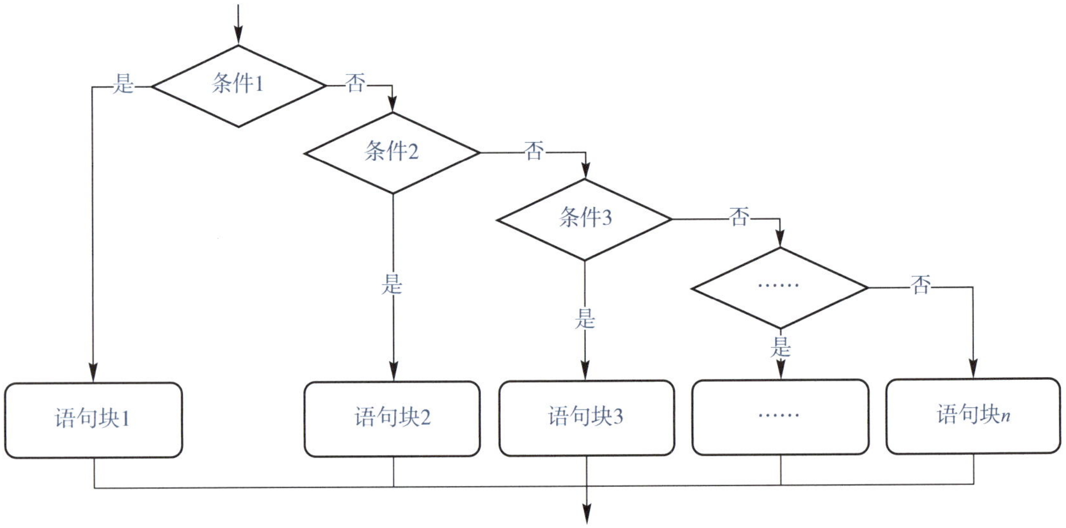

图 7-36　多分支结构流程图

例 7-8　多分支结构示例。

```
score=int(input('请输入你的分数:'))         #从键盘输入分数
if score>=85:                              #判断分数等级
    grade='优'
elif score>=70:
    grade='良'
elif score>=60:
    grade='中'
else:
    grade='差'
```

```
print('你的成绩等级为:', grade)                 #输出等级结果
```

运行结果为

```
请输入你的分数: 87
你的成绩等级为: 优
```

3. 循环结构

现实世界中存在一些必须周而复始地运转才能保证其存在意义的事情，例如公交车往返在起点和终点之间。在程序中，把这一类的行为称为循环。当程序逻辑中需要重复执行某段代码若干次时，可以借助循环结构来完成。

1) while 循环

while 循环也可以称为条件循环，它是通过一个条件来控制循环是否要继续反复执行的语句。其语法格式为

```
while<条件>:
    <循环体>
```

当程序进行循环时，会判断条件是否成立，如果为 True，则执行循环体语句，并再次判断条件是否成立，如果还为 True，就再次执行循环体语句……如此循环往复，直至条件为 False，就结束循环，执行后面的代码。while 循环的流程可以表示为图 7-37。

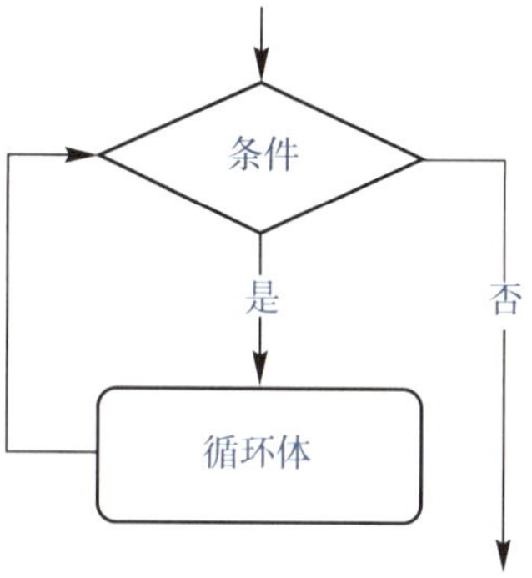

图 7-37 while 循环流程图

例 7-9 求 1 到 100 的整数和。

```
n=1                                          #初始化循环变量 n
result=0                                     #初始化求和结果
while n<=100:                                #循环依次累加
    result=result+n
    n=n+1
print('1 到 100 的整数和是:', result)         #输出结果
```

运行结果为

```
1 到 100 的整数和是 5050
```

2) for 循环

for 循环一般用在循环次数确定的情况下，这类循环在 Python 中称为遍历循环。for 循环的语法格式为

```
for <循环变量> in <遍历对象>:
    <循环体>
```

for 循环会从遍历对象中依次提取元素，放在循环变量中，再对提取的每个循环变量执行循环体，直至遍历对象的所有元素都被操作一遍为止，如图 7-38 所示。因此，for 循环的循环次数是由遍历对象的元素个数决定的。遍历对象一般可以是字符串、文件、组合数据类型、range( )函数等。

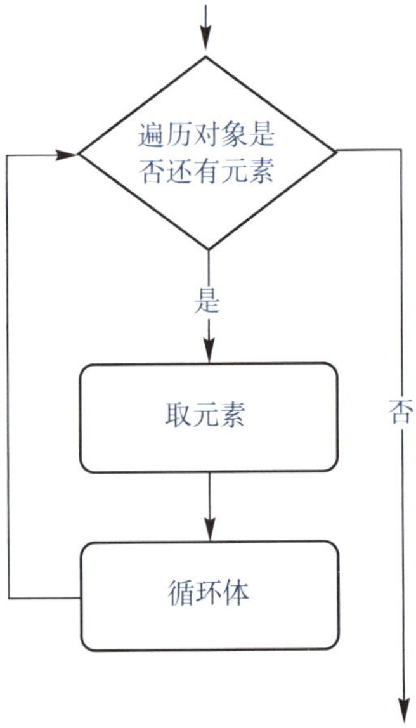

图 7-38　for 循环流程图

例 7-10　用 for 循环求 1 到 100 的整数和。

```
result=0                                  #初始化求和结果
for i in range(1, 101):                   #循环累加
    result=result +i
print('1 到 100 的整数和是', result)      #输出结果
```

运行结果为

```
1 到 100 的整数和是 5050
```

7.4.5 组合数据类型

7.4.3 节介绍了 Python 的基本数据类型，这些类型仅能表示单个数据。然而，实际计算中经常遇到需要同时处理多个数据的情况，比如一个班级所有学生的成绩、一家连锁超市每个门店的营业额等，这需要将多个数据有效组织并统一表示，这样的数据类型称为组合数据类型。Python 的组合数据类型包括序列类型、集合类型和映射类型三种，它们虽然都是一组数据的集合，但各有特点。

▲range 函数

1. 序列类型

序列类型的数据元素之间有先后顺序，需要通过索引访问。Python 有列表、元组、字符串三种序列类型。

1)列表(list)

列表在 Python 中用一对方括号([ ])表示，元素和元素之间用逗号隔开，元素个数不限。下列代码就定义了三个不同的列表。

```
list01=[10, 20, 30, 40, 50]
list02=['当归', '党参', '甘草', '黄芪', '炙甘草', '蝉蜕']
list03=[35.4, -30, 3.14, 'python']
```

(1)列表元素的引用。

可以通过列表的索引(index)来定位和访问其中的元素。索引分为正索引和逆索引两种，正索引以 0 开始，从左往右依次递增，逆索引以-1 开始，从右向左依次递减，如图 7-39 所示。依照这个规则，list03[1]就是 list03 列表的第 2 个元素(即-30)，list03[-3]就是 list03 列表的倒数第 3 个元素(也是-30)。

正索引	0	1	2	3
list03	35.4	-30	3.14	'python'
负索引	-4	-3	-2	-1

图 7-39 列表类型的索引规则示例

(2)切片。

切片(slice)是可以得到一个列表的某个子序列的操作。其一般形式为

```
列表对象名[start:stop:step]
```

其含义是返回列表从索引 start 开始到索引 stop 结束(但不包括 stop)且步长为 step 的子列表。start 的默认值是 0，stop 的默认值就是列表的结束，step 的默认值为 1。例 7-11 给出了一些列表切片的示例，请注意当省略切片中的参数时，中间的冒号不能省略。

例 7-11 列表切片示例。

```
list02=['当归', '党参', '甘草', '黄芪', '炙甘草', '蝉蜕']
print(list02[2:5])                  #第 3、4、5 个元素的切片
print(list02[:5])                   #第 1、2、3、4、5 个元素的切片
print(list02[2:])                   #第 3、4、5、6 个元素的切片
print(list02[::2])                  #第 1、3、5 个元素的切片
print(list02[:: -1])                #所有元素的逆序
```

运行结果为

```
['甘草', '黄芪', '炙甘草']
['当归', '党参', '甘草', '黄芪', '炙甘草']
['甘草', '黄芪', '炙甘草', '蝉蜕']
['当归', '甘草', '炙甘草']
['蝉蜕', '炙甘草', '黄芪', '甘草', '党参', '当归']
```

(3)修改列表元素。

这里所说的修改包括了列表元素的增加、元素值的修改和元素的删除。Python 提供了一些函数、对象方法和运算符来实现这些操作，如表 7-9 所示。

表 7-9　修改列表元素的操作

操作	功能
s. append(n)	将元素 n 作为一个元素追加到列表 s 的末尾
s. extend(n)	将可迭代对象 n 中的每个元素追加到列表 s 的末尾
s. insert(i, n)	将元素 n 插入到列表 s 的第 i 个索引位置
s+x	将 s 和 x 两个列表拼接为一个，与 s. extend(x)的结果相同
s * i	将列表 s 的元素重复 i 次，相当于做 i 次 s. extend(s)
s[i]=n	将列表 s 的第 i+1 个元素的值修改为 n(切片也适用)
del s[i]	删除列表 s 中的第 i+1 个元素
s. remove(n)	删除列表 s 中值为 n 的元素(如果有多个元素值为 n，只能删除第 1 个)
s. pop(i)	删除列表 s 中索引为 i 的元素

(4)排序。

Python 提供了两种列表排序的方式，分别是 sort( )方法和 sorted( )内置函数。

①sort( )方法。

sort( )方法的一般格式为

```
列表对象名.sort(reverse=False)
```

其中，reverse 参数可以指定升序(False，默认)还是降序(True)。sort( )方法将直接修改原始列表。

②sorted( )函数。

sorted( )函数的一般格式为

```
sorted(列表对象, reverse=False)
```

其中，reverse 参数的含义与 sort( )方法的相同，函数返回值就是排序后的列表。sorted( )函数不会直接修改原始列表。

(5)查看列表的信息。

①查看列表的长度。

利用 Python 的 len( )内置函数可以返回列表的长度，也就是有多少个元素。

②查看某个元素是否在列表内。

利用 in 关键字可查看某个元素是否在列表内。比如 100 in list04，其返回值为 False，表示 list04 列表中没有 100 这个元素。

③查看某个值在列表中的索引。

index( )方法可以实现这个操作。比如，list04 列表为[-356，-32，34，43，65，78，124，1000]，则 list04. index(34)的返回值会是 2，就表示 34 是 list04 列表中索引为 2 的元素。

④查看某个值在列表中出现的次数。

列表的 count( )方法可以实现这个操作。比如，有一个列表 list05 为[15，45，30，45，-15，45]，则 list05. count(45)的返回值为 3，表示 45 这个值在 list05 列表中有 3 个；而 list05. count(100)的返回值为 0，表示 list05 列表中没有 100 这个值。

(6)求列表元素的和、最大值或最小值。

Python 的 sum( )、min( )、max( )内置函数可以分别求列表元素的和、最小值和最大值。比如，列表 list05 为[15，45，30，45，-15，45]，则 sum(list05)的返回值为 165，而 min(list05)的值为-15。

2)元组

作为序列类型，元组和列表最大的不同是，元组是不可变对象。也就是说，元组的元素一旦定义，就不能再修改。

元组采用一对小括号来定义，元素之间用逗号隔开，比如(15，45，30，45，-15，45)、('陈皮', '蒲公英', '石膏')都是元组。

作为同样的序列类型，元组和列表的很多操作是相同的，比如索引、切片、查看元组信息、求和等，此处不再赘述。需要注意的是，由于元组是不可变对象，所以元组不支持元素增加、修改、删除的操作。

3)字符串

7.4.3 节中已经介绍了字符串，其属于基本数据类型。但由于字符串也可以看成是单一字符的有序组合，所以也属于序列类型，可以用序列的各种函数、方法操作，比如索引、切片、查看长度等。但它和元组一样，属于不可变对象。

Python 还内置了很多关于字符串的处理方法，表 7-10 中列出了常见的字符串处理方法。

表 7-10　常见的字符串处理方法

操作	功能
s. split(sep)	将字符串 s 根据 sep 分隔成多个元素，并将所有元素以列表形式返回
s. replace(old, new)	将字符串 s 中的 old 字符串都用 new 字符串来代替
s. strip([chars])	将字符串 s 中左右两侧的指定字符去掉，指定字符由 chars 给出
s. zfill(n)	将 s 字符串长度变为 n，长度不足就在左侧补 0
s. islower( )	判断字符串 s 所有字符是否都是小写，返回逻辑值
s. isnumeric( )	判断字符串 s 所有字符是否都是数字，返回逻辑值
s. isspace( )	判断字符串 s 所有字符是否都是空格，返回逻辑值
s. startswith(x)	判断字符串 s 是否以 x 开头，返回逻辑值
s. endswith(x)	判断字符串 s 是否以 x 结尾，返回逻辑值
s. lower( )	将字符串 s 全部换为小写
s. upper( )	将字符串 s 全部换为大写

2. 集合类型

Python 有集合(set)这个组合数据类型，其含义和数学上的集合一致，用一对花括号({})表示，比如{'to', 'together', 'python'}、{35, -100, '北京'}。

▲字符串操作示例

与序列类型不同，集合中的元素是无序的(不能用索引来定位元素)，且元素不可重复，元素类型只能是整数、浮点数、字符串、元组等固定数据类型。集合属于可变数据类型，所以集合支持增加和删除元素的操作。常见的集合操作如表 7-11 所示，常见的集合运算如表 7-12 所示。

表 7-11　常见的集合操作

操作	功能
s. add(m)	将 m 作为元素加入集合 s
s. remove(m)	将元素 m 从集合 s 中删除，如果 m 不存在，则报 KeyError 错误
s. discard(m)	将元素 m 从集合 s 中删除，如果 m 不存在不报错
s. pop( )	随机删除集合 s 中的一个元素，并将删除的值返回，如果 s 为空则报错

表 7-12　常见的集合运算

集合运算式	对象方法	功能
A&B	A. intersection(B)	求集合 A 和集合 B 集的交集

续表

<table>
<tr><th>集合运算式</th><th>对象方法</th><th>功能</th></tr>
<tr><td>A | B</td><td>A. union(B)</td><td>求集合 A 和集合 B 的并集</td></tr>
<tr><td>A-B</td><td>A. sdifference(B)</td><td>求存在于集合 A 但不存在于集合 B 的元素(差集)</td></tr>
<tr><td>A^B</td><td>A. symmetric_ difference(B)</td><td>求存在于集合 A 或集合 B，但不同时存在于两个集合的元素(对称差集)</td></tr>
<tr><td>A = = B</td><td></td><td>判断集合 A 和集合 B 是否相同</td></tr>
<tr><td>A<B</td><td>A. issubset(B)</td><td>判断集合 A 是不是集合 B 的子集</td></tr>
</table>

3. 映射类型

映射类型是键值对(key-value)元素的组合，Python 中的映射类型数据是字典(dict)。字典也用一对花括号({})表示，元素间用逗号分隔，每个元素都是一个键值对，键和值之间用冒号隔开，并且一个字典里的键不能重复。例如，info = {'name'：'Amy'，'age'：26，'gender'：'女'}中，'name''age''gender'均为键，'Amy'、26、'女'则为键对应的值。

▲集合操作示例

字典的元素是无序的，这意味着不能通过索引来访问，但可以通过字典的键来访问元素的值。字典是可变数据类型，所以支持元素修改操作。常见的字典操作如表 7-13 所示。

表 7-13 常见的字典操作

操作	功能
d. keys( )	返回字典 d 的所有键
d. values( )	返回字典 d 的所有值
d. items( )	返回字典 d 的所有键值对
d. get(k，default)	返回字典 d 中 k 键对应的值，如果 k 键不存在，返回 default 值
d. pop(k，default)	删除字典 d 中以 k 为键的键值对，如果 k 键不存在，返回 default 值

▲字典操作示例

习 题 7

一、选择题

1. Hadoop 由(　　)两项关键技术构成。

A. HBase 分布式数据库

B. MapReduce 高性能并行数据处理

C. HDFS 分布式文件系统

D. YARN 通用资源管理系统

2. HDFS 的数据块默认保存(　　)。

A. 1 份　B. 2 份　C. 3 份　D. 5 份

3. 大数据是指不用随机分析法这样的捷径，而采用(　　)进行分析的方法。

A. 少量数据　B. 适量数据　C. 绝大部分数据　D. 全部数据

4. 智能健康手环的普及体现了(　　)数据采集技术的应用。

A. 网络爬虫　B. 传感器　C. API 接口　D. 统计报表

5. 物联网技术架构的最底层是(　　)。

A. 感知层　B. 传输层　C. 支撑层　D. 应用层

6. 云服务不包括(　　)。

A. IaaS　B. KaaS　C. SaaS　D. PaaS

二、填空题

1. ________的核心思想是将各种信息传感设备与互联网结合起来形成一个巨大网络，实现物物相连的信息交换和通信。

2. RFID 技术，即________识别技术，是物联网中常用的一种自动识别技术，广泛应用于库存管理、物流追踪等领域。

3. 大数据通常具有 5V 特性，即________、________、________、________和________。

4. SaaS、PaaS 和 IaaS 是云计算服务的三种主要模式，其中 IaaS 代表基础设施即服务，而 SaaS 则代表________即服务。

5. 云计算的一个关键优势是能够实现计算资源的按需分配和________，这大大提高了资源的利用率和灵活性。

6. 在云计算中，IaaS(基础设施即服务)提供的是计算、存储和网络等基本的硬件资源，而 SaaS(软件即服务)则提供的是可以直接使用的________，用户无须关心软件背后的基础设施和运维。

三、简答题

1. 物联网感知层关键技术主要涉及哪几个方面？请简要说明。

2. 请简述物联网的定义。
3. 常见的自动识别技术有哪些？
4. 请简述大数据的概念和基本特征。
5. Hadoop 是什么？它和大数据的关系是什么？
6. Hadoop 的常用组件包括什么？
7. 简述 HDFS 的体系架构。
8. 什么是结构化、半结构化和非结构化数据？

▲习题答案

参考文献

[1]齐惠颖，王欣萍．计算机应用基础[M]．8版．北京：北京大学医学出版社，2023.
[2]李廉，王士弘．大学计算机教程：从计算到计算思维[M]．北京：高等教育出版社，2016.
[3]蒋加伏，孟爱国．大学计算机：互联网+[M]．5版．北京：北京邮电大学出版社，2020.
[4]战德臣，聂兰顺．大学计算机：计算思维导论[M]．北京：电子工业出版社，2013.
[5]刘卫国．大学计算机：面向新一代信息技术[M]．北京：高等教育出版社，2024.
[6]修建新，田崇瑞，范晓敏．大学计算机应用基础[M]．北京：人民邮电出版社，2021.
[7]李长云，蒋鸿，刘强．大学计算机[M]. 北京：北京航空航天大学出版社，2013.
[8]卢盛荣．人工智能与计算机基础[M]. 北京：北京邮电大学出版社，2022.
[9]蔡自兴，刘丽珏，陈白帆，等．人工智能及其应用[M]. 7版. 北京：清华大学出版社，2024.
[10]VITELL S J，PATWARDHAN A．The role of moral intensity and moral philosophy in ethical decision making：a cross-cultural comparison of China and the European Union[J]. Business Ethics：A European Review，2008，17(2)：196-209.
[11]朱庆华. 浅议AI的发展对青年就业规划的影响[J]. 青年学报，2019(4)：53-56.
[12]郑世林，姚守宇，王春峰．ChatGPT新一代人工智能技术发展的经济和社会影响[J]. 产业经济评论，2023(3)：5-21.
[13]令小雄，王鼎民，袁健．ChatGPT爆火后关于科技伦理及学术伦理的冷思考[J]. 新疆师范大学学报(哲学社会科学版)，2023，44(4)：123-136.
[14]吴汉东．人工智能时代的制度安排与法律规制[J]. 法律科学(西北政法大学学报)，2017，35(5)：128-136.
[15]周志华．机器学习[M]. 北京：清华大学出版社，2016.
[16]齐惠颖，周珂，周再红，等．医学大数据分析[M]. 北京：高等教育出版社，2022.
[17]王路漫，齐惠颖，张爱桃，等．Python机器学习技术与应用[M]. 北京：中国水利水电出版社，2022.
[18]HARRINGTON P. 机器学习实战[M]. 北京：人民邮电出版社，2013.
[19]肖仰华，徐波，林欣，等．知识图谱：概念与技术[M]. 北京：电子工业出版社，2020.
[20]车万翔，郭红，崔一鸣，等．自然语言处理：基于预训练模型的方法[M]. 北京：电子工业出版社，2021.
[21]PRINCE SJD. 计算机视觉：模型、学习和推理[M]. 北京：机械工业出版社，2017.

[22]张伟. 人工智能语音测试原理与实践[M]. 北京：清华大学出版社，2022.

[23]李苏，曾然然，殷治纲. AI 智能语音技术与产业创新实践[M]. 北京：人民邮电出版社，2021.

[24]VASWANI A，SHAZEER N，PARMAR N，et al. Attention is all you need[C]//NIPS'17：Proceedings of the 31st International Conference on Neural Information Processing Systems. New York：Curran Associates Inc，2017：6000 – 6010.

[25]RADFORD A，WU J，CHILD R，et al. Language Models are Unsupervised Multitask Learners[R/OL].（2019）. https：//storage. prod. researchhub. com/uploads/papers/2020/06/01/language-models. pdf

[26]BROWN T，MANN B，RYDER N，et al. Language models are few-shot learners[C]//NIPS'20：Proceedings of the 34th International Conference on Neural Information Processing Systems. New York：Curran Associates Inc，2017：Article 159，1877-1901.

[27]DEVLIN J，CHANG M W，LEE K，et al. Bert：Pre-training of deep bidirectional transformers for language understanding[C]//Proceedings of the 2019 conference of the North American chapter of the association for computational linguistics：human language technologies：volume 1：long and short papers. Minneapolis：Association for Computational Linguistics，2019：4171-4186.

[28]LIU Y，OTT M，GOYAL N，et al. Roberta：A robustly optimized bert pretraining approach[J]. arXiv preprint arXiv：1907. 11692，2019.

[29]DOSOVITSKIY A，BROX T. Inverting visual representations with convolutional networks[C]//Proceedings of the IEEE conference on computer vision and pattern recognition. Las Vegas：Institute of Electrical and Electronics Engineers，2016：4829-4837.

[30]KARRAS T，LAINE S，AILA T. A style-based generator architecture for generative adversarial networks[J/OL]//IEEE Transactions on Pattern Analysis and Machine Intelligence，2021，43(12)：4217-4228. DOI：10. 1109/TPAMI. 2020. 2970919.

[31]PUNTONI S，RECZEK R W，GIESLER M，et al. Consumers and artificial intelligence：An experiential perspective[J/OL]. Journal of marketing，2021，85(1)：131-151. DOI：10. 1177/0022242920953847.

[32]HIRANI R，NORUZI K，KHURAM H.，et al. Artificial intelligence and healthcare：A journey through history，present innovations，and future possibilities[J/OL]. Life，2024，14(5)：557. DOI：10. 3390/life14050557.

[33]XIAO Q，ZHANG F F，XU L A，et al. High-throughput proteomics and AI for cancer biomarker discovery[J/OL]. Advanced drug delivery reviews，2021，176. DOI：10. 1016/j. addr. 2021. 113844.

[34]CARROLL N W，JONES A，BURKARD T，et al. Improving risk stratification using AI and social determinants of health[J]. Am. J. Manag. Care，2022，28：582-587.

[35]周罗晶，邵旸，张瑞，等. 智慧医疗场景下人工智能应用伦理问题与治理路径探讨[J]. 中国医院，2024，28(2)：38-41.

[36]中国信息通信研究院．金融人工智能研究报告[R/OL].（2022-01-14)[2022-01-14]. http：//www. caict. ac. cn/kxyj/qwfb/ztbg/202201/P020220118401482734472. pdf.
[37] HUANG A Y Q，YANG S J H，LUO H T. Effects of artificial Intelligence - Enabled personalized recommendations on learners'learning engagement，motivation，and outcomes in a flipped classroom[J/OL]. Computers & education，2023，194(Mar.)：104684. 1-104684. 12. DOI：10. 1016/j. compedu. 2022. 104684.
[38] TAPALOVA O，ZHIYENBAYEVA N，GURA D. Artificial intelligence in education：AIEd for personalised learning pathways[J]. Electronic Journal of e-Learning，2022，20(5)：639-653.
[39]HOODA M，et al. Artificial intelligence for assessment and feedback to enhance student success in Higher Education[J/OL]. Mathematical Problems in Engineering，2022，2022(1)：1-19. https：//onlinelibrary. wiley. com/doi/epdf/10. 1155/2022/5215722.
[40]BAGUNAID W，CHILAMKURTI N，VEERARAGHAVAN P. AISAR：Artificial Intelligence-Based Student Assessment and Recommendation System for E-Learning in Big Data[J/OL]. Sustainability，2022，14，10551. https：//doi. org/10. 3390/su141710551.
[41]BALASUBRAMANIAN S. Integration of Artificial Intelligence in the Manufacturing Sector：A Systematic Review of Applications and Implications[J/OL]. International Journal of Production Technology and Management（IJPTM），2023，14(1)：1-11. https：//iaeme. com/MasterAdmin/Journal_uploads/IJPTM/VOLUME_14_ISSUE_1/IJPTM_14_01_001. pdf. DOI：10. 17605/OSF. IO/3XPWN.
[42]MEHTA M，SHAO C. Federated learning-based semantic segmentation for pixel-wise defect detection in additive manufacturing[J/OL]. Journal of Manufacturing Systems，2022，64197-210. DOI：10. 1016/j. jmsy. 2022. 06. 010.
[43] WANG J，SUN H Y，ZHU C. Vision-Based Autonomous Driving：A Hierarchical Reinforcement Learning Approach[J/OL]. IEEE Transactions on Vehicular Technology，2023，72(9)：11213-11226. DOI：10. 1109/TVT. 2023. 3266940.
[44]俞武嘉．物联网技术导论[M]. 西安：西安电子科技大学出版社，2022.
[45]宋旭东．大数据技术基础[M]. 北京：清华大学出版社，2020.
[46]吕林涛，等．大数据技术及其应用[M]. 北京：科学出版社，2019.
[47]李昆仑，熊婷，李小玲，等．大数据导论[M]. 北京：清华大学出版社，2022.
[48]俞东进，孙笑笑，王东京．大数据：基础、技术与应用[M]. 北京：科学出版社，2022.
[49]黑马程序员．Hadoop 大数据技术原理与应用[M]. 北京：清华大学出版社，2019.
[50]程显毅，任越美，孙丽丽．人工智能技术及应用[M]. 北京：机械工业出版社，2020.
[51]牛百齐，王秀芳．人工智能导论[M]. 北京：机械工业出版社，2023.
[52]李小龙，邓昀，周涵，等．物联网技术基础实践[M]. 北京：电子工业出版社，2022.
[53]郭忠文，刘超，王玺．物联网工程设计与开发[M]. 北京：科学出版社，2022.
[54]王科俊，卢桂萍，张恩，等．人工智能技术基础[M]. 北京：清华大学出版社，2024.

[55]明日科技. Python从入门到精通［M］. 3版. 北京：清华大学出版社，2023.
[56]嵩天，礼欣，黄天羽. Python语言程序设计基础［M］. 2版. 北京：高等教育出版社，2017.